U0245366

2022 世界航空发动机年度进展报告

中国科协航空发动机
产学联合体　编著

北京航空航天大学出版社
BEIHANG UNIVERSITY PRESS

图书在版编目(CIP)数据

世界航空发动机年度进展报告. 2022 / 中国科协航空发动机产学联合体编著. -- 北京 : 北京航空航天大学出版社, 2024.3

ISBN 978-7-5124-4336-5

Ⅰ. ①世… Ⅱ. ①中… Ⅲ. ①航空发动机-研究报告-世界-2022 Ⅳ. ①V23

中国国家版本馆 CIP 数据核字(2024)第 031674 号

世界航空发动机年度进展报告(2022)

中国科协航空发动机产学联合体　编著

策划编辑　周世婷　　责任编辑　周世婷

*

北京航空航天大学出版社出版发行

北京市海淀区学院路 37 号(邮编 100191)　http://www.buaapress.com.cn

发行部电话:(010)82317024　传真:(010)82328026

读者信箱:goodtextbook@126.com　邮购电话:(010)82316936

北京建宏印刷有限公司印装　各地书店经销

*

开本:787×1 092　1/16　印张:14.75　字数:378 千字

2024 年 3 月第 1 版　2024 年 3 月第 1 次印刷

ISBN 978-7-5124-4336-5　定价:89.00 元

若本书有倒页、脱页、缺页等印装质量问题,请与本社发行部联系调换。联系电话:(010)82317024

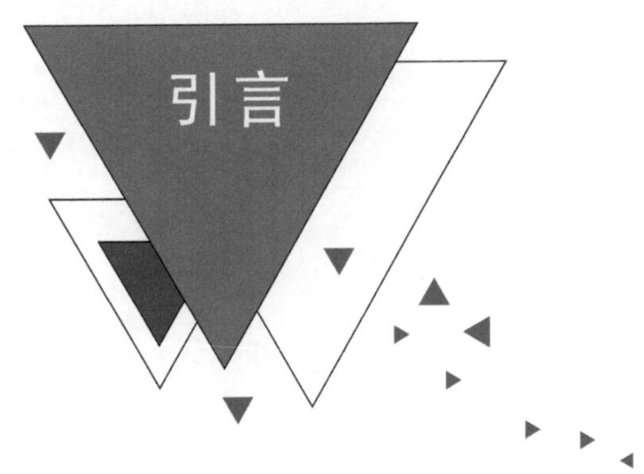

中国科协航空发动机产学联合体自2019年成立以来，立足于探索航空发动机领域产业界与科技界的深度合作、集智攻关和聚群发展新模式，组织行业相关专家共同编写了《世界航空发动机年度进展报告2019》《世界航空发动机年度进展报告2020》和《世界航空发动机年度进展报告2021》，持续密切跟踪世界航空发动机技术、产品和产业最新进展，为航空发动机业界了解世界航空发动机最新发展态势，准确研判未来发展趋势提供了有益参考。

《世界航空发动机年度进展报告2022》由年度综述、基础前沿、共性技术、型号产品和产业发展5篇组成。年度综述篇对2022年世界军民用航空发动机发展总体态势进行了总结，对年度内具有里程碑意义的事件和热点技术进行了分析，预测了未来十年的市场需求；基础前沿篇对航空发动机相关基础学科进展进行了分析，并对高超声速动力、自适应发动机、航空氢能动力和航空电推进技术等尚处于在研阶段且具有应用前景的新型航空动力技术的发展进行了跟踪研究；共性技术篇对航空发动机材料、制造、试验测试、维护保障和控制技术等方面的年度进展进行了分析；型号产品篇全面描述了涡扇、涡轴/涡桨、涡喷和活塞等类型航空发动机的主要型号产品基本概况、结构性能、研制历程以及2022年主要进展；产业发展篇介绍了罗罗公司、GE公司、普惠公司、赛峰集团、MTU公司等主要航空发动机制造商的年度运营情况。

本书的出版工作得到了中国航发研究院、中国航发动力所、中国航发动研所、中国航发涡轮院、中国航发动控所、中国航发航材院、中国航发黎明、国营川西机器厂，以及航空工业发展研究中心、清华大学、大连理工大学等单位的大力支持，在此表示感谢。参与本书编撰的主要人员有(按姓氏笔画排序)：田涛、刘雄飞、李东海、李明、李茜、李雅峰、李蕴、杨金广、杨翠波、肖蔓、吴梦露、何皑、邹志鹏、张娜、陈小丽、周军、郑天慧、胡晓煜、徐伟、徐劲松、高秋颖、高海红、高唯、梁春华、韩玉琪、程小红、程文旺、廖中权、谭米，他们为本书的编撰出版工作付出了辛苦努力，在此表示感谢。

由于编者水平和经验有限，书中错误在所难免，请读者批评指正。

编　者

2023年6月

缩略语

AAM	Advanced Air Mobility	先进空中交通
AATE	Advanced Affordable Turbine Engine	先进经济可承受涡轮发动机
ACARE	Advisory Council For Aviation Research And Innovation	欧洲航空研究和创新咨询委员会
AETD	Adaptive Engine Technology Development	自适应发动机技术研究计划
AETP	Adaptive Engine Transition Program	自适应发动机过渡计划
ARC-STEP	Applied Research Collaborative Systematic Turboshaft Electrification Project	应用研究协同系统-涡轴电气化项目
ARPA-E	Advanced Research Projects Agency-Energy	美国能源部高级能源研究计划局
ASCEND	Aviation-Class Synergistically Cooled Electric-Motors With Integrated Drives	综合驱动航空协同冷却电机
ATI	Aerospace Technology Institute	英国航空航天技术研究所
AZEA	Alliance For Zero Emission Aviation	零排放航空联盟
BTT	Blade Tip Timing	叶尖非接触测振法
CAVENDISH	Consortium for the AdVent of aero-Engine Demonstration and aircraft Integration Strategy with Hydrogen	氢动力飞机与发动机的一体化设计与验证
CIAM	Central Institute Of Aviation Motors	俄罗斯中央航空发动机研究院
Claire	Clean Air Engine	清洁航空发动机
EASA	European Aviation Safety Agency	欧洲航空安全局
ECU	Engine Core Upgrade	发动机核心机升级计划
EEP	Enhanced Engine Package	增强发动机套件

eFLITES	Electric Flightworthy Lightweight Integrated Thermally-Enhanced Powertrain System	可信赖的电动轻型集成热增强动力系统
EHF	Engine Flight Hours	发动机飞行小时
EMD	Engineer And Manufacture Development	工程研制
EPFD	Electrified Powertrain Flight Demonstration	电气化动力系统飞行验证
EPO	European Patent Office	欧洲专利局
eVTOL	Electric Vertical Takeoff And Landing	电驱动垂直起降飞行器
FADEC	Full Authority Digital Engine Control	全权限数字发动机控制器
FARA	Future Attack Reconnaissance Aircraft	未来攻击侦察机
FCAS	Future Combat Aviation System	未来空战系统
FCASTI	Future Combat Air System Technology Initiative	未来空战系统计划技术倡议
FE	Finite Element	有限元
FFC	Flying Fuel Cell	飞行燃料电池项目
FLRAA	Future Long-Range Assault Aircraft	未来远程攻击直升机
FVL	Future Vertical Lift	未来垂直起降飞行器
GCAP	Global Combat Air Programme	全球空战计划
GDA	Generic Design Assessment	常规设计评估
H2GEAR	Hybrid Hydrogen & Electric Architecture	氢电混合推进计划
HEAVEN	Hydrogen Engine Architecture Virtually Engineered Novelly	新型氢燃料发动机结构设计
HSVTOL	High Speed Vertical Take Off And Landing	高速垂直起降
HVO	Hydrogenated Vegetable Oil	氢化植物油
HySIITE	Hydrogen Steam Injected Intercooled Turbine Engine	氢蒸汽喷射间冷涡轮发动机
HyTEC	Hybrid Thermally Efficient Core Project	混合热效率核心机计划
ICAM	International Conference On Aviation Motors	国际航空发动机会议

ICAO	The International Civil Aviation Organization	国际民航组织
IDEA	Industrialization of Digital Engineering and Additive Manufacturing	数字工程和增材制造产业化计划
IHPTET	The Integrated High Performance Turbine Technology Program	综合高性能涡轮发动机技术计划
IPC	International Patent Classification	国际专利分类
ITEP	Improved Turbine Engine Program	改进型涡轮发动机计划
JAXA	Japan Aerospace Exploration Agency	日本宇宙航空研究开发机构
LTSA	Long Term Service Agreements	长期服务协议
MALE	Medium Altitude Long Endurance	欧洲中空长航时无人机系统
MRO	Maintenance,Repair and Overhaul	维护、修理和大修
NEAT	NASA Electric Aircraft Testbed	NASA 电动飞机试验台
NEF	Next European Fighter	下一代欧洲战斗机
NEFE	Next European Fighter Engine	下一代欧洲战斗机发动机
NGAD	Next Generation Air Dominance	下一代空中优势战斗机
NGAP	Next Generation Adaptive Propulsion	下一代自适应推进计划
NMH	New Medium Helicopter Program	英国新型中型直升机计划
PPP	Public Private Partnership	公私合作关系
PTMS	Power Thermal Management System	电力热管理系统
RFI	Request For Information	信息征询书
RISE	Revolutionary Innovation for Sustainable Engines	可持续发动机革命性创新研究计划
RPA	Robotic Process Automation	机器过程自动化
SAF	Sustainable Aviation Fuel	可持续航空燃料
SMR	Small Modular Reactors	小型模块化核反应堆
SRIA	Strategic Research And Innovation Agenda	清洁航空战略研究与创新议程
STEP-Tech	Scalable Turboelectric Power Train Technology	可扩展涡轮电力传动系统技术
UBL	Usage Based Life	基于使用情况的寿命监测
UH2	Universal Hydrogen	环球氢能公司

VAATE	Versatile Affordable Advanced Turbine Engines	通用经济可承受的先进涡轮发动机计划
VR	Virtual Reality	虚拟现实
WET	Water Enhanced Turbofan	水增强涡扇
WIPO	World Intellectual Property Organization	世界知识产权组织
ZEDC	Zero Emission Development Centre	零排放开发中心

目　录

第 1 篇 年度综述

2022 年，全球政治经济形势发生了一系列重大变化，世界航空发动机发展相较前几年有所提速。世界航空发动机大国，加快了新一代航空发动机研发进程。新型军用航空发动机进入新的发展阶段，美国启动了下一代战斗机发动机研制计划，首台下一代旋翼机动力已交付试验；欧洲开始联合开展下一代军用发动机研究，旋转爆震发动机等高超声速动力技术研究开始加速。民用发动机发展势头更为迅猛，以未来航空绿色低碳为目标，航空氢能动力、电力推进和可持续替代燃料研发力度显著增强。预计经过数年的持续研发，世界航空发动机领域将发生重大变革，一些采用新概念、新能源和新原理发动机技术或将实现突破并获得实际运用，世界航空发动机领域将发生颠覆性的变革。

1.1 年度进展

1.1.1 军用航空发动机

2022 年全球气候变化、能源危机及地缘政治博弈更加复杂激烈，各地区间发生局部军事冲突的风险陡然增加，世界航空大国进一步加强先进航空武器装备研制和新技术探索，力求保持优势地位，多款航空装备及动力取得重大突破。下一代战斗机动力准备过渡到工程研制阶段，下一代战略轰炸机动力持续研发，下一代旋翼机动力完成首台交付并完成第一阶段试验，多国加快研制专为配装制空作战类无人机的低成本涡轮发动机。

1. 涡扇发动机

(1) 新研战斗机发动机均取得进展，在役发动机持续提升维护保障能力和可靠性

近年来，欧美等国纷纷启动了本区域的下一代战斗机及其发动机的研究，美国计划采用自适应发动机配装其下一代战斗机，欧洲下一代战斗机发动机研制更加注重发动机与电力系统的联合。

美国第六代战斗机已选定自适应发动机为动力。2022 年，美国 GE 公司完成第 2 台 XA100 自适应发动机的工程验证机第二阶段试验，至此已完成自 2016 年开始的空军“自适应发动机过渡计划”(AETP)的全部研发任务，具备过渡到工程研制(EMD)阶段的能力。同时，美空军“下一代自适应推进计划”(NGAP)向 5 家制造商(GE 公司、普惠、波音、洛马和诺格)授予了总计约 49 亿(每家 9.75 亿)美元的合同，计划 2032 年 7 月完成，其中 GE 公司将基于

XA100 研制 NGAP 原型机。波音等飞机制造商的加入表明,飞机发动机的一体化设计可能对于自适应发动机更加重要。

法国正在为下一代欧洲战斗机(NEF)研制发动机,2022 年新研的 NEFE 发动机高压涡轮在由 M88 改进的试验台上完成试验。该发动机推力约 120 kN,涡轮进口温度可达2 100 K,在 M88 发动机的基础上,采用变循环技术和矢量喷管,并探索混合电推进技术以实现机载能量管理。法国和德国计划在 2024—2026 年进入工程研制,2029 年左右首飞,2040 年服役。

英国和日本已决定共同研发下一代战斗机及其发动机,其中发动机验证机由英国罗罗与日本石川岛播磨重工(IHI)联合研发,并将在 2026 年做出是否进入工程研制的关键决策。验证机将结合英国"未来作战航空系统技术倡议"(FCAS TI)开发的技术和 IHI 公司的 XF9-1 试验型发动机验证的技术,具体方案尚未透露,但工作将集中在推进系统以及动力/电力的联动方面,目的是为飞机任务系统和传感器运行提供更多电力,甚至为使用机载定向能武器提供基础。

针对在役战斗机发动机,主要关注维护保障、可靠性和改进升级等问题。F135 之前存在的维修能力不足造成发动机短缺,2021 年有 50 多架 F-35 停飞,近一年空军维修人员和普惠公司经过共同努力,到 2022 年 3 月底,F135 的发动机的平均维修时间已经缩短了一半以上,发动机短缺情况得到改善。F-35 战斗机仍面临的三个问题:任务执行率偏低、可靠性不达标、维护成本倍增,均与 F135 发动机的可靠性问题有关系。此外,因 F-35 的雷达、电子战模块和其他传感器已做了升级改进,电力和冷却需求远超 F135 发动机原始设计提供的能力,因此发动机需要升级才能满足要求,美国各方对于发动机升级问题存在分歧,预计 2024 年将就 F135 发动机升级问题做出决定。

针对 F119 发动机,普惠公司启动了一项"基于使用情况的寿命监测"(UBL)计划,这是世界航空航天推进史上首次以数字化手段将飞行数据与先进维护工程算法相结合,使空军能够按需规划发动机的维护,预计可为美空军节省 8 亿美元以上。通过将数字孪生技术应用到 F119 发动机,F-22 战斗机可通过软件更新,增强其飞行包线内某些区域的机动性能。

(2) 美俄轰炸机均有新动向,配装发动机已全面启动研制

2022 年 12 月,美国首次公开展示 B-21 隐身战略轰炸机。该机是美空军首款针对特定假想敌所研制的隐身轰炸机,相关性能指标严格保密,最大起飞重量 68~80 t,内埋载弹量 5.5~9.1 t,不进行空中加油的作战半径为 3 900~4 600 km,采用低成本技术,造价相对低廉,预计采购数量可达 100 架。官方披露的配装 B-21 的发动机信息较少。据推测,B-21 选用 2 台基于 F135 的无加力改进型涡扇发动机。预计 2023 年上半年 B-21 首飞,2026—2027 年投入使用。

俄罗斯远程战略轰炸机(PAK DA)的发动机正在进行台架试验。PAK DA 是飞翼布局的亚声速飞机,最大起飞重量为 145 t,最大有效载荷为 30 t,能够在空中不加油的情况下飞行 15 000 km。据推测,发动机是基于 NK-32-02 改进研发的,由俄罗斯联合发动机公司(UEC)下属库兹涅佐夫公司提供,单台发动机推力为230 kN, PAK DA 的 TA18-200-80 辅助动力装置由航空动力公司制造。PAK DA 于 2020 年 5 月开始制造,计划于 2025 年首飞,2028—2029 年开始批生产。

用于 B-52H 换发的 F130 发动机完成短舱风洞试验。B-52H 以普惠公司 8 台 TF33 发动机为动力,2021 年 9 月美空军与罗罗签订 26 亿美元合同,采购 608 台 F130 发动机为B-52H 换发。9 月,B-52 完成新发动机短舱风洞试验,预计新发动机的工程研制阶段将持续到 2026

年，美国空军计划在2026—2027年接收首批换发后的B-52，2030年具备初始作战能力，新发动机将在B-52上服役至少到2050年。

2. 涡轴发动机

美国军用旋翼机、倾转旋翼机进入换代阶段，已选定T901涡轴发动机作为下一代旋翼机的动力，并将推动其全面换装现役旋翼机。T901涡轴发动机完成首台交付，下一代倾转旋翼机发动机也已结束选型。本年度，俄罗斯仍在消化俄乌战争对其旋翼机动力领域的影响，推动其旋翼机动力全面国产化。

(1) 美国T901涡轴发动机完成首台交付，新一代倾转旋翼机进入工程研制

GE公司向美陆军交付首台T901涡轴发动机，并在7月初完成第一阶段试验，发动机累计运行时间超过100 h，下一步将开展为期约1年约1 500 h的飞行前评估试验，以评估T901的性能是否符合军用适航认证标准。T901将为美国陆军"未来攻击侦察机"(FARA)、UH-60"黑鹰"和AH-64"阿帕奇"提供动力。与T700相比，T901功率提高50%，油耗降低25%，部件耐久性的增加还将降低全寿命周期成本，T901还保持了与T700相同的安装方式，从而便于在现有机队上进行换装。T901计划于2023年年底前配装FARA首飞，2032年配装FARA服役。

V-280"勇士"倾转旋翼机进入工程研制阶段，将配装罗罗公司AE1107F发动机。12月，贝尔公司研制的V-280中标美陆军"未来远程攻击直升机"(FLRAA)项目，将转入工程研制阶段。V-280采用2台罗罗公司研制的AE1107F涡轴发动机，该发动机是AE1107C的改进型，单台发动机功率5 149 kW。FLRAA原型机计划于2025年投入使用，2030年左右正式服役，取代大约2 000架"黑鹰"通用直升机和大约1 200架"阿帕奇"攻击直升机。

(2) 俄罗斯加速国产涡轴发动机研制以实现旋翼机动力自主保障

由于苏联解体时航空发动机产业的分离，俄罗斯在旋翼机发动机领域主要依靠乌克兰等国的产品，过去20年里没有研制过全新的直升机发动机。俄乌战争后受西方制裁影响，俄罗斯着手将其直升机产品上的国外发动机换装国产发动机。"安萨特"和卡-226轻型直升机将换装克里莫夫VK-650V涡轴发动机，该发动机起飞功率为485 kW，计划2023年取证，2024年开始量产；卡-62多用途中型运输直升机将换装VK-1600V涡轴发动机，该发动机起飞功率为1 029 kW，计划2023年取证，2024年批量生产；米-26系列重型运输直升机也将换装新研国产发动机，新发动机将基于PD-14核心机研制。

3. 低成本涡轮发动机

随着下一代分布式空中作战概念的不断推进，各种制空作战类无人机成为发展热点，其配装的动力逐渐形成了各自特色，虽仍是涡喷/涡桨/涡扇发动机，但更加强调低成本技术和快速制造等。国外中大型无人机主要采用以下新技术和手段保障低成本：一是在研发管理方面贯彻数字工程理念，实现以数字化和仿真为重要手段的敏捷研发；二是采用数字孪生技术，对发动机研制过程中的各环节开展基于数字孪生的虚拟设计、验证和迭代，减少试验次数和物理迭代轮次；三是按照通用化、模块化的设计思想，采用成熟发动机核心机技术衍生发展；四是运用

增材制造等先进且成熟的加工工艺，减少昂贵材料的损耗，降低加工成本。本年度欧美的中大型无人机及其动力都取得一定进展。

(1) 美国明确无人僚机及其动力以相对低成本为主要发展方向

美国国防部透露，在2023财年预算中编入两种无人作战飞机的研制计划，一种是B-21轰炸机的无人僚机，另一种则是NGAD战斗机的无人僚机，其主要特点是成本高。据此推算，B-21的无人僚机单价约为3.2亿美元，NGAD的无人僚机单价约为1.5亿美元，虽然其单价已不符合绝对意义的“低成本”范畴，但相对其功能要求越来越高，且仍然以可消耗为目标导向，其性价比仍满足相对意义上的“低成本”。

8月，美国空军部长表示，考虑采用MQ-28A无人机作为NGAD的无人僚机。MQ-28A是波音澳大利亚公司牵头研发的隐身多用途无人机，配备1台小型涡扇发动机，可以执行空中侦察、预警等多种任务，并拥有“无人协同”作战和“自主”作战能力，机长11.7 m，航程3 700 km。

(2) “欧洲无人机”选择“催化剂”发动机作为动力装置

3月底，空客宣布选定GE公司意大利子公司Avio为“欧洲无人机”提供“催化剂”发动机和螺旋桨。“欧洲无人机”是“未来空中作战系统”(FCAS)项目中的“欧洲中空长航时无人机系统”(MALE)的子项目，是一款中空长航时、双发涡桨无人机，包括情报侦察型和武装型两款机型，列装后将替代西欧国家军队(目前使用的美国和以色列无人机)。“催化剂”发动机主要用于公务机和通航市场，功率范围为625～1 210 kW，总压比为16，设计和制造完全在欧洲进行，1/3的零件采用3D打印技术，目前正进行型号认证试验。“欧洲无人机”原型机研制工作于2024年开始，2026年首飞，2029年交付。

1.1.2 民用航空发动机

2022年，国际民航市场持续复苏，各大飞机承包商将积压订单迅速消化、新接订单数继续回暖、飞机产能快速恢复、维护保障能力回到正轨，与之相对应的航空发动机需求量触底反弹，CF34、PW4000-94等多型发动机的使用维护也达到里程碑节点。

与此同时，各国在开发新一代民用航空动力技术方面持续发力，特别是针对未来航空绿色低碳目标，掀起了氢能航空动力、电力推进和可持续替代燃料技术研发热潮。一是瞄准下一代单通道客机，大力开发以开式转子发动机、下一代齿轮传动发动机为代表的下一代涡扇发动机；二是民用涡轴/涡桨发动机主要在新技术开发和维护保障方面取得进展，另外，美、俄开展了几型民用型号改军用的工作；三是以零碳航空为目标，全面发展氢能航空动力、电推进和可持续航空燃料技术，并将继续聚焦和加大投入，争取在未来市场竞争中取得领先优势。

1. 涡扇发动机

(1) 欧美主要发动机制造商在下一代技术方向上重点不一且本年度均有所推动

作为重点推进的民机发动机新技术，上年度CFM国际公司启动了“可持续发动机革命性创新”(RISE)计划，核心是研究先进开式转子架构，将燃料消耗和二氧化碳排放量均降低20%以上。本年度，多个子系统供应商选定并公布了下一步的研制计划。

法国赛峰集团选用美国 ANSYS 公司的仿真软件来进行 RISE 计划的设计工作，主要改进发动机开式风扇的结构设计并进行热力学仿真。此外，FADEC 联盟公司将为 RISE 计划设计和开发电子控制系统架构，包括主控制系统架构与多个子系统架构。空客公司也将和 CFM 国际公司开展合作，在 2026 年之后利用 A380 飞行试验台对开式转子发动机进行飞行试验，主要实现以下目标：第一，增强对发动机与飞机一体化、空气动力学性能和提高推进系统效率等方面的研究；第二，验证开式转子发动机的性能优势，如更高的燃油效率与碳减排能力；第三，评估声学模型；第四，确保与 100%可持续航空燃料兼容。

普惠公司披露下一代齿轮传动发动机技术细节。随着 CFM 国际公司持续推进 RISE 计划，作为其最大竞争对手的普惠公司也披露了下一代齿轮传动涡扇(GTF)发动机的技术细节。第一，增大风扇直径，将涵道比提高至 15；第二，采用效率更高的全动行星齿轮结构以增大齿轮传动比，最低达到 4∶1；第三，研究轻质结构技术，包括三维编织复合材料风扇叶片及风扇机匣。

普惠公司在 NASA、FAA 的资助下正在开展前期研究，与德国 MTU 公司合作研究水增强涡扇(WET)发动机，MTU 负责研发 WET 系统，从发动机尾气中回收高温水蒸气，经过液化、汽化及做功等系列过程后，注入燃烧室，目前 MTU 正在开发 WET 系统的蒸汽涡轮和水回收单元，目标是应用在 2035 年下一代 GTF 发动机的改进型上。罗罗公司超扇发动机完成总装并开始首台地面试验。超扇发动机是罗罗公司开发的一种齿轮传动涡扇发动机，采用全新核心机、多种新材料和可变桨距风扇。

罗罗公司首先在德国完成了动力齿轮箱在总装前的全部测试工作，随后在英国完成了验证机总装并准备进行首次地面试验。地面试验将在罗罗公司 80 号试车台进行，同时开展试验的还有一台位于德国的动力齿轮箱(编号 DP211)，该齿轮箱和集成到验证机上的另一台齿轮箱(编号 DP214)试验时间稍微错开，如果任何一台在试验中发现问题，另一台将重复此前试验过程，从而利用不同的试验件系统发现并解决问题。

(2) 俄罗斯民用涡扇发动机开展了多项关键试验

美西方持续对俄制裁，加速了俄罗斯发展 PD-14 与 PD-8 等国产替代航空发动机的研制进程。

PD-14 发动机是俄罗斯自主研制的第一型民用涡扇发动机，用来配装其国产 MC-21 客机，2018 年已取得俄罗斯适航认证。随着 PD-14 的快速成熟，俄罗斯国家技术集团开始提高 PD-14 发动机的生产和维修能力，计划在土星发动机公司新建一座发动机生产厂房，目标是到 2030 年将发动机产量提高至 160 台/年，维修能力提高至 250 台/年。

PD-8 发动机是俄罗斯为 SSJ-New 支线客机和别-200 水陆两栖飞机研发的 8 吨级涡扇发动机，该发动机先后完成了核心机第一阶段认证试验、发动机短舱试验和首台样机台架试验。最终数据表明，样机设计方案正确，相关参数满足设计指标。目前，PD-8 发动机已进入飞行试验阶段。

(3) 多型在役民用涡扇发动机达到其交付或飞行的里程碑节点

GE 公司的 CF34 发动机累计运行时间已超过 2 亿飞行小时和 1.57 亿飞行循环，成为该公司历史上飞行小时第三长的航空发动机(前两名是 CFM56 发动机和 CF6 发动机)，该发动机总交付量已超过 8 000 台。此外,GE 本田航空发动机公司的 HF120 发动机于 2015 年投入使用,累计飞行时间已超过 20 万飞行小时。

普惠加拿大公司 PW800 系列涡扇发动机的两个型号:PW812D 和 PW812GA 发动机,分别获得了 FAA 和加拿大民航局的合格适航证,将分别为达索猎鹰 6X 和“湾流”G400 飞机提供动力。

罗罗公司本年度交付了第 1 000 台 BR725 发动机,自服役以来该发动机已运行接近 150 万飞行小时。普惠公司的 PW4000-94 发动机已累计服役 35 年,累计运行时间已超过 1.5 亿飞行小时。

2. 涡轴/涡桨发动机

世界各国在民用涡轴/涡桨发动机领域发展较为平稳,开展了可用于下一代涡桨发动机的系统部件研发工作,开始利用数字化技术改进维护保障服务,美、俄正在针对军用需求开展几型民用涡轴发动机的军用改型工作。

(1) 新技术提升涡轴/涡桨发动机的性能和可维护性

在提升性能方面,欧盟正在开发用于下一代涡桨发动机的高速、高功率密度机电一体化设备-“ACHIEVE”系统,项目团队由赛峰直升机发动机公司、诺丁汉大学、NEMA 公司和 PST 公司组成。本年度,该系统已在诺丁汉大学成功进行了全功率试验,并已集成到了赛峰集团的涡桨发动机地面验证机上。德国 MT 推进器公司开发的 11 叶螺旋桨系统完成了飞行试验,这也是世界首型 11 叶的螺旋桨系统,结果显示其静态推力比标准 5 叶螺旋桨增加了 15%,噪声水平也有所降低。

在维护保障方面,赛峰直升机发动机公司推出了两项新的数字服务:“发动机智能仪表盘”(My Engine Dashboard)和“行驶日志查看器”(Logbook Viewer),这些服务将为客户提供工具,用于涡轴发动机的日常管理,以提升相关客户体验。普惠公司正在研究将人工智能、机器学习与油品分析技术相结合,该技术可在发动机故障发生之前识别出问题,无须进行侵入式检查,从而实现了主动和预测性维护,最大限度地提高飞机的可用性、维护性和飞行规划,并降低运营成本。

(2) 两型民用涡桨发动机正在开展军用改型

美国通用原子公司选择了普惠加拿大公司的 PT6E 涡桨发动机作为 MQ-9B 无人机的新动力装置,并已完成多项试验。该发动机可将无人机功率提高 33%。俄罗斯米-26 重型运输直升机面临发动机短缺局面,俄罗斯正在策划采用基于 PD-8 发动机核心机开发的涡轴发动机,作为乌克兰 D-136 涡轴发动机的国产替代产品。

3. 新能源航空动力

近年来,民用航空领域向绿色低碳方向转型已成为共识,国际航空运输协会等国际组织提出的目标更为清晰和聚焦。为满足这些要求,发展新能源航空是当前民用航空领域极为重要的技术方向,美国、欧洲在氢能航空动力、电推进和可持续航空燃料研究方面加大了投入力度,并取得了成效。

(1) 世界多国在氢涡轮、氢燃料电池和氢能基础技术领域取得了突出进展

英国航空航天技术研究所(ATI)发布了《零碳飞行》(FlyZero)报告，并在该报告中提出，“采用绿色液氢燃料是大型商用飞机实现零碳排放的最有效途径”，ATI 还给出了氢能航空的发展路线图，明确了 2050 年前各阶段需要发展的关键技术、技术指标及相关使能要素。报告还指出，飞机采用氢能与常规的航空煤油或可持续航空燃料相比，运营经济性更高，具备满足100%的短途航线和 93%的远程航线的能力。

在氢涡轮发动机方面，普惠公司获得美国能源部高级研究计划局(ARPA-E)380 万美元资助，开展“氢蒸汽喷射间冷涡轮发动机”(HySIITE)项目研究，主要开发低温液氢与发动机燃料系统集成、燃料喷射前预热和氮氧化物减排(目标 80%)三项技术。CFM 国际公司与空客公司计划在“护照”(“Passport”)发动机基础上，联合开发氢涡轮发动机，并将进行地面试验和飞行试验，CFM 国际公司负责改进发动机的燃烧室、燃料系统和控制系统以适合氢燃料燃烧，空客公司负责改进 A380 飞行台，主要是研发储氢罐、燃料基础设施和分配系统。罗罗公司联合易捷航空完成世界首次氢涡轮发动机技术可行性验证，将一台 AE2100 发动机改装成采用氢燃料的发动机，且在低速下成功运行。

在氢燃料电池方面，德国 H2Fly 公司采用氢燃料电池的四座 HY4 飞机并实现了首次商业飞行，该公司还获得德国政府 3 250 万美元的资助，与德意志飞机公司联合开展道尼尔 328 涡桨飞机改装氢燃料电池的研究。新加坡 H3 动力公司在一架小型无人机上测试了一种新型的分布式氢燃料电池推进系统。该系统将储氢、电池设计由传统的集中式改为分布式，每个分系统都包含储氢装置、燃料电池、电机和螺旋桨。美国 ZeroAvia 公司获得英国民用航空管理局的飞行许可证，研发的氢燃料电池飞机 ZA600 原型机计划于 2023 年首飞。

在基础技术方面，德国宇航中心(DLR)成功开发出氢燃烧特种测量技术，并在真实环境中完成了验证。该技术可加快氢燃烧室的部件设计进程。在“洁净天空 2”计划下，欧盟采用无焰氧化技术开发了一种新型“LEAF”氢燃烧室，可显著减少氮氧化物和烟尘的排放。欧洲还在“Overleaf”项目下加速开发高性能液氢燃料箱，核心技术包括新型功能材料、高性能材料、隔热材料和氢气泄漏传感器等。日本多家研究机构联合研发出一系列氢气液化所需的磁冷却合金，该合金可将氢从 77 K 冷却到 20 K，在低成本、小尺寸的高性能磁制冷系统上具有应用前景。

(2) 混合电推进系统突破兆瓦级功率，多个系统完成试验

罗罗公司研发的“动力生成系统 1 号”(PGS1)在最新试验中，运行功率超过 1.5 MW。该系统由 AE2100 发动机、控制系统和热管理系统组成，罗罗公司正在持续推进该系统的机械、结构和热管理优化。

霍尼韦尔公司的新型发电机在试验中的连续运行功率达到 900 kW，最高运行功率达到 1.02 MW，该系统以空客 A350 的辅助动力装置 HGT1700 为基础进行开发，可用于航空运输和移动充电站、涡轮发电机和定向能源系统等。

雷神技术公司完成了混推验证系统首次地面试验，该验证系统集成了柯林斯航宇公司的 1 MW 电动机和普惠加拿大公司的涡桨发动机，总功率为 2 MW。

GE 公司和 NASA 成功完成了大功率混推系统在模拟高海拔条件下(最高 13 700 m)的试

验,该试验在 NASA 电动飞机试验台“NEAT”上进行。之后,GE 公司将使用该系统配装“萨博 340B”涡桨飞机并开展飞行试验。

(3) 可持续航空燃料(SAF)向商业化应用持续迈进

在飞行试验方面,ATR 公司使用 100% SAF 完成 ATR 72-600 验证机首飞,普惠加拿大公司也在该型飞机上使用两台 PW127M 发动机进行了 100% SAF 飞行试验。普惠公司还在下一代齿轮传动涡扇发动机上使用 100% SAF 进行了试验,验证了瞬态推力、起动和可操作性方面的性能。之后,普惠公司和巴航工业完成了 E195-E2 飞机单发(PW1900G 发动机)使用 100% SAF 的首次飞行试验。空客公司完成了 A380 飞机使用 100% SAF 的首次飞行试验,该公司还使用一架配装“马基拉”2 发动机的 H225 直升机完成了 100% SAF 首次飞行试验,目的是分析 SAF 的使用对直升机及机载系统的影响。

在 SAF 制备技术方面,霍尼韦尔 UOP 公司与意大利 ENI 能源公司合作开发了一种油脂加氢(HEFA)技术,年产量可达 38 亿升。德国五家公司共同启动了“甲醇制 SAF”(M2 SAF)项目,计划通过吸收二氧化碳制备 SAF。美国国家可再生能源实验室(NREL)组成联合团队,正在开发一项新技术,计划使用木材废料和马尾藻制备 SAF。

1.2 年度重大事件

1. 空客公司与 CFM 国际公司推出氢燃料发动机验证项目

2022 年 2 月 23 日,空客公司与 CFM 国际公司签署协议,将共同启动一项氢燃料发动机验证项目,旨在对氢燃料发动机进行地面试验和飞行试验,为计划 2035 年投入使用的零排放飞机 ZEROe 推进系统的研制打好基础。该项目将以一架 A380(MSN1)作为飞行试验平台,搭载由空客公司研发的燃料箱,并在巡航阶段对氢燃料发动机进行试验。空客公司还将负责制定对氢推进系统的要求,并监督飞行试验过程。该氢燃料发动机将由“护照”(Passport)发动机改装而来,主要对氢燃料燃烧室、燃料系统和控制系统进行改造。它将被安装在 A380 的后机身段,以便对发动机的排放(包括尾迹)进行监测,同时还可以与飞机本身的发动机排放进行对比。

2. 英国发布“零碳飞行”报告

2022 年 3 月 17 日,英国航空航天技术研究院(ATI)发布“零碳飞行”(Fly Zero)报告,报告给出了氢能航空可行性结论和 13 个技术领域的发展路线图,包括氢燃料涡轮发动机及推进器、氢燃料电池、电推进系统、热管理、低温氢燃料系统和储存、空气动力学结构等 6 项关键技术,以及飞机系统、机场/航线/空域、材料、全生命周期影响、可持续客舱设计、加速设计与验证、制造等 7 项交叉技术。报告指出,氢能飞机不仅在技术上可行,与常规的航空煤油以及 SAF 相比,其运营经济性更高,具备应对 100%的短途航线和 93%的远程航线的能力。其中,航空氢能动力技术路线图重点涉及氢燃料涡轮发动机、氢燃烧和推进器 3 个方面,明确了 2050 年前各阶段需要发展的技术内容、技术指标及相关使能要素。

3. 首台T901发动机样机交付并完成第一阶段试验

2022年3月23日，GE公司向美国陆军交付了第一台T901涡轴发动机用于地面试验，T901发动机进行了首次点火并于2022年7月完成第一阶段100 h的运行试验。2022年1月，美国陆军完成T901发动机的关键设计审查，2022年10月11日，GE公司表示正在组装第二台样机，计划2023年开展试验。美国陆军表示，T901必须完成1 500 h的地面试验，才能获得初步飞行许可(PFR)。

4. 普惠公司获得空军合同并开展旋转爆震发动机研制

2022年3月3日，美国空军研究试验室(AFRL)与普惠公司签订了旋转爆震发动机(RDE)验证机的合同，该项目将与雷神导弹与防务公司、雷神技术研究中心共同完成，并由普惠公司的快速原型机开发机构“鳄鱼工厂”开展早期初始概念的开发。虽然仍未透露RDE发动机的潜在尺寸或应用细节，但普惠公司表示，新型动力装置旨在以更高的速度飞行，将使未来飞行器的设计和应用成为可能，并将成为普惠公司高速发动机产品组合的一部分。

5. 美空军正式启动第六代战斗机发动机研发项目

2022年8月19日，美国空军向五家国防制造商(GE公司、普惠公司、洛克希德·马丁公司、诺斯罗普·格鲁曼公司和波音公司)授予合同，用于研发“未来空中优势平台”的推进系统。该项目被称为“下一代自适应推进”(NGAP)计划，目标到2032年完成设计和原型机的开发。根据合同公告，NGAP项目目标还包括“推进工业基础的数字化改造”。

6. XA100发动机达到AETP最后一个里程碑节点

2022年9月12日，美国空军和GE公司在空军阿诺德工程发展中心(AEDC)成功完成第二台XA100发动机试验，标志着GE公司已经完成美国空军“自适应发动机过渡计划”(AETP)的最后一个里程碑节点。GE公司表示，收集的发动机性能数据显示，XA100已经准备好过渡到工程研制阶段，并可在2030年前完成研制后配装F-35服役。

7. 下一代齿轮传动涡扇“优势”发动机开始飞行试验

2022年3月，普惠公司宣布，已成功对使用100%可持续航空燃料(SAF)的试验型下一代齿轮传动涡扇发动机——“优势”发动机(GTF Advantage)进行了试验。2022年7月，普惠公司开始了与GTF Advantage发动机认证有关的工作，预计在2024年开始交付。2022年10月5日，空中客车公司和普惠公司开始在一架A320neo飞机(F-WNEO)上对GTF Advantage进行飞行试验，试验在空中客车公司进行。GTF Advantage发动机已经历了超过2 400 h和7 800次循环的试验，并使用了100%SAF进行试运行。

8. 赫尔墨斯公司成功完成TBCC发动机地面模态转换试验

2022年11月17日，赫尔墨斯公司在为“夸特马”(Quarter horse)高超声速飞机提供动力的“奇美拉”(Chimera)涡轮冲压组合循环发动机上成功验证了涡轮发动机到冲压发动机的模态转换。“奇美拉”发动机在低速时为涡喷发动机模式，随着温度和进气速度的增加，当进气

Ma 达到 2,涡喷发动机逐渐达到性能极限。为顺利过渡到冲压模态,赫尔墨斯公司采用预冷技术,降低涡喷发动机的进气温度,进一步提高涡喷发动机的性能。当进气 *Ma* 达到 3,气流绕过涡喷发动机进入冲压模态,随后发动机加速 *Ma* 到 5。冲压发动机的工作区间在进气 *Ma* 为 3～5 范围内。

9. 世界首台燃氢涡桨发动机完成首次点火试验

2022 年 11 月 28 日,罗罗公司和易捷航空成功进行了世界首台采用氢燃料的涡桨发动机点火试验,这是现役航空发动机首次采用氢燃料启动并低速运转。该燃氢涡桨发动机是基于 AE 2100 发动机改型,罗罗公司和易捷航空正在合作开展 H2ZERO 计划,该计划将对两型罗罗公司的发动机(AE 2100 涡桨发动机和 Pearl 15 发动机)进行燃氢改造和测试,目标是证明氢燃料可以在 2035 年左右为中小型飞机提供动力。

10. 英意日三国联合研发下一代战斗机及动力系统

2022 年 12 月 9 日,意大利、日本和英国签署协议,通过三边“全球作战空中计划”(GCAP),共同开发下一代战斗机。其中,罗罗公司和石川岛播磨重工公司将合作开发全尺寸的发动机验证机,该验证机将集成英国“未来作战航空系统技术倡议”(FCAS TI)开发的技术和 IHI 的 XF9-1 试验型发动机。

1.3 年度技术热点

1.3.1 氢燃料发动机技术

氢燃料航空发动机是指以氢燃料为能源的新型航空动力。2022 年,氢燃料航空发动机已被多国认为是未来绿色航空的最终解决方案,相关规划和发展路线图陆续出台,空客、GE、普惠等航空发动机制造商都在重点推动相关研究项目,纷纷争夺这一航空动力技术的革新方向和国际科技竞争制高点。

氢燃料航空发动机包括氢涡轮动力和氢燃料电池动力两种类型。氢燃料电池动力将氢直接转化为电能和热量驱动电机运转,再由电机带动推进器为飞机提供动力,具有能量转换效率高、零排放及低噪声等优势,主要用于中小型飞机和无人机。液氢燃料电池系统能量密度可达到 3 000 $W \cdot h \cdot kg^{-1}$,循环寿命 15 000 次,并且在 20 min 内即可加满燃料。但受限于燃料电池比功率尚无法实现重大技术突破,当前的氢燃料电池动力飞机研究主要集中在乘客 8～12 人、航程 1 000 km 以下的中小型通勤、支线飞机和无人机领域。

氢涡轮动力采用氢替代传统航空煤油作为燃料,可覆盖现有民用航空运输能力的要求。氢涡轮动力分为氢涡扇发动机和氢电动-涡扇发动机两种类型,前者结构与现役发动机基本相同,液氢存储在飞机的低温燃料箱中,经换热器气化后,输送至发动机燃烧室内燃烧后推动涡轮,带动风扇产生推力;后者则是氢燃料燃烧后推动涡轮,输出轴功率带动发电机发电,驱动电机带动风扇产生推力。其基本工作原理与传统推进系统类似,因此可实现大载重、远航程运输的需求。本年度航空氢燃料发动机技术的标志性事件如表 1-1 所列。

表 1-1　本年度航空氢燃料发动机技术的标志性事件

时　间	标志性事件
2月	• 日本 JAXA 宣布启动研发液氢燃料新一代航空发动机 • 普惠公司获能源部资助，启动“氢蒸汽喷射间冷涡轮发动机”(HySIITE)项目 • 空客与 CFM 国际公司推出由“护照”(Passport)发动机改装氢燃料发动机验证项目
3月	• 英国航空航天技术研究院(ATI)发布“零碳飞行”(FlyZero)报告
5月	• 空客公司宣布在英国设立氢技术零排放开发中心(ZEDC)
6月	• 荷兰联盟组织获得1亿欧元资金支持，开发用于40～80座支线涡桨飞机(航程750 km)的氢电推进系统 • 欧盟委员会正式成立了零排放航空联盟(Alliance for Zero Emission Aviation)
9月	• “欧洲地平线”资助 Overleaf 项目，开发氢能飞机的液氢燃料箱 • 罗罗公司在欧盟“清洁航空”计划下牵头开展“新型氢燃料发动机结构设计”和“氢动力飞机与发动机的一体化设计与验证”2个项目。
11月	• 空客公司表示已开始开发氢燃料电池发动机技术，预计到2025年开始该架构发动机的地面和飞行试验 • 罗罗公司和易捷航空成功进行了世界首台采用氢燃料的涡桨发动机点火试验

1.3.2　变循环发动机技术

航空变循环发动机(VCE)是通过改变发动机一些部件的几何形状、尺寸或位置来改变其热力循环的燃气涡轮发动机，VCE 发动机可以在高推力和高效率模式间转换。2007年，美国空军研究试验室提出了自适应变循环发动机(ACE)概念，ACE 是在 VCE 基础上，紧密结合飞行任务剖面特点，通过自适应核心部件、自适应控制系统等方面新技术升级改进，发挥 VCE“流量保持”特征下涡喷、涡扇转换优势，实现进/发、飞/发良好匹配，进而改进飞行性能。与 VCE 相比，ACE 最大升级在于可按照飞行器飞行状态要求实时自动调节发动机状态，使其在各飞行状态需要的换算流量尽可能保持一致，从而使进气道及发动机均工作在较佳匹配状态。

自适应发动机已被美国空军选定为下一代战斗机的动力，欧洲国家的第六代战斗机动力研究也都以变循环或自适应发动机为核心对象。2022年变循环发动机达到多个重要里程碑节点，XA100 发动机完成“自适应发动机过渡计划”(AETP)的最后一个里程碑，自适应发动机已达到可转入工程研制(EMD)阶段的程度，但美国空军、国会和企业界对自适应发动机是否要进入型号用于 F-35 换发分歧明显；美国空军正式启动了第六代战斗机发动机研发；法德下一代战斗机发动机项目正式签署协议。本年度变循环发动机技术的标志性事件如表 1-2 所列。

表 1-2　本年度变循环发动机技术的标志性事件

时　间	标志性事件
5月	• 美国空军透露自适应变循环发动机项目投入已经超过40亿美元
8月	• 美国国防部公布“下一代自适应推进”(NGAP)发动机计划
9月	• 第2台 XA100 发动机完成全部试验，可转入工程研制阶段
11月	• 法、德和西班牙宣布已就“未来空战系统”(FCAS)下的第六代战斗机项目新一阶段研制技术验证机达成协议

1.3.3 高超声速动力技术

高超声速是未来军民用航空器的战略发展方向，被喻为继螺旋桨、喷气推进之后航空史上的第三次革命。2022 年，涡轮基组合循环动力(TBCC)相关项目持续稳步推进，旋转爆震发动机技术取得显著进步，成为高超声速飞行器动力技术的又一个可选项。

本年度高超声速飞行器动力技术的标志性事件如表 1-3 所列。

表 1-3　本年度高超声速飞行器动力技术的标志性事件

时　间	标志性事件
3 月	• 普惠公司获空军资助开发旋转爆震发动机概念样机
6 月	• NASA 对具有再生冷却结构的全尺寸旋转爆震火箭发动机开展地面试验
7 月	• 反作用发动机公司与美空军联合开展预冷器试验 • 美空军成功进行“高超声速吸气式武器概念”(HAWC)第二次飞行试验 • 日本 JAXA 完成该国首次超燃冲压发动机飞行试验 • DARPA 宣布将试验以旋转爆震发动机为动力的高超声速导弹
9 月	• 普惠公司推出采用高超声速动力的新型高超声速飞行器设计方案
10 月	• 美国金星航宇公司完成旋转爆震发动机验证机地面点火试验
11 月	• 赫尔墨斯公司成功完成 TBCC 发动机模态转换地面试验

1.3.4 数字工程技术

2018 年 6 月，美国国防部发布实施《数字工程战略》，拉开了构建数字工程生态的大幕，实现将装备采办体系由以文档为中心转变为以数字模型和数据为中心。2019 年和 2020 年，美国国防部又先后发布《数字现代化战略》和《数据战略》，围绕作战体系聚焦全球基础设施数字化连接，站上了数字化转型的潮头浪尖。数字工程是一种综合的数字化方法，利用跨专业相互连接、跨组织无缝传递的模型和数据，以及建模仿真、大数据、云计算和人工智能等技术，支撑产品全生命周期的各项活动，是实现武器装备快速高效发展的关键使能技术之一。目前，数字工程得到国内外各界的广泛重视，概念内涵愈发丰富，应用场景也极大扩展。

在航空装备研制数字化变革大势下，随着仿真技术和数字化技术的进一步发展，航空发动机设计和仿真活动逐渐向综合化、集成化和融合化发展，航空发动机研制过程开始追求数据与数据、数据与模型、模型与模型的相互流通、相互作用、相互融合。此外，伴随着复杂系统工程的方法进一步完善航空发动机研发体系正在发生革命性变化。用数字化贯穿航空发动机研发全生命周期的模式，正在改变航空发动机产品的设计、制造、集成与验证以及运维方式。

目前国外基于模型的系统工程(MBSE)正在世界航空发动机五大设备供应商(OEM)研发中得到广泛应用，数字线程(Digital Thread)打通的统一协同平台和数据管理架构已经逐步形成规模，更新现有的仿真流程和模型库以形成多层级多学科一体化仿真能力已经初见成效，数据融合和智能决策的重要性正在获得广泛共识。本年度数字工程技术标志性的事件如表1-4所列。

表1-4　本年度数字工程技术标志性的事件

时　间	标志性事件
4月	• 罗罗公司成立专注数字化转型的"R2工厂" • 俄罗斯开发出用于计算空气动力学和气动声学特性的模型、算法和软件 • 普惠公司与SITA签署关于全面飞行数据检索和处理的协议，通过云数据代理平台e-Aircraft DataHub收集、转换和分发从飞机上数百个传感器收集的完整飞行数据，向航空公司提供发动机健康监测服务
7月	• 俄罗斯完成AI-222-25发动机数字孪生项目第二阶段，创建了发动机主要部件的数字孪生体、发动机动态和热力学模型以及用于测试的数字支持和模型验证计算方法
10月	• 普惠公司在为F119发动机创建数字孪生过程中，修改控制软件代码实现发动机延寿，可减少超过8亿美元成本 • 普惠加拿大公司推出"服务中心"自助服务数字工具，客户可便捷获得70多种不同的量身定制发动机维护解决方案和服务
11月	• 俄罗斯"土星"公司完成"智慧工厂"数字平台建设计划二阶段的工作，建设了60个自动化工作站，实现10台冶金设备联网等

1.3.5　增材制造技术

增材制造技术是一种不同于传统的冷加工和热加工的特种制造技术，具有快速制造单件小批量复杂结构的优势，在航空航天领域具有广泛的应用前景。这一技术能够解决传统制造技术难以完成的复杂结构制造。

截至目前，高性能金属增材技术已经带来了诸多效益，例如，实现了发动机新型号的快速研发、零部件的质量减轻、显著节约了昂贵的金属材质、实现了结构的多样化、延长了部件寿命和降低了修复成本等。当前，航空发动机领域增材制造技术的应用需求和研究热点，主要集中在降低材料与机加工成本、缩短研制周期、拓宽设计自由度以制造复杂结构整体部件，而风扇/压气机研制所用到的钛合金构件激光熔化沉积增材制造技术更是研究重点。本年度增材制造技术标志性的事件如表1-5所列。

表1-5　本年度增材制造技术标志性的事件

时　间	标志性事件
3月	• GE公司新加坡工厂成为全球首家获准采用金属增材制造技术进行商用航空发动机部件MRO的工厂，其生产的部件主要用于CF6发动机、CFM56发动机
4月	• 2022年，增材制造的承重金属部件获得了EASA的批准可用于防冰系统，GE公司还制造了迄今为止最大的增材制造部件 • NASA应用GRX-810合金采用增材制造技术生产了一种燃烧室，并且其强度显著提高，承温能力超过1 093 ℃，耐久性是现有最先进合金的1 000倍以上

续表 1-5

时　间	标志性事件
5月	• Optomec公司与美国空军签订合同，开发发动机超大钛合金部件增材修复工艺，为F-35和F-22提供发动机部件维修
6月	• IAE-V2500发动机防冰系统“A-Link”成为世界首个获适航批准采用增材制造的承重金属部件
8月	• 波音和诺格公司参加美国增材制造推进计划，波音公司增材制造产能提高30%，诺格公司将其50%的增材制造产品公开招标
10月	• 赛峰增材制造卓越中心投入使用，2022年赛峰直升机公司制造了4 000个部件，并计划在下一代航空发动机组件中约25%采用增材制造 • GE公司采用金属激光融化技术打印了直径1 m的In718高温合金涡轮中心框架(TCF)壳体，这是该公司金属3D打印工艺制造的尺寸最大的航空航天零件
12月	• 麻省理工学院对3D金属打印部件采用定向再结晶处理，改变了3D打印金属结构，可用于航空发动机涡轮叶片的3D打印

1.3.6 可持续航空燃料技术

可持续航空燃料(SAF)一般指由各种可持续重复获得的原料(生物原料或合成原料)经过化学反应生成的航空煤油替代品。由于SAF仍属于航油，适用于绝大部分现役飞机和发动机，无须对发动机做出结构设计上的改变，只需替换油品即可与航空煤油混合使用。经过多年的发展，SAF的制备工艺已逐渐稳定，截至2021年初，共有8种SAF生产工艺获得了ASTM的认证，与航空煤油最大混合体积比例均不超过50%。2022年，航空领域的SAF研究重点在100% SAF的适用性，多个公司的多型航空发动机成功完成100% SAF使用验证。本年度SAF技术的标志性事件如表1-6所列。

表1-6　本年度SAF技术的标志性事件

时　间	标志性事件
2月	• ATR 72-600飞机采用100% SAF进行系列试验，累计飞行7 h
3月	• 普惠公司成功在下一代GTF发动机上采用100% SAF完成试验 • 空客A380飞机单台发动机完成首次采用100% SAF的3 h飞行试验
5月	• GE公司“护照”发动机完成了首次100% SAF的飞行试验
6月	• ATR 72-600飞机完成双发100% SAF飞行试验 • H225直升机双发使用100% SAF完成首次飞行试验
7月	• E195-E2飞机单发GTF发动机使用100% SAF完成70 min飞行试验
8月	• 汉莎集团与壳牌石油达成总量180万吨的SAF供应协议
9月	• 空客公司完成A400M军用运输机采用50% SAF燃料的飞行试验
11月	• NASA与普惠达成协议，将在混合热效率核心机(HyTEC)项目中开展SAF燃料试验
12月	• 罗罗公司“超扇”发动机即将开展100% SAF试验

1.4　市场分析与预测

受全球新冠疫情对航空业的影响，航空发动机市场萎缩明显，发动机产品产量急遽下降，且在可预见的未来其恢复过程都将较为缓慢。下面按照发动机类型分别进行具体分析和预测。

1.4.1　涡扇发动机

2021—2030年，全球预计将交付新涡扇发动机70 205台，如果新冠疫情能够逐渐好转，年产量可能从2021年的5 000台左右逐渐回升，2024年能恢复到疫情前（2019年，约6 800台）的水平，2027年可能达到年产7 800台。

民用涡扇发动机占据整个涡扇市场超过83%的份额，预计总产量58 314台，总市值47 168亿元人民币（与美元按汇率6.4∶1计算，下文同）。相较而言，尽管军用涡扇发动机市场在2020年基本未受到新冠疫情的影响，其产量在整个涡扇市场的占比依然很低（不到17%），预计未来十年产量仅有11 891台，市值约4 570亿元。

涡扇发动机技术正在更新换代的过程中，民机对涡扇发动机的要求是高燃油效率、极高可靠性以及全功率状态下的低噪声水平，而军机动力的最大要素是高推重比。新型号发动机如PW1700G和PW1900G等开始服役就是产品换代的一大标志；可以预见曾经风靡一时的老一代发动机，如CFM56、CF6、V2500，以及曾经热卖的GE公司CF34发动机的销量都将暴跌。

全球超过90%的涡扇发动机市场由6家制造商占据，分别是美国GE公司、普惠公司、威廉姆斯公司、霍尼韦尔公司、罗罗公司和国际合作的CFM公司。中国和俄罗斯制造的涡扇发动机目前绝大多数应用于各自国内的军用市场。

1.4.2　涡轴发动机

2021—2030年，全球航空用涡轴发动机总产量预计将达到25 340台，配装各型军用和民用旋转翼飞机/直升机，其产值将近1 600亿元。总体而言，预计未来十年民用涡轴发动机的市场将逐年增长，而军用市场会逐年下滑，二者角力的结果将是涡轴发动机总交付量逐年略增。

受新冠疫情的影响，预计2021年民用涡轴发动机产量的回升幅度有限，但2022年的产量可能超过1 000台，未来十年的民用涡轴发动机总产量预计将达13 967台，占整个涡轴发动机市场的55%左右；而军用涡轴发动机市场正处于缓慢下滑期的初始阶段，因为大多数国家都在推迟或缩减新直升机项目，预计未来十年军用涡轴发动机产量会逐年递减，到2030年时年产量将低于1 000台。2021—2030年的军用涡轴发动机总产量预计为11 378台，占整个涡轴发动机市场的45%左右。

与中型和重型旋翼机相比，轻型旋翼机受疫情影响较小，因此预计配装轻型旋翼机的中、小功率涡轴发动机产量回升较多，在整个涡轴发动机市场中的占比也将有所提升；与之相对，大功率涡轴发动机的市场需求仍将持续低迷。

随着旋翼机和涡轴发动机技术的持续发展,人们希望直升机能够航程更远、空间更大、性能更佳、安全性更高、技术更新。有些发动机制造商已经着手研究混合型动力装置,将电池技术结合到涡轴发动机上以提高效率;有些则开始研究纯电动力。但是目前的电池技术将纯电动力旋翼机的潜在应用范围局限于短途运输,预计至少到2030年纯电动力仍不会威胁到传统涡轴发动机的市场。

未来十年,少数几家欧美制造商将占据全球涡轴发动机市场的绝大部分份额,其中排在前五的依次是法国赛峰集团(28%)、美国通用电气航空公司(20%)、普·惠加拿大公司(19.8%)、俄罗斯克里莫夫公司(13.8%)和罗·罗公司(7.3%),合计占去了整个涡轴发动机市场的将近九成。

1.4.3 涡喷发动机

2021—2030年,涡喷发动机的全球总产量预计将达14 561台,总产值约为64亿元。因为这一市场基本不受新冠疫情的影响,预计涡喷发动机的年产量将从2021年的1 000台左右增加到2025年的1 500余台。

靶机和导弹是绝大多数涡喷发动机的应用对象,因此这一市场基本全部为军用市场,民用份额可以忽略不计。

由于军队使用大量靶机模拟巡航导弹进行演习和训练,市场上的涡喷发动机绝大多数为轻型(小推力)一次性产品,亚洲、欧洲、北美洲和中东地区是涡喷发动机的几个重要市场。

未来十年涡喷发动机产量最高的四家制造商分别是法国赛峰集团(25%)、美国的普惠公司(19%)、特里达茵公司(12%)和德国捷凯公司(13%),共计占有涡喷发动机市场近70%的份额,剩余份额将被印度航空工业、日本三菱重工、中国航发集团以及伊朗公司所占有。

1.4.4 涡桨发动机

2021—2030年,全球航空用涡桨发动机的生产总量预计将达13 150台,总产值达1 280亿元。随着市场需求的缩减,预计涡桨发动机的年产量会逐年下滑,到2025年及以后,年产量将低于300台。

未来十年,预计民用涡桨发动机的总产量为10 150台,产值768亿元,约占整个涡桨发动机市场的77%;军用涡桨发动机的产量要比民用低得多,但因为军用涡桨发动机功率高、价格高,其产值在整个涡桨发动机市场中的占比相当大,预计未来十年军用涡桨发动机产量将在3 000台左右,产值约为519亿元。

受新冠疫情的影响,民用航空运输市场对支线涡桨客机和通用航空多用途飞机的需求暴跌,中小功率涡桨发动机随之萎缩;而几年前的军机重组完成之后,以涡桨为动力的军用教练机和中型/重型运输机的市场需求也持续减少,大功率涡桨发动机市场同样将持续下降趋势。

普·惠加拿大公司将维持其在涡桨发动机市场上的领先地位,以其产品PT6A和PW100系列继续占据涡桨发动机市场75%以上的份额;另四家制造商将瓜分20%的市场份额,分别为罗·罗公司(8.1%)、美国的通用电气航空公司(6.7%)、霍尼韦尔公司(2.9%)和欧洲涡桨国际公司(2.7%),余下大约3%的份额则为中国航发集团所有,面向国内市场。

1.4.5　辅助动力装置

因为新冠疫情对航空运输业的影响,2021—2030年,航空用辅助动力装置的全球总产量预计为29 494台,总产值超过1 056亿元。

辅助动力装置的市场绝大多数来自民用飞机的需求。由于大型客机和大、中型公务机产量下降,2020年辅助动力装置的交付数量较之前减少了将近三分之一。预计2021年之后辅助动力装置的产量将有所回升,从2021年的2 100台增加至2027年的3 300台左右。如果新冠疫情能够很快控制甚至结束,那么2023—2024年的辅助动力装置产量可能快速恢复到疫情之前的水平。另一方面,预计在2021—2025年,军用辅助动力装置的生产将基本维持稳定,年产量500余台;2025年之后,随着战斗机、军用运输机和固定翼教练机对辅助动力装置的需求缩减,军用辅助动力装置的产量将缓慢下滑。好在军用市场仅占整个辅助动力装置市场不到16%的份额,军用需求的下降对整个市场的影响不太大。

过去辅助动力装置主要是大型客机、战斗机、远程公务机、重型直升机和军用运输机之类飞机的标准配件,现在使用辅助动力装置的小型公务机和轻型军用教练机也越来越多,在传统应用基础上又拓宽了其市场。

全球仅有霍尼韦尔公司和普惠公司两家辅助动力装置制造商,未来十年这两家公司的产量将占整个辅助动力装置预计总产量的95%以上。法国赛峰集团正在与波音公司合资开展辅助动力装置的设计、制造和维修业务,若能达成预期,将在窄体客机的辅助动力装置市场中分走一小部分份额。

第 2 篇

基础前沿进展

本篇分析了航空发动机基础研究和前沿动力领域的进展。航空发动机基础研究领域包括动力机械总体、内流气动力学、动力机械噪声、结构与固体力学、工程传热学、工程燃烧学、动力机械控制学、机械传动与摩擦学等。本节重点介绍内流气动力学、结构与固体力学、工程传热学、工程燃烧学、动力机械噪声、动力机械控制学、动力机械转子动力学 7 个基础技术研究领域在 2022 年的研究热点和技术进展。

前沿动力是对 2022 年度尚处于研究阶段，且具有应用前景的新概念、新原理、新能源动力技术年度发展进行分析，主要包括高超声速动力、自适应发动机、航空氢能动力和航空电力推进技术。高超声速飞行器的常见动力为组合发动机、旋转爆震发动机、超燃冲压发动机和强预冷发动机，这些动力在 2022 年均开展了相关研究，取得一定进展。

2.1 基础研究

2.1.1 内流气动力学

内流气动力学在进气道、短舱、叶轮机械、喷管等部分都取得了一定进展。许多研究领域(尤其是发动机总体性能故障诊断方面)与机器学习相结合，诞生出丰富的成果。

1. 叶轮机械

北航研究团队针对旋转进口畸变(RID)对两级轴流压气机的影响进行了试验研究。结果表明，压气机对进气畸变的响应表征为失速裕度变化，且失速裕度下降有两个峰值，分别对应畸变网旋转接近转子旋转频率的 20%和 70%，且这两个频率与压气机的特征频率相关。具体而言，第一个与压气机中存在的初始扰动的失速前兆有关，而第二个与尖峰型失速前兆有关。最后，采用一种抑制失速先兆(SPS)的机匣处理方法来提高压气机在 RID 工况下的稳定性。采用这一措施后，失速裕度平均提高了 6%，且没有任何效率损失。

Mansouri 通过计算手段研究了盘腔上游冷气吹风比对高压涡轮转子气动和传热性能的影响。结果表明：低吹风比(0.2%)具有较低的冷却效率、中等的密封效率和最小的损失；高吹风比(1.5%)具有较高的冷却效率、最好的密封效果和最大的损失；中等吹风比(1.0%)提供了气动和热设计需求之间的折衷，具有良好的冷却和密封效率以及可容忍的损失水平。

西安交通大学研究人员建立了航空发动机涡轮深度学习模型双卷积神经网络(Dual-

CNN)。针对多个转子叶型,重建了压力场、温度场,并与高斯过程回归模型(GPR)和人工神经网络模型(ANN)的预测精度进行了比较。结果表明,Dual-CNN 能够准确地重构场,从而解释气动性能变化的机理;且在预测效率和扭矩方面比 GPR 和 ANN 更准确。进而以效率和扭矩为目标函数,采用自动微分法进行基于梯度的多目标优化,并分析了 Dual-CNN 对训练强度的敏感性。

德国 MTU 公司对一台四级低速轴流压气机在设计点的流场进行了数值分析和试验研究,以研究静子轮毂结构对下游级性能和流场的影响。结果表明,给定级的静子轮毂结构对下游转子气动性能的影响很大,而对下游静子和上游转子的气动性能影响很小。

MANSOURI 等从数值上研究旋流强度与温度不均匀性"热条纹"(H-S)对高压涡轮导叶(NGV)气动热力性能的影响。结果表明,带有漩涡的 H-S 随着漩涡的方向发生扭曲。与负涡流情况相比,正涡流下的 H-S 扭曲更具侵略性。进口涡流会产生新的二次流结构,即所谓的旋流涡(SV),从而导致更多的气动损失。另外负旋流涡下的气动效率高于正旋流涡下的值,且叶片表面的最高温度由旋流涡向端壁的径向输运控制。

清华大学提出了全叶身端壁融合(BBEW)技术,可以进一步减少端壁区域的流体分离。对于某平面叶栅,优化后的全 BBEW 在设计点的总压损失系数降低了 7%～9%。此外,在整个运行范围内的气动阻塞系数比其他模型下降得更多。对于大冲角,全 BBEW 技术有效地减少了流体分离。

为了量化压气机叶片几何导致的性能不确定性,已开发了许多方法,其中基于计算流体动力学的传统蒙特卡罗方法(MC-CFD)非常昂贵,而基于伴随方法的代理模型和二阶导数,虽然可以大大降低计算成本,但仍然存在"维度灾难"。而基于伴随梯度的线性模型(MC-adj-linear)可以解决这个问题,但其精度会降低。Zhang 等提出了一种改进的方法来规避 MC-adj-linear 的低精度问题,而不会产生其他替代模型的高成本。结果表明,与 MC-adj-linear 相比,所提出的方法以较低的计算成本实现了精度的显著提高,显示出快速不确定性量化的巨大潜力。

在涡轮进口处存在强涡流的情况下,Yang 等对颗粒迁移和沉积的特性进行了数值研究。通过改变涡流的圆周位置和应用正负涡流方向,详细考虑了进口涡流的孤立效应。结果表明,颗粒更有可能在涡流的作用下向外移动到通道的边界,增加粒径可缓解此状况。在相邻叶片之间沉积物存在不平衡问题,这可能会向下游转子引入额外的进口不均匀性,从而加速涡轮级的性能下降。总体而言,对于较大的颗粒,负涡流情况在整个涡轮内的总体捕获效率高于正涡流情况,并且当进口涡流移动到涡轮的中部时,与涡流在叶片前缘相比会产生更多的沉积物。

Xu 等采用流线曲率法结合任意弧度线叶片生成的方法,设计了 3 种载荷分布的压气机转子:前加载、均匀加载和后加载,以研究轴向叶片载荷分布对压气机性能的影响机理。在全局线性稳定性分析的基础上,建立失速起始预测模型,并将其作为流动稳定性评估工具集成到压气机设计过程中。稳态数值模拟结果表明,在小于设计流量时,后加载压气机性能最好;三种转子的峰值载荷位置都随着节流过程向前缘移动;在稳定性方面,前加载压气机差。

分布式飞机推进重新引起了人们对高功率密度、高效率动力组的兴趣。陶瓷叶轮机械可能是一个主要的推动因素,尽管其尚未在微型涡轮机转子中获得成功应用。转子叶片存在的拉伸载荷是使用陶瓷材料的主要障碍。由内向外的陶瓷涡轮(ICT)转子通过将陶瓷叶片支撑在复合材料结构的旋转罩上,从而能利用单片陶瓷的优异压缩性能,降低整个叶片的应力水平,提高可靠性,延长使用寿命。用 15 kW 的原型机进行试验验证,结果发现,与弹性轮毂设计相比滑动叶片装置性能更优。

Canepa 等对低压涡轮叶栅在非定常进气条件下进行了 PIV 测量,以深入研究简化频率和流量系数对流体动力学的影响。通过改变简化频率和流量系数进行了四种流动情况的试验,并采用正交分解(POD)方法对试验结果进行了分析,相关数据提供了低压涡轮叶栅非定常运行时不同损失来源的清晰视图。

Bird 等采用基于降维的代理模型对某喷气发动机压气机叶片的有限元分析特性进行了预测。其比较了四种不同的降维方法:PCA、KPCA、ISOMAP 和 LLE。结果表明:基于非线性降维的代理模型可以减少替代误差。

Liu 等研究了串联叶片在高负荷压气机中打破常规叶片极限的能力。他们定义了参数 E 来评估压气机的失速裕度,设计了载荷系数为 0.46(基于叶尖转速)的单叶片级作为基准工况。然后设计速度三角形相似的串列叶片级。对两个级进行了试验研究,结果表明,串联叶片级的最大效率为 92.8%,比单级提高 1 个百分点;喘振裕度从 16.9%提高到 22.3%;此外,串列转子的最大静压升超出了二维单叶片叶栅的负荷极限,这证实了串联叶片的巨大潜力。

Zhang 等给出了在深度旋转失速状态下一台低速单级压气机的三维流场测量结果,并详细描述了失速单元及其周围流场。在转子的上游,失速单元的特点是在转子顶端有反向射流;在静子下游,失速单元由低速尾迹流组成,同时带有周向流动。

Kim 等提出了一种基于三维计算流体力学(3D CFD)结果和发动机工作点压气机性能的一维平均中径分析模型修正方法,从而生成预测压气机性能的等效模型。文中给出了落后角、最小损失冲角和总损失系数的修正系数。该方法应用于某三级轴流压气机,不仅在设计工况点附近预测较好,在喘点和堵点处精度也较高。

Naung 等基于直接数值模拟(DNS)方法进行高保真模拟,来研究 T106A 涡轮在不同雷诺数、叶间相位角下的颤振不稳定性。结果显示,当 IBPA=0°时可以检测到涡流持续产生。而 IBPA=180°时,上游叶片严重影响了下游区域的尾流结构。

Lu 等提出了一种基于回流流量控制提高轴向槽机匣处理有效性的设计策略。他们用回流流量、回流轴向动量和射入角等回流参数进行定量描述,用轴向位置、开孔面积比和倾角三个关键参数表征轴向槽机匣处理的几何形状。通过参数化研究,阐明了几何参数的影响机理。最后设计了一种新的半圆形轴向槽机匣处理方法,将失速裕度从 7.38%提高到 15.81%,而峰值效率几乎相同。

Neumeier 等提出了一种用于快速模拟多级轴流-离心压气机内部流动的动力学模型。该模型将一级单元(即转子和静子)的流动视为沿中线上弯曲的流管单元,并可捕捉单级静子和转子在各自坐标系内的非定常动力学。与坐标系旋转相关的加速度表示为体积力,各区域之间的连接考虑了流动特征影响。对一台工业四级轴流压气机进行模拟,可以得到失稳或阻塞流动,且当压气机工作超过其特性的峰值时,压气机失去了稳定性。

英国牛津大学 Phan 等尝试将多保真度法与影响叠加法相结合来研究制造可变性带来的影响。利用低保真仿真预先计算源项,结合高保真仿真的精度可实现准确而快速的计算。以亚声速低压涡轮和跨声速高压涡轮为算例,研究了安装角变化的影响,发现多保真求解方法在定性和定量上都取得了成功,且与直接高保真模拟相比,多保真方法的计算成本减少了一个数量级。

Zhang 等提出一种将半经验模型与 CFD 相结合的方法，用其研究宽弦风扇在风车工况下的内部流动演化。

作为垂直起降(VTOL)飞机的一种推进系统，燃气驱动风扇推进系统由于其机械结构简单、性能优良，近年来受到了人们的广泛关注。在推进系统工作过程中，核心涡扇发动机排气直接进入叶尖涡轮，驱动涵道风扇获得推力，百叶窗矢量排气装置实现升力/推力切换。Zhou 等结合核心涡扇的特点，建立了燃气驱动风扇推进系统的总体模型。结果表明，燃气驱动风扇不会对核心涡扇发动机的运行特性产生显著影响。

微型涡喷发动机的主要健康指标之一是排气温度(EGT)。Francisco 等通过大量的试验数据来评估几种 EGT 模型的估计精度和计算成本。包含的模型有：绝热喷管、线性修正、热传递、遗传规划、前馈神经网络、多项式近似和多物理等喷管模型。结果表明，最适合的模型主要取决于应用和可获得的识别数据。

航空发动机清洗后排气温度裕度(EGTM)在清洗发动机后会出现阶跃变化，为了预测其变化趋势，Yan 等开发了一种基于传输过程神经网络(TPNN)的阶跃参数预测模型，并通过 CFM56-5B 发动机数据验证了该方法的有效性。

德国宇航中心 Thibault 等对对转涡轮风扇(CRTF)COBRA 进行了定常数值模拟，并与莫斯科 CIAM C-3A 试验台的试验数据进行了比较。结果表明，数值模拟在整个特性图上都预测较好。湍流模型之间的主要差异出现在接近失速的部分工况下；同时在设计点上湍流建模对扭矩比预测的影响也很大。

Zhao 等提出了一种基于长短期记忆网络和梯度提升的过渡状态发动机推力估计算法。当发动机的工作状态从一个稳态变为另一个稳态时，新提出的算法可以估计发动机的推力，且精度满足工程要求。

2. 部件系统

美国洛克希德马丁公司和弗吉尼亚工业大学联合团队采用计算流体力学手段研究了某 $Ma4.0$ 的缩尺混压式高超声速进气道的启动问题。他们首先研究了不同湍流模型对于进气道工作状态模拟的影响，进而基于稳态计算研究了 3 个帽罩位置的流动特征；最后基于非定常计算研究了进气道未启动、重新启动和滞后三种工况。结果发现，气流分离的演化是滞后的主导因素，其导致进气道重新启动的角度与其未启动的角度不同。

中国科学院力学所研究人员基于数学导出的两个效率参数——熵增系数和压缩质量效率，采用等强度激波系统对比了两个参数在进气道压缩质量衡量方面的性能，得到了两者在全局和局部压缩效率方面的异同。

南京航空航天大学的学者研究了某 $Ma3.0$ 混压式超声速进气道在喉道调节过程的流动机理，其采用数值手段和动网格技术进行了 2D 数值模拟。结果表明，由于未启动流动结构的历史影响出现了流动响应滞后，并且仅当喉部面积明显增加时才实现重新启动。此外，进口前端的分离是影响滞后的关键因素。还讨论了进气道的未启动和重启边界，分析了影响其偏离双解区典型边界的因素。

针对复杂结构的轴对称变几何进气道的启动与进气道匹配问题，Yuan 等提出了一种基于可控排气槽开关的轴对称进气道设计新概念。通过数值计算研究了多槽典型几何参数对入口启动、超临界和亚临界性能的影响规律。据此，得到了进气道工作在 $Ma1.5 \sim 4.0$ 时的 3 维气动设计方案和排气槽控制规律。通过控制排气槽开关，实现了进气道设计目标，即最小启动 *Ma* 为 2，且进气道与发动机匹配。

吊舱式安装的发动机/机翼干扰可能会引起各自性能的相关变化，特别是对于超高涵道比(UHBR)的大型涡扇。在这种耦合流场中，作用在整个飞机上的合力是研究人员关注的重点。意大利帕多瓦大学研究人员以机翼下安装发动机的 NASA CRM 机翼体为研究对象开展了研究。他们通过对发动机短舱进行多层次优化，实现机体合力的最大化，即首先对二维轴对称几何形状的帽罩和排气管道进行优化；之后通过试验设计和代理模型优化，评估了吊舱对排气流量的影响；最后，在固定升力的前提下对安装布局中的机舱/机翼偏置、进气角度和发动机方位进行了评估。最终优化设计与基准几何相比，净推力提高了 3%。

发动机进气道上游和内部边界层的控制是飞机设计者需要考虑的一个重要问题，尤其是对于边界层吸入设计的埋入式进气道而言。Saheby 等采用脊面作为被动集成解决方案，防止上游边界层进入进气道。他们设计了一种带三角形进口的埋入式进气道，并利用 ANSYS Fluent 求解器对其有无脊面构型进行了数值模拟。结果表明，在不同的侧滑角下，脊面显著提高了从低亚声速到高亚声速的进口效率。

Silva 等人基于三维雷诺平均 N-S 方程和参数化几何建立了超高涵道比涡扇发动机短舱多点气动设计方法。对进气道-风扇耦合建模方法进行验证后，针对中速巡航、低速/大攻角和纯侧风等关键工况进行了设计优化。结果表明，为了改善侧风时的流动状态，必须在其他工作点作出牺牲，对于当前算例，其巡航阻力增加了 5.1%。

Wang 等利用压力传感器建立了超声速进气道流型在线监测系统。基于滑动窗口短时傅里叶变换(SW-STFT)预处理和深度残差网络(ResNet)结构，用每个压力传感器训练一个子分类器，以实现对大扰动信号信息的高效提取和不同流型的高分类正确率。并建立多目标优化模型来降低安装复杂度。

Zuo 等建立了自由流 *Ma* 为 4 和 6 时的 M-Busemann 进气道流场数据库，设计了 *Ma* 为 6 的 M-布泽曼进气道，验证了改进后的性能。计算结果表明，M-Busemann 进气道总体气动性能良好，总压恢复值达到了 0.55。

Wu 等提出了一种结合识别学习的双重/三重卷积神经网络(DDL-CNN/TDL-CNN)，该网络同时考虑了交叉熵损失和特征的识别学习，在进气道性能监测上具有更好的性能。

Gong 等建立了旋转孔中质量流量比和旋转马赫数对系统压比、温比和温降效率影响的新关系式，并通过数值分析和试验验证对接收孔的结构进行了优化。

目前，射流推力矢量技术是一种很有前途的推力矢量方法，它是利用具有潜在质量增益的机械执行器替代传统的推力偏转方法。韩国学者对矩形喷管逆流射流推力矢量技术进行了理论和计算流体力学研究。他们发展了一种基于质量和动量守恒定律的工程型分析方法，应用于特定控制体，以预测矢量化性能。此外，通过计算阐明了不同喷管压比(NPR)和二次压比(SPR)下矢量化技术的性能。结果表明，矢量偏转角随 NPR 的增大而减小，而推力矢量效率系数随 NPR 增大而增大。矢量偏转角和推力矢量效率系数随 SPR 的减小而增大。

蛇形喷管广泛应用于隐形轰炸机和无人机中，可显著抑制红外辐射特征，获得优异的隐身性能，提高战场上的生存能力。蛇形喷管的流动特性复杂，这是由于其几何结构与轴对称喷管有明显的不同。Hui 等进行了相关研究，目的是获得蛇形喷管和轴对称喷管的流动特性，并对它们在不同工况下的流动特性进行比较。利用纹影系统、PSI 电子压力扫描阀、六分力平衡系统和流量计对蛇形喷管和轴对称喷管的流量特性进行了研究。结果表明，蛇形喷管的结构，特别是喷管壁面曲率，对喷管的流量系数和推力系数有很大的影响。

Hirschberg 等基于冷气试验研究了壅塞式收扩喷管中涡扰动的响应。涡流扰动引起轴向质量流量的变化，反过来又引起了下游的声学响应。此外，还介绍了涡流对下游声学响应影响的初步经验。这是因为被注入的高焓空气聚集在主流中喷口位置的上游，当切向喷射中断时会引起较大的下游声脉冲。

Zhao 等根据迁移学习的思想，提出了一阶迁移学习和二阶迁移学习两种跨域航空发动机故障诊断方法。在四种工况下进行了仿真试验，结果表明，两种方法在故障诊断中都是有效的，并且二阶迁移学习具有更好的诊断性能。

涡轴发动机的故障检测是保证直升机飞行安全的重要环节。然而以往的故障检测研究忽略了不同发动机状态和工况引起的发动机数据的差异。Zhu 等引入迁移学习来解决这一问题。他们提出了一种基于单类支持向量机和迁移学习的涡轴发动机故障检测算法 OC-SVM-TL。试验结果表明，该算法在目标域数据较少或目标域数据量发生变化的情况下具有较好的故障检测性能。

Lu 等基于部件物理特性和气动热力学理论，提出了在热区创建虚拟传感器，并结合状态估计器的双假设检验策略来跟踪发动机部件的突然衰减。对典型的航空发动机突变数据集进行的仿真验证了基于虚拟传感器测量的气路部件在热端部件性能异常检测中的优越性。

3. 新概念新原理动力

美国普渡大学和马歇尔航天飞行中心对火箭旋转爆震发动机喷管几何形状进行了计算和试验研究。他们研究了三种几何形状，包括通常用于 RDE 燃烧室热火试验的无喷管钝体和两种塞式喷管，并对排气流动进行了模拟。结果表明，高压爆震产物的高动量对排气羽流的影响不同于同等流量下的稳态流场结果；与定压燃烧发动机相比，RDE 排气流动由于过度膨胀，更能增强对无喷管钝体回流区的卷吸，并延迟喷管扩张面上的流动分离。

Sawada 等进行了旋转爆震发动机的燃烧试验，测量得到了 0.149±0.009 N·m 的扭矩和 48.1±0.9 N 的推力，同时发现当两个方向的爆震波同时存在时，扭矩随方向变化并发生偏移。详细评估后得出结论，周向力对 RDE 性能的影响很小。

由于旋转爆震波的压力波动较大，当其与喷管集成在一起时，设计面临挑战。本文研究了旋转爆震发动机与各种类型的喷管组合的性能。Liu 等提出了旋转爆震发动机塞式喷管的优化设计方法。他们基于 OpenFOAM 的模拟表明，采用时间平均值进行喷管设计是合理的，且压缩喷管喉道能大大提高燃烧室滞止压力增益。

美国格林研究中心科研人员利用试验手段研究了进口边界层厚度对推进系统性能的影响。他们将推进模型与电动风扇集成在一起，安装在平板上，并在亚声速下进行试验。使用热线风速仪和静压测量对进口边界层和下游流场进行了详细表征。结果发现，吸入较厚的边界层会导致推力增大和净流动功率的增加。

Weintraub 等提出了基于平均流线分析方法对混合动力小型飞机涵道风扇推进系统进行建模的方法。以某双座飞机为例，利用平均流线分析方法和半经验损失关联式描述了风扇的性能，研究了涵道风扇设计变量对目标飞机任务（特别是噪声）的影响。结果表明，混合推进对固定螺距风扇的性能有益，且涵道风扇比当前认证标准要安静得多。

为了表征螺旋桨参数对具有大量分布式推进器的飞行器设计的影响，Traub 等考察了螺旋桨半径、推进器数量、叶型特性和叶片数对螺旋桨性能的影响。

电动飞机对于减少航空领域的碳排放起着至关重要的作用。Ji 等提出了一种由固体氧化物燃料电池、风扇、压气机和加力燃烧室组成的混合动力发动机。燃料电池为压气机和风扇提供能量，内部空气和外部空气在喷管的进口处混合，加速喷出产生推力。热力计算结果确认了该发动机方案的主要性能。

混合动力技术给未来的发动机提供了发电机替代方案。ALRASHED 等对涡轮发电分布式推进系统(TeDP)从配电和电源的角度进行了研究。结果发现，与传统燃气轮机进行了对比，TeDP 能够提高效率多达 24%，排放量减少 50%。

2.1.2 工程传热学

本节不仅涵盖了传统涡轮/燃烧室冷却方面的内容，还包括预冷发动机换热器/预冷器方面内容，相关技术是预冷发动机实现的关键。

评价基于常规管径(≥10 mm)的经典关联式是否适用于预测由微细管束(约 1 mm)组成的预冷器的流动和换热特性具有重要意义。Li 等通过试验和模拟对换热器设计的经典关联式进行了评价。结果表明，经典流动阻力关联式对微细管内流动和横跨微细管束流动的预测误差均小于 10%，能够满足工程要求。然而对于管束外流，Nusselt 数预测值的最大偏差为 32.1%。他们提出了误差小于 5%的微型管束错列结构紧凑型预冷器的换热计算关联式。

英国牛津大学评估了在热负荷下的双壁蒸腾冷却(DWTC)系统中射流孔造成的应力集中问题，并确定了如何通过修改整体和局部几何特征来改善机械性能。当射流孔倾角增大到 60°时，会导致应力集中因子(SCFs)超过 5。消除射流孔表面的椭圆率可以减少 SCF 达 50%。壁连接支座之间的距离越窄，则孔-孔和孔-支座之间的距离越短，这也会导致 SCF 的降低。

Liu 等采用压敏涂料(PSP)测量技术研究了两种涡轮叶片在不同湍流强度(0.62%和 16.00%)和质量通量比(2.91%、5.82%、8.73%和 11.63%)下的气膜冷却效果。该两型涡轮叶片的气膜冷却孔分别为圆柱形孔(基准)和松弛的扇形孔(改进)。试验结果表明，改进后叶片的气膜冷却效果明显优于基准。

Zhu 等对冷气射流中的旋流对气膜冷却性能的影响进行了数值研究。结果表明，在高流量比下，射流提高了气膜冷却效率。与相应的无旋流情况相比，在单孔和组合孔旋流情况下面平均的气膜冷却效率最大改善分别为 157%和 173%。

高超声速预冷器是高超声速发动机全速高效工作的核心部件，具有较高的功率重量比和坚固耐用性能。为了研究预冷器技术的可行性，Chen 等设计并制造了一种环形微管式预冷器。为验证该新型预冷器的工作性能和可靠性，搭建了一个由极热环境系统和 S-氦闭环系统组成的高温试验台。此外，还提出了一种稳定运行试验台的参数匹配方法。在此基础上，成功地模拟在 *Ma*4 热条件、8 MPa 下持续供应 S-氦 1 800 s 的长时间预冷器性能试验。试验结果与模型计算结果吻合较好，传热率的最大误差在±10%以内。所制造的微管式预冷器在恶劣的工作环境(温度近 1 000 K，压力超过 8 MPa)下表现出长期的耐受性，并在热循环后保持其结构完整性，泄漏率低于 3%/h($\varphi=3\%$)。在试验中，气流温度超过 600 K，这证明了预冷器能够以远远超过任何以喷气发动机为动力飞机的速度来冷却气流。此外，测量的功率/重量比高达 100 kW/kg,这在预冷器技术中处于领先地位。

为了探索新的冷却方法,进一步提高燃气涡轮叶片前缘的冷却性能,Fan 建立并研究了涡流双壁冷却结构。数值模拟结果表明,涡流双壁冷却方式比基本的直通道双壁冷却方式冷却性能提高了 3 倍以上。

Do 等研究了粗糙凹陷端壁和凸出端壁上扰流柱的流场和换热特性。结果表明,与平坦端壁相比,采用这种新型端壁结构后,扰流柱附近的高换热区域显著增大。同时,两种新的端壁布置都增强了扰流柱附近通道的换热能力。这些结果表明,通过优化端壁结构来提高扰流柱的换热能力具有很大的潜力。

Tian 等基于简化轴向单排气膜孔物理模型进行了旋转爆震燃烧室内气膜冷却特性的数值研究。结果表明,在爆震波和斜激波的扫掠影响下,横向射流喷射产生了阻塞效应和振荡效应。在一个周期的扫波过程中,从气膜冷却孔向燃烧室流入不是纯粹的“冷气射流”,而是“混合”射流。冷气喷射不改变旋转爆震波的传播速度,但降低了每个周期的峰值压力和温度。

2.1.3 工程燃烧学

本节总结了燃烧相关领域的研究进展,包括:燃油雾化、燃烧系统设计、燃烧数值模拟、燃烧不稳定性、污染物排放、燃烧试验测量技术等,此外,涵盖了旋转爆震发动机、自适应循环发动机等相关的燃烧问题。

印度学者利用水和空气对中心空气旋流同轴雾化喷嘴的自脉动动力学进行了试验研究。结果表明,在许多缩进构型中,缩进区域内液体和气流之间的约束剪切层不稳定性、气体射流的雾化速率及其与液体相互作用的位置 3 个因素决定了主要脉动频率甚至更高次谐波的存在。此外,无因次脉动频率仅与唇口厚度有关,而与流动和本文喷嘴的其他几何参数无关。

韩国学者采用人工神经网络(ANN)预测燃烧不稳定性的频率和幅度。训练 ANN 模型来自于 CH_4 为燃料的部分预混燃烧室获得的试验数据。在不同的当量比和流速下测量了不稳定频率和幅度以及轴向火焰距离和喷射速度。选取当量比、轴向火焰距离和喷射速度三个变量作为不稳定性预测模型的输入参数,结果只有使用三个输入参数才能准确地预测不稳定频率和幅度。

伊拉克学者对射流燃烧室中燃料混合物的稀薄预混火焰进行了计算研究,并将结果与恒定热负荷 9 kW 和恒定当量比 0.588 下的试验数据进行了比较。使用三个变量来描述湍流效应,即脉动幅度、频率(f)和进口区域的质量流量比(MFRR),并研究了代表火焰特征的火焰拓扑结构和代表正弦波进口速度的火焰位置。结果表明,火焰拓扑在很大程度上取决于所使用的湍流参数变化,尤其是 f 和 MFRR。

Belal 等通过试验研究了两种具有相同旋流(0.55)但结构不同的火焰筒的燃烧和排放特性。第一个火焰筒具有一个环形外旋流器(旋流角为 40°)和多个中心圆形射流,形成“低旋流燃烧”;第二个火焰筒具有阻塞的中心通道和一个外旋流器(旋流角为 35°),形成“高旋流燃烧”。低涡流燃烧火焰筒在靠近出口的位置形成了体积稳定且均匀的反应区(W 形),同时降低燃烧室出口的压降并消除反应区的热点。高旋流火焰筒有强的中心回流区(更好的火焰稳定性),该区被外部 V 形反应区包围,这将导致更高的排放。

Wang 等对理想三维气液两相煤油/空气旋转爆震发动机中爆震的传播及其推进性能进

行了数值研究。数值结果表明,提高喷射总温可以促进两相旋转爆震。

Shen 等对带有三种超声速喷嘴叶片的旋转爆震燃烧室进行了数值研究,并与不带任何喷嘴叶片的基准情况进行了比较。结果表明,总压降主要集中在附加斜激波区,而不是喷嘴叶片通道。此外,爆轰强度和喷嘴叶片通道内的激波结构对总压增益也有影响。与其他结构相比,对齐的结构具有最优性能。此外,还首次发现了一种称为梳状激波包络的激波结构。

Xu 等开展预混旋流燃烧器中燃烧不稳定性的试验和理论研究。重点研究旋流混合距离对固有热声模式的影响。试验结果表明,当旋流混合距离以 15 mm 的增量逐渐增加时,内部热声模式从不稳定状态转变为稳定状态;而四分之一波模式的不稳定性没有变化。测量的火焰传递函数 (FTF)表明,频率相关 FTF 的增益曲线随着旋流器位置的调制而被拉伸或压缩。利用低阶分析模型证实了固有热声(ITA)模式的火焰主导性质。

Xu 等系统地研究了声衬对试验燃烧室热声不稳定性的影响。低阶模态分析结果表明,116 Hz 附近的低频模态为上游燃烧室的 Helmholtz 模态,300 Hz 附近的高频模态为燃烧室的 1/4 波模态。试验结果表明,随着偏流马赫数的增加,Helmholtz 模态的不稳定性会被触发并进一步增强。同时完全抑制了 1/4 波模态的不稳定性。

Lu 等提出了一种在流体动力学代码中使用改进化学扩散模型(CDM)来模拟传播气态爆震波多维结构的方法。对于当量燃烧的氢气-空气混合,CDM 和详细的化学模型在形状和尺寸方面都产生了非常相似的爆震胞格,但都是试验值的 1/3～1/2。利用试验爆震胞格数据对 CDM 进行校准,数值模拟再现了与试验测量相同尺寸和形状的爆震胞格。

Yao 等开发了一种基于高速(25 kHz)数字离轴全息(DOH)的方法,来可视化和测量雾化中燃烧的乙醇液滴。主要信息的不确定性降低到常规数字在线全息图的近 1/10,以较高的时间分辨观察显示二次液滴的动态形成。

Puggelli 等重点研究了火焰亚网格尺度起皱因子进入燃烧模型对某环形燃烧室周向点火的影响。其结果有些出乎意料:更健全的动态模型并没有和试验数据吻合更好,这表明模型中还有其他问题需要解决。

Athmanathan 等使用混合毫微微秒/微微秒级旋转相干反 Stokes Raman 散射(fs/ps RCARS)对温度进行了时空分辨测量,以表征非预混氢-空气旋转爆震燃烧室(RDC)的高动态排气流特性,并与数值计算值进行了对比。两者对应关系良好,且试验和数值计算获得的出口温度分布系数分别为 0.19 和 0.20,比较接近现代燃气涡轮发动机中等压燃烧室的水平。

Xu 等开发了一种基于解耦方法的多保真模拟方法,该方法基于计算流体动力学模拟开展了更准确的 Front-VABI 性能计算,并提出了 Front-VABI 特性表达形式及其与 ACE 性能模型的匹配计算方法。结果表明,所发展方法优于传统近似模型。

Shin 等使用深度学习在大涡模拟(LES)的背景下推导出了用于湍流预混燃烧的亚格子尺度(SGS)闭合的数据驱动模型,就轴向综合火焰面积而言,所提出的数据驱动建模比经典代数模型更准确。

Litvinov 等通过试验研究了试验室规模的航空发动机模型燃烧室中部分预混旋流稳定的乙烯/空气火焰中发生的大规模涡流结构、燃料-空气混合和反应过程,使用了时间分辨率为 10 kHz 的 PIV、OH PLIF 和丙酮/PAH-PLIF 等测量设备。本研究首次揭示了燃气涡轮燃烧室中富燃气、PAH 和积碳形成的完整顺序。结果表明,仅在富含高多环芳烃的燃烧气的某些区域形成积碳。

Walters 等开展了高压燃气-空气旋转爆震发动机两个案例的试验研究。第一个为具有间歇反向旋转波的单个爆震波，第二个为稳定的反向旋转模式。与单波的自相似场相反，反向传播的爆震前沿之间的相互作用导致流场随周期相位角而变化，且具有反向旋转波的案例比单波推理性能提高 5%。

Nygard 等开展了具有旋流火焰的环形燃烧室进行周向强迫研究，首次展示了释热率(HRR)对幅度限制下第一周向模式的压力场响应。对比常规和周向火焰描述函数(FDF)，响应差异归因于有限曲率环形壳体和旋流火焰宽度的引入破坏了系统的对称性。周向 FDF 很好地描述了所有这些现象，因此比传统的 FDF 更适合表征环形燃烧室中的响应。

Aguilar 等研究了打破环形燃烧室中的对称性对周向模式耦合热声不稳定性的直立、旋转和倾斜等极限循环振荡特征的影响。结果发现，当非稳态放热率的分布发生轻微变化时，极限环的性质保持不变；当非稳态放热率的分布发生较大变化时，极限环的性质会发生变化。

Jia 等提出一种导流板的冷却结构，以应对火焰稳定器所处的极端热环境。研究了不同特性参数下的冷却结构对火焰稳定器冷却性能的影响。结果表明，所提出的新结构可以在不影响其余部件运行的情况下，峰值温度降低 2.1%，平均冷却效率提高 15.3%。

Kang 等提出了一种唯象热流模型来模拟加热元件内部产生的热。利用所提出的热流模型建立了两个有限元分析模型：具有等效圆柱加热元件的二维(2D)轴对称模型和具有真实加热元件几何形状的三维(3D)实体模型，研究了点火辅助装置的瞬时热力机械特性。

Tommy 等在 5atm 的轴向分级燃烧室模型中，对甲烷-空气射流反应的 NO_x 排放进行了试验研究，重点探讨了火焰推举和点火时间尺度对二次射流 NO_x 排放的影响。试验观察到点火延迟随着射流温度的降低而增加。与完全预混喷嘴相比，同轴喷嘴会导致明显的点火延迟。总之，轴向级中热驱动延迟比掺混延迟可获得更多的 NO_x 排放收益。

Hu 等在不同的燃烧条件下(包括不同的燃烧压力、燃料流量和进气温度)研究了喷气搅拌反应器(JSR)的烟尘排放。结果表明，高燃烧压力和高流速都导致主要颗粒的尺寸增加，且在高燃烧压力下产生的烟灰颗粒中不存在无定形碳；进气温度对烟尘颗粒的大小和形态有显著影响，在低进口温度条件下产生了大量石墨化程度较低的无定形碳。此外，纳米结构参数可能强依赖于停留时间和进口空气温度。

2.1.4　结构与固体力学

本节总结了在结构与固体力学领域所取得的新进展，包括：有限元分析、失效机理分析、颤振预测、结构强度优化等。

Yan 等建立了带涂层的转子叶片的有限元模型，并提出了一种基于扩展子空间迭代法的降阶模型，用于分析存在涂层厚度失谐和弹性模量失谐的旋转叶片。结果表明，涂层能显著降低调频后叶片的强迫响应，旋转效应对调频后叶片的动态特性有显著影响。

Leng 等采用广义平板叶栅模型和某 3 级高速轴流压气机，对亚声速可压缩流动中具有非均匀叶片间距振动叶排的非定常气动特性进行了数值模拟，确定了叶片间距不均匀对压气机转子颤振稳定性的影响。结果表明，叶片间距不均匀可以很大程度地改变叶片的气动阻尼。在一定的振动节径下，某些叶片会发生严重的失稳，从而使其气动阻尼变为负值。进一步用特征值方法研究了叶片间距不均匀对转子稳定性的影响。对于任意叶片间距的叶排，可以使用广义平板叶栅模型来计算气动影响系数矩阵。

Cao 等提出了一种在冲击载荷下螺栓壳体-法兰连接结构的失效评估准则。随后对 18 个螺栓壳体-法兰连接结构试验件进行了试验,还使用经过验证的有限元模型进行参数研究。试验和数值计算结果都证明了失效评估准则的准确性。

Yi 等在考虑系统轴间轴承局部缺陷的情况下,研究了双转子系统的非线性共振特性。他们提出了一种双转子系统的简化模型,据此得到了双转子系统的幅频响应曲线,分析了异常谐振特性。结果表明,在轴间轴承内圈存在局部缺陷的双转子幅频响应曲线上,存在两个主要共振峰和四个异常共振峰,前两个异常共振是由复合共振引起的,与内圈故障和高低压转子转速有关;后两个异常共振是由内环故障的感应共振引起的。

Yu 等深入研究了摩擦冲击响应的非线性模态特性以及对实际航空发动机双转子系统的可能影响。结果表明,双转子系统的模态频率随着摩擦冲击的发生而增大,可以通过传统的坎贝尔图获得摩擦系统的临界速度。旋转方向作为一个重要因素,不仅会影响陀螺效应,还会改变摩擦冲击的效果。对转双转子的正向模态在某一转子发生摩擦冲击时可能不稳定,而同转条件下的相应模式总是稳定的。

Yu 等采用叠加法推导了涡轮转子轮盘上椭圆通风口应力集中系数,并分析了开口的最佳位置和形状,以降低应力集中效应。通过有限元法和工程应用案例证实了所发展方法的正确性。

Yu 等通过扫描逆向建模和联合建图的方法,获得小型无人机(UAV)的 3D 数字模型,并基于此采用瞬态非线性有限元程序 PAM-CRASH 开展了小型无人机撞击发动机转子叶片的数值模拟。研究指出,无人机与单片叶片的撞击过程可分为切割和撞击两个典型阶段。切割主要导致前缘材料失效,撞击主要导致叶片塑性变形。对于典型民航发动机,1.345 kg 的无人机撞击风扇叶片足以对飞行安全造成损害。

Sinha 提出了一种基于物理的半封闭形式的转子动力学分析方法,用它确定了风扇转子根部和支承轴承上的瞬时鸟撞载荷。以某典型大型商用喷气发动机为例,给出了有关的高度非线性瞬态动力学数值结果。结果表明,在鸟撞作用下,风扇转子瞬时振动响应的动力放大系数可达类似不平衡状态下正常稳态响应的 3 倍。

Nyssen 等对失谐叶盘在叶尖/机匣接触情况下的动力学进行了数值研究。当叶盘在其标称角速度附近经历结构性叶尖/机匣接触时,评估了失谐对叶盘动力学的影响。通过计算放大因子和局部化因子,量化了不同程度的失谐对具有接触非线性叶盘动力学的影响。

Lotfan 等在离心力作用下的静力分析(SACF)中加入了几何非线性项,以准确地模拟旋转预扭叶片振动中的刚化/软化效应,并通过求解进行了非线性预应力的分析(NPA)。进一步研究了旋转预扭叶片在所确定平衡位置附近的自由振动。数值结果表明,在考虑非线性项的情况下,得到的固有频率远低于线性预应力分析的值。

Wang 等提出了一种利用多个摩擦调谐质量阻尼器(FTMD)组成的环形阵列结构对失谐整体叶盘(blisk)进行多模态振动抑制的有效方法。给出了一种新型的 FTMD 阵列设计方案。数值结果表明,该方法能明显抑制大失谐水平下整体叶盘的多模态振动,对振荡器的微小调谐偏差具有较强的鲁棒性。

为了减少疲劳问题和颤振现象的风险,通过将约束黏弹性补片集成到旋转复合材料叶片中来增加叶轮机械部件的结构阻尼。Rouleau 等开发了一种数值工具来预测动态旋转复合材料风扇叶片在不同温度和转速下的结构阻尼。

2.1.5　动力机械噪声

本节重点总结了航空发动机特有的噪声产生机理、预测方法、试验测量方法、降噪以及与其他学科的耦合等方面取得的进展。

Tong 等建立了一种用于预测转静干涉(RSI)宽频噪声的 RANS 分析方法。首先从 RANS 结果获得湍流信息;然后使用基于线性亚声速非定常流动(LINSUB)和二维等价方法的流片理论计算静子叶片上的非定常载荷;最后,通过声学类比和环形管道模式耦合静子叶片上的非定常载荷,计算出 RSI 宽带噪声的声功率。

Xia 等通过数值方法研究了几种主动转子的机理和潜力,建立了一种耦合基元叶片理论、维极模型和 Fowcs Williams-Hawkings(FW-H)方程的数值方法,用于转子噪声的预测。还提出了两个新的主动转子方案,可使转子周围大部分区域的噪声降低,显著改善转子的声学特性。

通过大量的风洞试验,Javad 等研究了超声速进气道中附面层引气孔的位置、进口倾角、进口宽度和排气孔类型(狭缝或多孔)对激波振荡现象的影响。结果表明,引气能显著推迟激波震荡的发生,增加进气道的稳定范围;引气孔诸参数中,引气位置最为关键;狭缝引气口具有最优的流场稳定性。

Schnell 等研究了风扇转子叶片运动产生的压力波在进气道唇口反射而引起的声反馈及其对风扇颤振敏感性的影响。通过对谐波平衡模拟结果的分析建立了基于特征值分析的简单模型,可以在所研究的频率-质量流量范围内绘制出气动阻尼区和激振区的全景图,有利于在早期设计阶段识别不稳定区域。

Pereira 等基于迭代逆贝叶斯方法(iBIA)的先进涵道麦克风阵列来评估风扇/出口导叶(OGV)宽带噪声的模态含量和声功率级。结果表明,iBIA 可以显著改善重建模态分布图的动态范围。目前该方法已在工业界进行了全方位应用。

在具有变截面亚声速非等熵平均流动的管道中,流动轴向变化会影响系统的声能平衡,这对于理解和控制燃烧室中的热声现象具有重要意义。Yeddula 等使用声学吸收系数 Δ 来量化这种构型中的声能变化。他们发现,正的平均温度梯度代表加热的管道,可导致声能吸收;负平均温度梯度代表冷却管道导致了声能的产生。基于这一发现,通过改变平均温度梯度,可实现声能线性降低。

Maierhofer 等研究了亚声速均匀流中平面叶栅声波散射的发射功率和入射功率的平衡。作者们展示了如何用时间平均能量平衡来解释在没有平均流时声场相对于叶栅冲角的某些对称性,以及在特定平均流冲角下零声反射的影响。

Pinelli 等通过详细的试验和数值模拟研究了高压涡轮级中熵波点与静子前缘之间的时序效应对熵波演化和间接噪声产生的影响。试验在米兰理工大学流体机械试验室(LFM)的高速闭环试验台上进行,用佛罗伦萨大学开发的 TRAF 程序进行了在级进口施加和不施加熵波动情况下的 URANS CFD 模拟。模拟结果与试验结果吻合较好,证实了用 URANS 模拟方法在时变进气条件下预测熵噪声的可能性。这类模拟可以用于燃烧室/涡轮耦合的几何设计优化,对扰动源的时序效应进行详细的参数研究,以减少涡轮-燃烧室的相互作用和间接噪声的排放。

准确预测风扇/出口导叶(OGV)相互作用的宽频噪声(BBN),是正确表征高涵道比涡扇发动机噪声的基础。Ricardo 等提出了一种三维合成湍流 BBN 预测方法,该方法利用频域线性 Navier-Stokes 求解器,3D 问题可使用二维(2D)模拟来解析重构,与标准 3D 方法相比其计算效率更高。当将 3D 结果与纯 2D 结果进行比较时,会出现超过 10 dB 的差异,这是由于高估了湍动能而导致的,而湍动能会产生截断声模态,而 q3D 与 3D 的差异小于 2 dB,因此它可以用于快速预测。

Jean 等采用壁面解析的大涡模拟方法计算了某超高涵道比涡扇发动机风扇级的缩尺模型,在较低的转速和雷诺数下,在风扇叶片前缘附近的吸力面观察到分离泡。其可以导致边界层转变为湍流,并产生高频音调,说明涡脱落机制与回流泡辐射的噪声有关。

流动不均匀与喷嘴壅塞相互作用产生的间接噪声在航空发动机中非常重要。Hirschberg 等讨论了旋流-喷嘴相互作用对喷嘴下游声波的影响。他们用准稳态和准圆柱分析模型定量地预测了这种影响。本研究的发现与许多文献中的假设相矛盾。

Dong 等用格林解析函数对有衬和无衬圆形管道中均匀流动的对流干扰噪声进行了理论表征。推导出的模型可用于分析各种模式下噪声的频谱特性和指向性模式。将理论和试验结果进行了对比,确认了理论模型在趋势预测方面的正确性,但具体数值上仍然存在差异。

2.1.6 动力机械控制学

在航空发动机控制领域,由于机器学习、人工智能、大数据等手段的引入,赋能产生了丰富的成果。

Pang 等在极限保护控制方面,针对较小推力损失和运行安全的平衡问题,相比较广泛使用的 Min-Max 逻辑,提出了一种新的基于模型的多变量极限保护控制方法。该方法通过自适应指令重构和多控制环选择与切换逻辑来实现。在某双转子涡扇发动机上实现了直接推力控制的极限保护,与 Min-Max 逻辑引起的推力损失相比改善了约 30%,证明了所提出方法的有效性。

Guo 等介绍了航空发动机气路静电监测的原理,建立了航空发动机气路碎片静电传感器的数学模型,并对粒子的运动以及感应电荷脉冲波形进行了模拟。仿真结果显示了粒子的电荷量、速度和脉冲波形特征之间的定量关系,得到了粒子的空间位置与脉冲波形特征之间的定性关系。该研究成果不仅避免了传统信号处理方法直接利用被测电压信号的缺点,而且对提高静电监测能力具有重要意义。

Xu 等结合微分进化算法和拉丁超立方抽样,提出了一种自动工作模式选择与最优平滑控制计划识别的混合优化方法。该方法不仅优化了发动机在不同工作模式下的稳态性能,而且解决了控制计划不连续的问题。针对两种不同的工况,即超声速和亚声速节流工况,证明了所提出的控制方法优化了发动机性能、压缩部件的喘振裕度和节流期间的推力范围。

Pang 等提出了一种基于模型预测的部分替代优化策略。在该控制器中,基于发动机基准模型生成非线性状态空间模型作为预测模型态,进而提出了一种新的基于部分替代优化策略的控制序列。将所提出的模型预测控制方法应用于某双轴涡扇发动机。仿真结果证明,该方法不仅比标准模型预测控制算法控制误差更小,而且更节省时间。

2.1.7 动力机械转子动力学

转子动力学领域成果丰富，主要研究热点既包括了传统转子动力学方法的发展、数值仿真、试验技术等，也包含了传统转子动力学与机器学习手段在故障诊断方面的融合、动压箔片轴承的转子动力学性能计算等新内容。

转子系统的不平衡是引起航空发动机振动的主要因素。内外双转子不平衡振动耦合、振动传递及振动灵敏度研究是整机振动与动平衡研究的关键环节。Ma 等建立了内外双转子系统的运动微分方程和动力学模型，采用理论分析和仿真相结合的方法，研究了考虑中间轴承耦合影响的双转子系统的不平衡振动。最后，在自行设计的试验台上进行了试验，测量结果与分析和仿真结果吻合较好。

Zhang 等采用一种新的振动能量跟踪方法对早期碰摩故障进行诊断，试图解决基于冲击力诊断的问题。通过试验对能量跟踪方法进行了验证，结果表明，引入能量理论，特别是使用能量轨迹法，可以对早期碰摩故障进行诊断，能够很好地反映故障的严重程度。本研究为转子早期碰摩故障的诊断提供了一种通用有效的方法。

Farin 等提出了一种非侵入式声学监测技术，可用于喷气发动机内选定叶片的快速远程检测。该技术使用可听频率范围内的时间反转镜来选择性地激励几米外的目标叶片，然后用激光测振仪测量激振处叶片的共振频率。如果叶片上带有一些损伤，其共振频率就会发生变化。通过评估频移，就能远程检测叶片上的毫米级损伤。

Cheng 等提出了一种基于候选故障频率优化图(IESCFFOgram)的特征自适应方法来确定轴承故障诊断来自谱相干性(SCoh)的信息频段。该方法的创新之处在于充分挖掘了 SCoh 中隐藏的故障信息，并根据识别出的候选故障频率自适应确定信息谱频段。通过试验以及与其他方法的对比，验证了所提出方法的优越性。

Ghalayini 等提出了一种不涉及空间离散的任意阶 Galerkin 约化(GR)方法，在箔片-空气轴承(FAB)支承的转子系统进行非线性和线性化分析。创新点包括：可应用于通用柔性转子；基于雅可比线性化的 GR 变换系统可用于提取全模态集和线性稳定性图；方便在圆周位置和/或 Gümbel 条件下施加压力约束。验证表明，采用 GR 的瞬态非线性动力分析(TNDA)比有限差分(FD)的数值发散性小。对于静态平衡、稳定性和模态分析(SESMA)，GR 的速度要快一倍以上，所需内存减少 1/90～1/70。

Li 等提出了一种全尺寸转子系统的不平衡识别方法。不平衡值可以通过标度律和标度模型来识别，其中标度律是通过最小二乘法和灵敏度分析相结合的方法得到的。数值算例和试验算例验证了该方法的有效性。

Zhao 等提出了一种数据驱动和 NOFRFs(非线性输出频率响应函数)相结合的新型轴承-转子系统健康评估方法，揭示了基于 NOFRFs 的特征与碰摩故障之间的内在联系。结果表明，该方法比传统碰摩指标更能有效地评估摩擦冲击。

Baum 等对整体转子-气体轴承模型进行了稳定性分析和分岔分析。将模型降阶为流体薄膜方程，可以快速求解；应用分岔分析代替了时间积分方法，可以识别不同的解，评估它们的稳定性，并确定相应的分支点。应用该方法对刚性气体滑动轴承和箔片空气轴承进行了对比分析。

Yang 等建立了包含高速球轴承的弹性环挤压油膜阻尼器(ERSFD)模型,研究了不同转子工作转速和鼠笼刚度下的轴颈动力学特性。结果表明,低的鼠笼刚度与较高的转子工作速度相配合,可有效地稳定轴颈和减振。

Mereles 等基于连续分段法(CSM),求解了具有多个阶梯段、多个盘和轴承的系统。该方法的基础是求解系统的特征值问题,并利用特征函数和特征值进行模态分析,对运动方程进行离散。与 FEM 的比较表明,CSM 是一种很有前途的复杂转子系统建模方法。

2.2 前沿技术

2.2.1 高超声速动力

高超声速飞行器是指飞行马赫数大于 5,能在大气层和跨大气层内远程飞行的飞行器,其典型应用形式以高超声速巡航导弹、高超声速飞机和空间运载器为代表。本节主要分析了组合发动机、旋转爆震发动机、超燃冲压发动机和强预冷发动机在 2022 年的研究进展。

1. 组合发动机

组合发动机是指以涡轮发动机、火箭发动机和冲压发动机等为基础的各种循环动力系统,常见的组合发动机为 TBCC、RBCC 和 ATR 等。因可实现水平起降、可重复使用,TBCC 发动机成为组合发动机的发展重点。

(1) 赫尔墨斯公司"奇美拉"TBCC 发动机完成地面试验

美国赫尔墨斯公司完成了配装"夸特马"高超声速无人机的"奇美拉"(Chimera)TBCC 的地面试验,验证了该发动机可在地面上实施全油门运行;完成了涡轮到冲压发动机的模态转换试验,取得了重要技术突破。此次试验活动在美国圣母大学的涡轮机械试验室开展,通过加热空气来模拟高马赫数下的温度和压力。"奇美拉"发动机在低速时处于涡喷发动机模态,随着温度和进气速度的增加,当马赫数达到 2 时,涡喷发动机逐渐达到性能极限。为顺利过渡到冲压模态,赫尔墨斯公司采用了预冷却技术,通过降低进气温度,向上拓展了涡轮发动机飞行包线。当马赫数达到 3 时,气流绕过涡喷发动机进入冲压模态,加速直至马赫数 5。整个模态转换过程用时 5 s,成功跨过了涡轮冲压组合循环的"推力陷阱"。

(2) 美国波音公司最新高超声速飞机采用 TBCC 发动机为动力装置

继 2018 年首次公布高超声速飞机方案之后,波音公司在 2022 年 1 月的美国航空航天学会上展示了新型"女武神"高超声速无人机设计效果图。与 2018 年展示的模型相比,新版本显示出更多的"乘波体"外形,动力装置仍采用 TBCC 发动机,但没有透露发动机的具体设计方案。

(3) 英国"5 号方案"(Concept V)高超声速飞机配装集成有预冷器的 TBCC 发动机

"5 号方案"高超声速飞机模型的动力装置由英国反应发动机(REL)公司和罗罗公司联合研制。Concept V 的发动机将采用集成有预冷却器、涡轮和冲压的动力方案,依靠涡轮发动机从跑道起飞并加速至 3 马赫左右,然后开始模态转换,涡轮发动机将被封闭保护起来,进气直接进入后端的加力/冲压燃烧室。此外，REL公司还在探索在模态转换之后仍可利用预冷器和涡轮发动机提供热管理和电功率的可行性。

2. 旋转爆震发动机

旋转爆震发动机（RDE）具有结构简单、重量轻、成本低等优势，也是高超声速动力研究的重点。

(1) 金星航宇公司披露以旋转爆震发动机为动力的高超声速飞机方案

美国金星航宇公司披露了一种速度达马赫数9的"观星者"高超声速飞机，该机长150英尺(45.72 m)、宽100英尺(30.48 m)，可搭载十多位乘客。金星航宇公司表示，"观星者"将采用涡轮、旋转爆震组合循环动力形式，使用传统的喷气发动机起飞，达到一定速度后过渡到旋转爆震发动机，之后一直以旋转爆震发动机为飞机提供动力。

目前，该公司已经完成液体燃料旋转爆震发动机验证机地面点火试验，该验证机采用室温下可储存的液体燃料，试验历时3个月完成。

(2) DARPA发布以旋转爆震发动机为动力的高超声速导弹方案

DARPA即将启动"开局"(Gambit)技术项目，该项目旨在利用吸气式旋转发动机在尺寸和燃料效率等方面的优势，为第四代战斗机提供远程打击导弹，能够在反介入/区域拒止(A2/AD)环境中实现大规模生产、低成本、高超声速、远程武器的空对地打击。项目将为期42个月，计划选择两家公司来开展吸气式旋转爆震发动机导弹的概念研究和初步设计，并在18个月内完成燃烧室和进气道试验。其中一家公司将被选中完成关键设计评审，制造验证导弹和开展试验验证。

3. 强预冷发动机

高超声速强预冷发动机的研究以英国反应发动机公司为代表，该公司在2022年积极开展相关关键技术的研究。

REL公司将开展一项新试验，以扩展高超声速使能技术的性能范围为目的，在之前反应预冷器试验成功的基础上，通过显著增加输送的空气质量流量和其他试验参数，使通过发动机热交换器的总能量传递增加3倍，并评估热管理技术与最先进的喷气式发动机的集成情况。

REL美国公司还在科罗拉多州的高温试验设施完成了预冷热交换器的国外对比试验活动，扩展了发动机预冷器技术的验证能力。在试验中，预冷器成功实现了从高温气流中转换10 MW以上热能的目标，比之前的试验计划高出3倍。

4. 超燃冲压发动机

2022年，美国和日本以超燃冲压发动机为动力的高超声速导弹均成功开展了飞行试验。

(1) HAWC项目完成超燃发动机试飞

"吸气式高超声速武器概念"(HAWC)项目两个方案均成功完成超燃冲压发动机试飞。HAWC项目由洛马公司和雷神公司各负责一个方案。洛马公司HAWC样机由B-52轰炸机携载、投放，固体火箭发动机将导弹加速到超声速后，超燃冲压发动机启动，将样机加速到马赫数5以上，成功验证了其原型设计。雷神公司HAWC方案的第二次试验也取得成功。导弹从载机平台投放后，由第一级动力系统将飞行速度提升至超燃冲压发动机的点火包线内，随后超燃冲压发动机启动并提供推力，将样机加速到 *Ma*5 以上。

在 HAWC 项目基础上，DARPA 宣布启动接续的 MoHAWC 项目，旨在开发、集成和验证高超声速技术，以增加空射高超声速巡航导弹的有效性和可生产性。MoHAWC 项目计划开展 4 次超燃冲压发动机推进的高超声速巡航导弹飞行验证。

(2) 日本 JAXA 进行超燃冲压发动机的高超声速试验

日本宇宙航空研究开发机构(JAXA)正在与日本先进科学研究中心(ASRC)联合开发配有双模态超燃冲压发动机的高超声速反舰巡航导弹。JAXA 正在进行超燃发动机验证试验，其在种子岛航天中心成功试飞 S-520 探空火箭，搭载了超燃冲压发动机到达 160 km 的位置后，发动机与火箭助推器分离，当飞行 *Ma* 为 5.5 时，超燃冲压发动机点火。试验团队从中获取气动加热和超声速燃烧数据，并将该数据与地面风洞试验数据进行比较。

2.2.2 自适应发动机

1. 基本情况

未来战斗机不仅要比现役战斗机飞得更远，还需要在接敌时具有更快的速度和更强的机动性。更远的航程需要较低的油耗和良好的巡航效率，但是超声速机动所需的大推力则要求有更大的核心机和更高的工作温度。从推进系统的角度看，这些要求是相互排斥的。为了解决这个难题，并将这两种能力综合到同一套推进系统中。美国空军研究试验室(AFRL)预计，自适应发动机的燃油效率将比 F135 发动机的提高 25%，可以使飞机的作战半径增加 25%～30%，续航时间延长 30%～40%。

2. 部件与系统

按美军装备研发模式，XA100 和 XA101 验证机将作为竞争对手，最终发展出 1 型推力在 200 kN 级别的自适应发动机。由于发动机的初始尺寸均以能安装到 F-35A 发动机短舱为基准，因此自适应发动机也将成为 21 世纪 20 年代中期替换 F135 发动机的有力竞争者。

研制方尚未公开所有的结构细节，根据已知公开数据，GE 公司的 AETD 发动机构型从外形轮廓上看和 F136 很相似，但实际上几乎是全新的设计。

风扇：3 级风扇包含可调机构和自适应结构，外侧增加第三涵道，第三涵道中还将安装 2 套热交换器。

核心机：高压压气机来源于 LEAP 发动机的压气机设计，涡轮和燃烧室也比 F136 有了显著改进。

材料和工艺：从燃烧室到低压涡轮的整个热端部件，包括旋转件在内，将大量采用陶瓷基复合材料(CMC)材料，并采用 GE 公司成熟的增材制造技术。

3. 研制进展

2022 年 3 月 25 日，美国空军和 GE 公司启动 AETP 计划发动机第 2 阶段试验，这是 AETP 计划发动机在 AEDC 的首次试验；8 月，在 AEDC 完成 XA100 发动机试验和数据收集工作(见图 2-1)，标志着 AETP 计划完成。

GE 公司表示 XA100 已做好过渡到工程研制(EMD)阶段的准备。

图 2-1　XA100 在 AEDC 模拟高空环境进行动态试验

2022 年 8 月，美国空军分别与 GE、普惠、波音、洛马和诺斯罗普·格鲁曼公司5家航空制造商签署了1 份无限期交付、无内容限制的“下一代自适应推进”(Next Generation Adaptive Propulsion，NGAP)计划合同(单个合同上限为 9.75 亿美元，总计约 48.8 亿美元)，用于美国 NGAD 战斗机自适应循环发动机的原型机研制。合同商将专注于“通过设计、分析、样机试验、发动机原型试验和武器系统集成提升技术成熟度和降低风险”，预计到 2032 年 7 月完成设计和原型机开发，计划在 2025 财年年底前对 NGAP 发动机验证机进行完整的地面试验。实际上，NGAP 计划也已实施多年，但直到 2021 财年该计划的资金才从 AETP 计划的预算中分离出来，因此，美国空军为 NGAD 寻找的动力装置并不是之前猜测的 XA100 或 XA101 发动机。但是 ADVENT、AETD 和 AETP 等发动机计划中验证的自适应变循环技术是 NGAP 发动机的基础，GE 公司表示为空军 NGAD 战斗机开发的 NGAP 将建立在预研计划中验证的结构和材料技术的基础上，但尺寸和推力与 XA100 不同。

2.2.3　航空氢能动力

2022 年，美欧西方都在大力发展氢能技术，其政府、军方通过不同的途径推动氢能技术的发展，将氢能技术作为实现 2050 碳中和目标的重要途径。氢能技术的发展也是设计、制造、试验和基础设施建设全方位进行。

1. 西方国家支持氢能技术发展

2022 年 3 月，英国发布新一代液态氢动力飞机愿景。英国航空航天技术研究所(ATI)的 FlyZero 项目完成了为期 12 个月的初步研究，并发布了一份名为“我们零碳排放航空旅行的愿景”的报告，表明了对新一代液态氢动力飞机的愿景。该研究旨在探索零碳排放飞机的可行性。FlyZero 项目推出了三型氢能动力飞机：支线飞机、窄体客机和中型飞机，并计划 2035 年推出中型氢动力飞机，到 2037 年推出氢动力窄体飞机。

美国能源部高级能源研究计划局支持普惠公司开发氢燃料推进系统。2022 年 5 月普惠公司宣布通过美国能源部高级能源研究计划局(ARPA-E)的 OPEN21 计划获得 380 万美元的资金支持，用于氢蒸汽喷射间冷涡轮发动机(HySIITE)项目的早期研究工作，该项目为期

24 个月,目标是开发氢能系统的关键部件,包括热交换器和燃烧室。

Hydroplane 公司氢燃料电池推进系统获得美空军支持。氢推进初创公司 Hydroplane 于 2022 年 5 月与美国空军合作,以验证基于燃料电池的动力装置。该公司正在开发一种200 kW 的氢燃料电池推进系统,目标是取代广泛用于通用航空飞机的活塞发动机。其最初的应用目标是单发固定翼通用飞机(空中出租车),更长期的包括货运和支线飞机。

罗罗公司获得欧盟"清洁航空"计划的氢能项目,2021 年正式启动。罗罗公司在欧盟主导的"清洁航空"计划中承担了两个氢动力研究和创新项目,分别是"新型氢燃料发动机结构设计"(HEAVEN)和"氢动力飞机与发动机的一体化设计与验证"(CAVENDISH)。在 HEAVEN 项目中,罗罗将继续发展超扇发动机架构和成套技术,并为氢燃料技术和混合电推进技术提供一个平台。在 CAVENDISH 项目中,将把液氢系统集成到一个发动机上并进行地面试验,探索双燃烧室系统、低温压缩罐系统等替代性使能技术,确定飞行的要求和事项。

日本 JAXA 开发氢动力技术。日本宇宙航空研究开发机构(JAXA)和文部科学省当时计划于 2022 财年开始开发使用液态氢作为燃料的下一代涡轮发动机(见图 2 - 2)。JAXA 在使用液态氢作为火箭燃料方面有经验,将继续研究和开发将燃料输送到发动机燃烧室的泵,直到 2030 财年,开发的技术将转让给日本国内制造商和其他公司。

图 2 - 2　JAXA 设想的氢涡轮飞机

而且,JAXA 将与川崎重工(KHI)合作研发氢动力商用飞机(见图 2 - 3)的核心技术。该项目为期 10 年,日本新能源和工业发展组织(NEDO)通过旗下的绿色创新基金支持该项目。该基金由日本经济、贸易和工业部于 2020 年底设立,是日本 2050 年前实现碳中和计划的一部分。

图 2 - 3　KHI 飞机有一个宽大的后机身以容纳液氢罐

2. 氢能技术产品开发持续取得新进步

ZeroAvia 持续开发氢电动力系统。零排放推进系统开发商 ZeroAvia 公司与奥托航空公司计划将 ZA600 零排放动力系统集成到奥托航空公司 Celera 500L 原型机上；德事隆航空公司计划在其塞斯纳“大篷车”上换装 ZeroAvia 公司 600 kW 氢电推进系统 ZA600，两家公司将合作申请 FAA 补充型号证书，以 ZA600 电动系统改造“大篷车”涡桨通用飞机；ZeroAvia 的目标是在 2025 年完成 ZA600 系统认证。

LuftCar 开发电动垂直起降飞行器及氢燃料电池推进系统。美国初创公司 LuftCar 计划为先进空中交通(AAM)市场开发一种燃料电池/电池混合推进系统，而且已经计划开发一种采用氢燃料的空中/陆地交通工具以及相关的着陆和加油基础设施。LuftCar 概念的特点是可用于氢-电垂直起降(电动垂直起降)，也可用于五座电动车辆。该系统将使用汽车燃料电池技术，并可使用液态氢或气态氢(见图 2 - 4)。

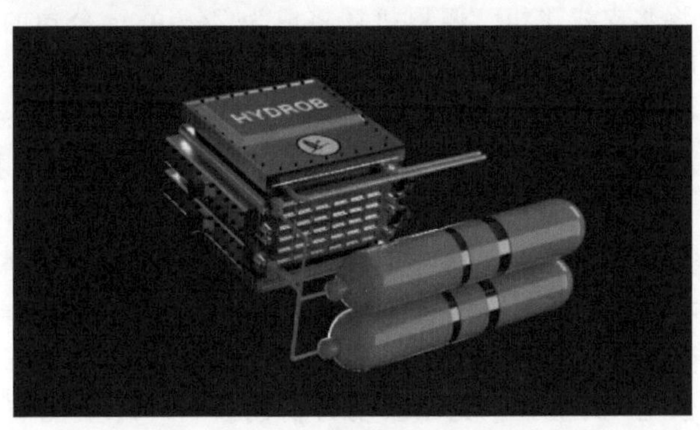

图 2 - 4　LuftCar 氢燃料电池推进系统

GKN 航宇持续推进 H2GEAR 项目氢动力推进系统研究。GKN 航宇正在持续开展英国资助下的 H2GEAR 项目，该项目是 GKN 全球技术中心正在进行的核心项目。H2GEAR 项目的预算为 5 600 万英镑(6 840 万美元)，其中 2 720 万英镑(约 3 454 万美元)由英国航空航天技术研究所(ATI)提供。GKN 航宇于 2021 年设定了目标，即在 2026 年对总功率为 1 MW 的动力系统进行地面试验，动力系统包含储氢装置、燃料电池、电源管理系统和电动机。GKN 航宇已经完成 H2GEAR 项目的氢燃料电池动力系统的初步设计。公司表示已为多种飞机定义了架构，包括 19 座、48 座和 96 座的机型，认为燃料电池可为 96 座或更大的飞机提供动力。

荷兰开发用于支线飞机的氢电推进系统。荷兰联盟组织于 2022 年 6 月宣布计划开发用于 40～80 座改装型支线涡桨飞机(航程 750 km)的氢电推进系统，这种推进系统也可用于更大的零排放飞机，目标是在 2025 年开始飞行试验，2028 年投入航线使用。该计划获得了荷兰政府 1 亿欧元(1.05 亿美元)的资金支持，名为“氢能飞机动力总成和存储系统”(HAPPS)，由荷兰创新中心牵头，成员涉及 17 家公司、荷兰政府和荷兰宇航中心(NLR)。该计划的一个重要目标是重建荷兰商用飞机工业。

MTU 开发航空氢燃料电池技术。德国 MTU 航空发动机公司根据“清洁航空发动机(Claire)”计划，将重点以齿轮传动涡扇发动机为基础研发新概念燃气涡轮发动机，并研发其他革命性的推进系统概念，其中一项设计概念就是动力系统的全面电气化。使用燃料电池将液态氢转化为电能是实现这一目标最有潜力的研究领域。MTU 公司将这一革命性概念称为飞行燃料电池(FFC)。公司计划首先将 FFC 用于短程通勤飞机和支线飞机,目标是 2035 年投入市场,2050 年开始将 FFC 用于中程飞机。

俄罗斯中央航空发动机研究院(CIAM)研发航空燃料电池发电装置。自 2008 年以来,CIAM 一直在开展航空燃料电池研究,已经设计并制造了四台带风冷氢燃料电池动力的无人机。CIAM 混电推进系统研究中心顺利完成了一个功率 35 kW 的氢燃料电池验证样机的试验。该发电装置能够用作大型飞行器的辅助动力,也可用作小型飞行器动力装置的主要能源。未来还计划在配备有60 kW电动机的 Sigma-4E 超轻型载人飞机上开展试验验证。

3. 氢能行业积极建设氢能基础设施和开发高效制氢技术

ZeroAvia 公司建设氢能飞行研究中心。ZeroAvia 公司将在华盛顿州埃弗雷特附近的佩恩机场建设飞行研究中心,以开发 2～5 MW 级的 ZA2000 氢电动力系统,用于德·哈维兰加拿大公司 Dash 8-400 涡桨支线飞机。佩恩机场将成为 ZeroAvia 公司的第三个研发中心,前两个分别位于加利福尼亚州霍利斯特和英国肯布尔。

空客规划在英国建立氢技术研究中心。空客公司将在英国建立一个零排放开发中心(ZEDC)来研究氢能技术。英国政府承诺在未来三年内向英国航空航天技术研究所(ATI)提供 6.85 亿英镑(约 8.70 亿美元)资助,空客建立的该研究中心也将从中受益。ZEDC 补充了空客在英国的现有研究和技术活动,以及空客在西班牙马德里、德国施塔德、不来梅以及法国南特的现有 ZEDC 正在进行的低温液氢燃料箱工作。ZEDC 将于 2023 年为初始全功能低温液氢燃料箱地面试验做好准备,并于 2026 年进行飞行试验。

UH2 公司建设"铁鸟"试验台。美国氢动力初创公司环球氢能(Universal Hydrogen,UH2)公司在其位于加利福尼亚州霍桑的工厂建造了一个 1 MW"铁鸟"试验台(见图 2－5),用于其零排放氢燃料电池推进系统的地面试验。该公司正在"铁鸟"试验台上对 Dash 8 进行地面试验。地面试验的架构和控制系统与 Dash 8 飞行试验台的完全相同。飞行试验于 2022 年年底开始。Dash 8 是迄今使用氢燃料电池动力系统的最大飞机(见图 2－6)。公司宣布支线航空公司 Amelia 已成为其在法国的第一个支线飞机改装客户,Amelia 已签署了一份意向书(LoI),购买三套 ATR 72-600 飞机改装套件。

图 2－5　UH2 公司 1MW 氢动力系统将进行铁鸟试验

图 2-6　Dash 8 的氢燃料电池系统在飞机上布局架构

空客将一架 A380 作为飞行试验台(见图 2-7)。空客将使用一架 A380 作为未来氢燃料发动机的飞行试验验证机,动力选用 GE Passport 涡扇发动机。该发动机因其尺寸、先进结构和燃料流动能力而被选中。A380 机舱内将安装四个密封的液氢燃料箱,携带 400 kg 的氢燃料,以及一个将燃料输送到发动机的分配系统。其驾驶舱也将进行改造,增加一个油门系统来控制氢发动机的推力,同时增加一个专用显示器来监控氢发动机的性能。此外,还将安装仪器,使飞行试验工程师能够在飞行中收集数据,遥测设备将信息传输到地面。空客开始使技术模块成熟,并计划在 2026 年底前对该验证机进行飞行试验。

图 2-7　A380 飞行试验台

罗罗公司启用氢能试车台。罗罗公司奥格斯堡工厂的首个室内 MTU 氢发动机试验台开始运转。罗罗为其在位于奥格斯堡的罗罗解决方案公司投资了约 1 000 万欧元,用于试验台现代化、氢基础设施和其他设施建设。

罗罗公司建设 500 MW 氢能供应系统。罗罗公司和德国 SOWITEC 公司持续合作,目标是在 2028 年前完成总电解能力达 500 MW 的"电力-X"(Power-to-X)项目,从而为航运、航空、采矿等行业提供"绿色"氢能和合成燃料(E-fuel)。双方从 2017 年就已经开始"电力-X"的项目合作。罗罗公司近期开发了一系列新产品,包括生产"绿色"氢气的 MTU 电解槽、MTU 燃料电池系统以及 MTU 氢气发动机,并在氢气生态系统和分散式能源供应系统的模拟、设计和优化方面开展相关工作。

GKN 航宇与 Fabrum、FSE 公司合作开发氢燃料系统。2022 年 8 月,总部位于新西兰的

Fabrum 公司和英国工程咨询公司菲尔顿系统工程(FSE)与 GKN 航宇合作,开发端到端的氢燃料系统技术。之后,GKN 航宇公司开发并交付了小型飞机液氢燃料系统的地面验证机,该验证机与菲尔顿系统工程(FSE)公司合作完成,由英国技术战略委员会的"创新英国"项目中的"安全飞行"项目("未来飞行挑战"的一部分)资助,目的是评估使用液氢来增强无人机(UAS)用于搜索和救援任务的耐久性。

俄罗斯开发出高效制氢技术。俄罗斯莫斯科航空学院的 908 物理化学教研室研发出制造氢的创新方法。利用该方法所得的含氢燃气在合成后可立即作为燃料使用,即无须剔除杂质高价提纯。此外,使用该方法时,还可以用更广泛的经济性原材料,如难以回收利用的水有机物和乳化液,包括化学制品的工业残渣。

2.2.4 航空电力推进

电推进是世界航空领域达成"双碳"目标的动力解决方案之一,近年高热不减。2022 年,世界电推进领域依然蓬勃发展,针对单通道干线、支线、通勤和通用飞机的电推进技术都在持续开发中。行业领先的传统航空动力制造商都在推动电推进系统的发展,而行业新进入者也是不遗余力推动电推进系统的发展。此外,FAA 公布了用于 Joby 公司的五座电动垂直起降飞行器(eVTOL)的适航标准,这是 FAA 首次展示新型电动飞机的型号认证要求的细节。

1. GE 公司开展混合电推进系统试验

选择波音支持其混合电推进系统飞行试验。GE 公司开发的兆瓦级混合电推进系统总功率约 1.5 MW,原动机选用 CT7-9B 涡桨发动机。波音及子企业极光飞行科学公司负责将一架 34 座级萨博 340B 飞机改装为飞行试验台,提供飞机改装、系统集成和飞行试验服务。最初的飞行试验是将双发萨博 340B 中的一台 CT7-9B 换成兆瓦级混合电推进系统,另一台不变;后续则是将双发都改装成混合电推进系统。

获美国陆军支持发展混合电推进技术。GE 公司获得美国陆军作战能力发展司令部、陆军研究试验室一份 510 万美元的研发合同,用于"应用研究协同系统-涡轴电气化项目"(ARC-STEP),开发混合电推进技术。项目包括对兆瓦级电气化动力装置的研究、研制、试验与评估,利用该动力装置将进一步开发用于美国陆军"未来垂直起降飞机"(FVL)计划的技术。

开展大功率高压混合电推进系统高空试验。GE 公司在 NASA 电动飞机试验台(NEAT)上进行了兆瓦级混合电力推进系统(见图 2-8)的高空试验(13.7 km),试验在单通道干线飞机模拟环境中进行,可在未来几年内进行支持单通道干线飞机的飞行试验。该系统预计将于 21 世纪 30 年代中期投入使用,后续试验将作为 NASA"电气化动力系统飞行验证"(EPFD)项目的一部分。

350 kW 系统获得美国能源部高级研究计划局(ARPA-E)的资金支持。GE 公司的"可信赖的电动轻型集成热增强动力系统"(eFLITES)项目于 2022 年获得了 ARPA-E 的"综合驱动航空协同冷却电机"(ASCEND)项目的支持,总额超过 590 万美元,在未来两年内进行 350 kW 动力总成系统的设计和集成验证,这是 GE 迈向未来 2 MW 动力总成系统的一个关键里程碑。eFLITES 项目是 ARPA-E 的三个项目之一,目的是推进实现商业电动飞行所必需的基础技术。

图 2-8 GE 公司兆瓦级混合电力推进系在 NEAT 试验台进行高空试验

2. 雷神整合资源验证各级功率系统

开展 2 MW 混合电推进系统试验。雷神技术公司旗下两家企业——柯林斯宇航公司与普惠加拿大公司，合作将一种新型混合电推进系统集成到 36 座级的"冲"8-100 飞行验证机上，其中一台涡桨发动机被换成一个 2 MW 级的推进系统。与原涡桨发动机相比，燃油效率将提高约 30%。12 月，普惠加拿大公司进行了 2 MW 混合电推进系统首次地面试验，与 PW121 涡桨发动机功率相当。飞行试验将于 2024 年开始。

开发中小型支线飞机用混合电推进系统。普惠加拿大公司和柯林斯宇航公司推出新型混合电推进技术验证机——"可扩展涡轮电力传动系统技术"(STEP-Tech)验证机(见图 2-9)，适用于未来先进空中交通(AAM)的新型飞机和潜在的中小型支线飞机。STEP-Tech 验证机功率范围 100～500 kW，并可扩展到 1 MW 或更高，特点是模块化、可扩展，可快速发展出一系列配置的原型机。该项目将投资 1.25 亿美元，将于 2024 年开始飞行试验。

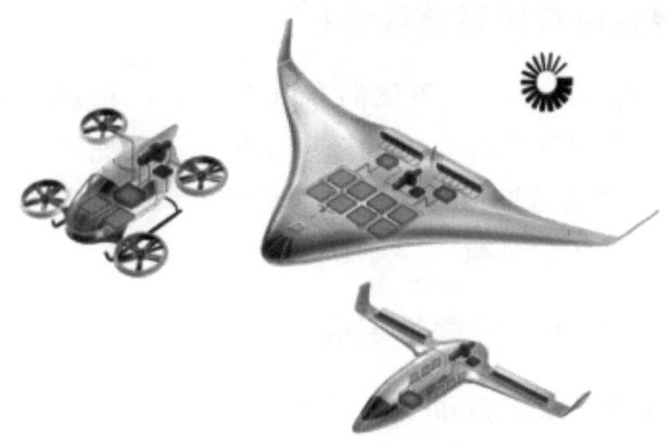

图 2-9 STEP-Tech 可用于 AAM、高速 eVTOL 等

继续建设电推进试验室。柯林斯宇航投资 5 000 万美元正在建设电气化和电推进试验室，将很快用于试验"冲"8-100 验证机的 1 MW 电动机和电动机控制器。已试验了 400 kW 的电动机驱动系统，功率密度是之前同类最佳产品的 4 倍，更是目前在波音 787 上使用的普通电动机启动控制器的 10 倍以上。

3. 罗罗公司验证 800 kW 涡轮发电机

罗罗公司正在验证一种全新的涡轮发电机,其中包括一个功率约 800 kW、长约 1 m 的涡轮核心机,配一台长 0.5 m 的发电机。定位在 800 kW,是因为该功率级涉及了公司所有需解决的技术问题,且能缩放到 500～1 200 kW 的较宽范围,可用于新一代 19 座支线、通勤飞机和 eVTOL,满足全电飞机的动力需求。罗罗计划于 2023 年进行包括电动机在内的完整系统试验,2027 年认证并进入市场。

4. 赛峰定位电动机供应商

为奥拉航空提供电推进系统。赛峰旗下的赛峰电气与电源公司将为奥拉航空公司的 Integral E 飞行验证机提供电推进系统,Integral E 是奥拉航空公司特技飞行双座教练机 Integral 的电动改型。赛峰还为奥拉航空公司 19 座支线客机 ERA 设计电推进结构布局,并提供电推进系统。ERA 计划 2024 年首飞,2027 年投入商业运营。

电气工程中心将开展全电和混电动力研究。赛峰位于法国克雷泰尔的电气工程中心将开展全电和混合电推进系统、电子电力学、配电和电力转换等方面的研究;该中心拥有一个电气系统试验台,具备技术研究、工程制造、项目和客户支持等能力。

5. 霍尼韦尔开展兆瓦级涡轮发电机试验

霍尼韦尔完成兆瓦级涡轮发电机的首轮试验。该涡轮发电机由一台霍尼韦尔原为 A350 开发的辅助动力装置 HGT1700 和 1 MW 的发电机组成,后者是业内首台航空级电机,无须修改即可用作 1 MW 电机。试验中,该涡轮发电机以 1.02 MW 功率平稳运行,连续运行功率 900 kW,发电机功率密度约 8 kW/kg,效率为 97%,高于传统飞机发电机 92%的效率。该电源系统重 127 kg,可用于驱动大功率电动机和为电池充电等。

6. 俄 UEC 开发混合电推进系统验证机

俄罗斯联合发动机制造集团(UEC)下属的克里莫夫公司开发了一种 150 kW 级的混合电推进系统,可用于包括无人驾驶飞行器在内的轻型飞机。该系统已开始制造元件和部件,并开展了元件的自主测试;根据测试结果,2023 年将在新研的 VK-650V 涡轴发动机的基础上开发 500 kW 的新型混合电推进系统验证机。

7. 行业新进入者展现强劲的竞争姿态

H3X 角逐 50～100 座级支线客机市场。美国初创公司 H3X 正在开发一种 2.8 MW 的 HPDM-3000 电推进系统,预计连续功率密度可达到 12.5 kW/kg。系统总质量 220 kg,架构紧凑、适应性强,可将现有 50～100 座支线客机转变为全电推进。可与现有和未来的动力系统灵活集成,并能够在没有变速箱的情况下驱动螺旋桨或涵道风扇。全尺寸样机预计将于 2023 年第三季度进行试验。

2021 年 6 月,美国电推进系统开发商 MagniX 公司推出两型电推进系统 Magni350 和 Magni650(见图 2－10)。这两型推进系统采用相同的通用核心架构,功率分别为 350 kW 和 650 kW,可用于中小型通用、通勤飞机。

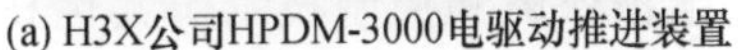

(a) H3X公司HPDM-3000电驱动推进装置

(b) MagniX公司电推进系统

图 2－10　MagniX 推出两型电推进系统

8. 电推进在军事领域的应用前景可期

Liquid Piston 为美国陆军无人机开发混电推进系统。初创企业液体活塞(Liquid Piston)公司于 2022 年 9 月获得美国陆军一份价值 170 万美元的合同，验证一种用于垂直起降无人机的基于柴油转子发动机(X-Engine)的混电推进系统(HEXE)。合同首要目标是验证 HEXE 系统的主要优势，包括：与 Jet-A 和 JP-8 重油的兼容性；纯电动巡航；电动辅助加速爬升和冲刺；扩展工作范围。推进系统可以按需在纯电动和纯发动机工作之间切换，或者两者结合，同时能够在飞行中使用航空燃料重新启动发动机。

VerdeGo 获得美空军 SBIR 项目支持。VerdeGo 公司于 2022 年 10 月获得美国空军中小企业创新研发基金(SBIR)120 万美元合同，为期 14 个月，开发 VH-3-185 混合电推进系统，系统功率在 1 MW 以上，目前已经进入技术验证阶段。VerdeGo 主要从事串联、并联混合电推进和全电推进系统的开发。VH-3-185 系统是公司第三代混合动力装置，特点是可使用柴油、航空煤油和可持续航空燃料(SAF)。

通用原子开发柴油混合电推进系统。通用原子航空系统公司(GA-ASI)正在开发一种柴油混合电推进系统，功率为 298 kW，可用于下一代续航时间为 60 h 的隐身无人机。该推进系统架构采用带有共轨燃油喷射的高海拔航空柴油发动机。其由两台八缸活塞发动机带动发电机发电，驱动电动机带动两个涵道风扇产生动力。该系统与涡轮发电机驱动的混合电推进系统相比，可以减少 1/3 的燃油消耗。

第 3 篇

共性技术发展

本篇主要从航空发动机材料技术、制造技术、试验测试、维护保障和控制技术等共性技术自身发展、设施设备等方面的年度进展进行分析。

2022 年，随着全球经济复苏及各国实施较强的刺激政策，欧洲、亚洲地区国家和美国的制造业复苏趋势增强。国外航空发动机先进材料技术稳步发展，在高温合金材料、钛合金、结构钢、复合材料、新型涂层材料等方面取得了大量的研究成果与应用进展。在全球“碳中和”的大背景下，低碳、节能、绿色环保制造技术依然是各国制造领域发展的重点。在航空发动机制造领域，为实现航空发动机结构的轻量化、整体化增材制造部件向大型化发展、复合材料制备与自动化技术结合、智能制造技术深层次应用成为本年度研究热点。2022 年，世界各国对发动机的维修保障技术持续关注，积极研究新的技术，尤其是在涂层修复、增材制造修复、数字化维修、在翼维修等方面进展顺利，为发动机持续耐久使用提供了保障。此外，航空发动机控制技术在电气化飞机推进系统控制、分布式控制、智能控制等技术领域都取得了明显进展。

3.1 材料技术

本节主要介绍 2022 年度航空发动机用先进金属材料、复合材料等结构与功能材料及其相关技术的最新研究进展。

3.1.1 技术研究

1. 金属基材料

2022 年，全球疫情得到进一步控制，欧洲、亚洲地区各国及美国在航空发动机用镍基高温合金、钛合金、新型铝合金、高熵合金材料及其相关工艺技术等方面的科研成果层出不穷。

(1) 镍基高温合金

1）国林德集团推出镍钛合金部件 3D 打印全套解决方案

Amperprint© 0233 Haynes© 282©是燃气轮机等热端部件的理想选择，它极端抗压能力强，高温抗拉强度突出，特别适合焊接与制造。其可焊性能够在很大程度上避免开裂和硬化等问题，这是其他镍基合金都无法避免的难题。因此，该材料已成为新兴技术的重点候选材料，并受到主要燃气轮机制造商的广泛青睐。2022 年 1 月，美国 Velo3D 公司使用 Velo3D

Sapphire® 0233 Haynes® 282 高温合金打印了一个燃烧室火焰筒(见图 3-1)。该部件无须移除支撑,也无须进一步后处理,通体采用薄壁结构,壁面厚度大约 1.4 mm,有 23 000 个单独的孔,包括下部周围的 3 000 个直径为 1 mm 的孔,以及顶部和内部的 20 000 个直径为 0.5 mm 的孔。这一设计可以优化空燃比。燃烧室火焰筒直径为 29 mm,高 225 mm,底部喷嘴内部装有 128 个 0.8 mm 的涡流器。研究发现,Amperprint® 0233 Haynes® 282® 在 980 ℃下具有优良的抗裂强度,因此它是兼顾蠕变性、热稳定性、可焊性和可加工性等优势的一种材料组合。

2) 俄罗斯科学家为 PD-8 发动机研制出五种新型耐热合金

图 3-1　采用 Amperprint® 0233 Haynes® 282 打印的燃烧室火焰筒展示件

2022 年 5 月,全俄航空材料研究院(VIAM)的专家在 13～16 个月内开发出五种新型铸造耐热高温合金,已用于 PD-8 发动机叶片的铸造。研究人员在研究国外同类合金的成分时,通过添加微量碱土金属和稀土金属(成分严格控制)使合金的化学成分得到改善,减少了合金中有害杂质、气体和非金属夹杂物的含量,制成的新合金具有更优的强度和延展性。用于单晶涡轮转子叶片的 VZhM12 合金,在 1 100 ℃时可以取代广泛使用的含铼耐热镍合金。VZhM200 和 VZhL125 两种合金由于其化学成分和结构特性,可在保持高强度的同时提供优异延展性。而 VZhL718 和 VZhL220 合金中由于存在 Ni3Nb 而具有高可焊性,这对于制造机身等外壳零件至关重要。VIAM 称,PD-8 发动机可以取代法俄的 SaM-146 发动机。未来,新合金可用于制造其他燃气涡轮发动机部件。

3) 日本利用激光增材制造技术打印镍基单晶高温合金

镍基单晶高温合金具有优良的高温性能,是制造先进航空发动机和燃气轮机叶片的主要材料。2022 年 7 月,日本国立材料研究所(NIMS)与大阪大学工学院合作,利用选区激光熔化(SLM)技术成功地打印出只有极少晶体缺陷的镍基单晶高温合金。研究小组使用大半径平顶激光束(a large-radius, flat-top laser beam,即在横截面上强度均匀的激光束)辐照镍粉,通过工艺参数的优化形成平面熔池。在不使用籽晶的情况下,可以生长出高度大于 20 mm 的具有抑制大角度晶界(high-angle grain boundary, HAGB)的近{001}<100>的均匀织构。这种新技术可以最大限度地减少晶体凝固过程中的应变与开裂现象,并且无需籽晶,简化了增材制造工艺。除了镍基合金外,这种激光增材制造技术还可以用于加工其他金属及合金的单晶,制造包括先进航空发动机和燃气轮机用耐热材料在内的多种单晶材料。这项研究得到日本科学技术创新委员会和日本跨部战略创新促进计划及日本科学技术厅(项目名称:结构材料革命性设计系统的材料集成,2018—2022 年)的部分资助。

(2) 钛合金

1) 美国 ORNL 关注低成本钛合金增材制造技术的开发

2022 年 7 月,美国能源部橡树岭国家实验室(ORNL)与美国先进材料企业 IperionX 公司宣布合作,主要开发钛球形粉末加工技术及开展提高低成本合金利用率方面的研究,旨在研发制造技术和快速优化关键程序。双方将在美国能源部的制造示范基地(MDF)内共同工作,该基地占地 11 万平方英尺(1 英尺=0.304 8 米),是美国唯一的大规模、开放的场所。IperionX

公司主要负责评估和表征3D打印用球形钛粉,未来这些钛粉生产的制件有望替代目前依赖铝和不锈钢等金属制成的制件。此外,IperionX公司希望通过与ORNL的合作,证明粉末烧结和压制制件的性能不逊色于传统钛基制件。合作期间,在MDF基地将对烧结和压制制件进行生产和试验,以确认IperionX公司开发的Ti-6Al-4V合金能满足航空运输业的轻量化要求。IperionX公司正在验证美国钛粉在增材制造航空航天部件方面能够提高效率的程度。

2）俄罗斯发现新方法可使钛合金耐久性再获提升

2022年9月,俄罗斯彼尔姆理工大学(PNRPU)的研究人员发现一种提高用于制造飞机发动机的钛合金耐久性的方法。与粗晶合金相比,通过等径角挤压获得的Ti-6Al-4V超细晶合金在351 ℃的工作温度下抗拉强度更高。该项研究由俄罗斯学术战略领先计划"首创-2030"资助。

3）瑞士与英国联合采用激光3D打印高强高韧Ti合金

通过激光粉末床熔融(LB-PBF)制备Ti合金,特别是Ti-6Al-4V,具有优异的可焊性、比强度和耐腐蚀性,在航空航天、军事装备等众多领域被广泛应用。2022年9月,来自瑞士与英国的一组研究团队在激光粉末床熔融制造中采用混合粉末(Ti-6Al-4V加Fe)通过控制激光参数来调控β和α'相比例来打印高强高韧的双相Ti-6Al-4V-3Fe合金(见图3-2)。研究人员采用基于同步辐射的高速X射线衍射技术对增材制造过程进行原位表征,以此分析激光参数和微观结构的内在联系。在这项研究中,研究人员探讨了L-PBF激光工艺参数对Ti-6Al-4V和3%(质量分数)铁颗粒混合粉末的最终微观结构与力学特性的影响机理。展示了通过增材制造定制设计Ti合金微观结构的范式,为设计Ti合金的功能梯度特性提供了思路,也为成分调整提供了足够的灵活性,进而为新型Ti合金设计提供相当大的自由度。通过加工参数控制和粉末成分设计,该范式可以拓展到多个合金体系的L-PBF生产当中。这项研究成果可为增材制造性能优异的金属材料提供启示。

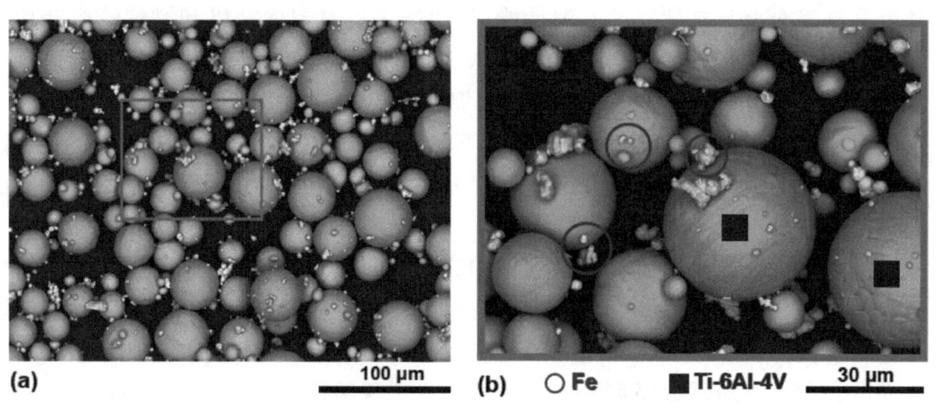

图3-2 激光粉末床熔融(L-PBF)中的Ti64和Fe的混合粉末

(3) 新型氧化物弥散强化合金

NASA合金GRX-810是一种氧化物弥散强化(ODS)合金,在1 093 ℃(2 000 ℉)的温度下,与目前最先进的合金相比,其断裂强度翻倍、拉伸强度/弯曲挠度增至3.5倍,高温作用下的耐久性增大1 000多倍。由于ODS合金在达到断裂点之前可以承受更恶劣的条件,因此该合金可用于制造飞机和火箭发动机内部的热端部件。2022年4月,NASA的研究人员使用计算建模平衡性能和可加工性，以优化材料成分，通过先进的表征深入了解该合金潜在的微观结构和机制。同时，研究人员利用 3D 打印将纳米级氧化物均匀分散在整个合金中(见图 3-3)，实现了该材料高温性能和耐用性能的提高。与传统的试错方法相比，建模工具与增材制造工艺相结合，可以开发出具有突破性性能的新型高温合金，运用这两种手段可大大加快新材料的开发速度，还可以比以前更快、更好地生产新材料。

图 3-3　NASA 利用 3D 打印 GRX-810 合金涡轮发动机燃烧室(燃料-空气混合器)

(4) 高熵合金

1) 日本推出一种增材制造专用新型材料

2022 年 7 月，日本日立金属株式会社(Hitachi Metals)发布了用于金属增材制造的 ADMUSTER© C21P 镍基合金粉末，该合金粉末能够生产具有高耐腐蚀性和高强度的复杂形状构件(见图 3-4)。据报道，由 ADMUSTER© C21P 增材制造的部件具有与锻造 MAT21 相同的耐腐蚀性，其耐腐蚀性能是典型 316L 不锈钢的约 100 倍或更多。该公司还有另外四种可用于增材制造的金属粉末：①ADMUSTER-C00P 粉末，由难熔多组分合金构成，可利用增

(a) ADMUSTER-C00P

(b) ADMUSTER-C21P

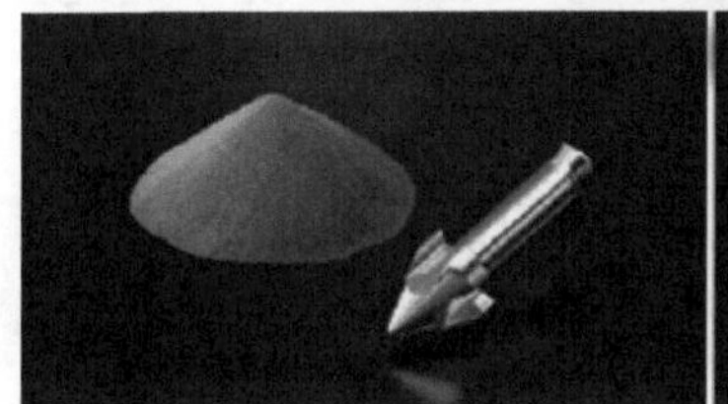

(c) ADMUSTER-C574P

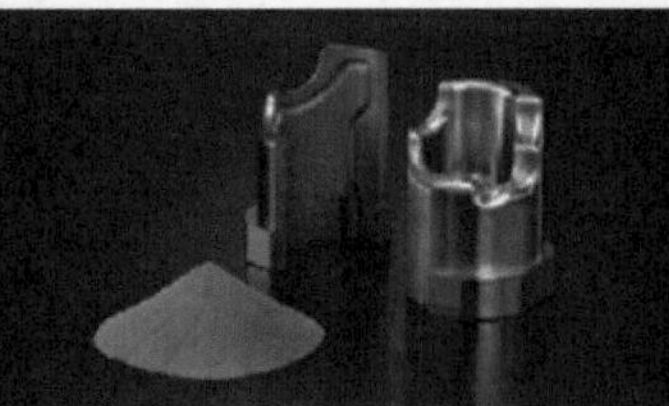

(d) ADMUSTER-W285P

(e) ADMUSTER-W350P

图 3-4　合金及零件示意图

材制造的方式制造结构件。通过多成分纳米沉淀物可以实现高强度和耐腐蚀性,强度/硬度和延展性可以通过回火处理进行调整。②ADMUSTER-C574P 粉末,是一种弥散强化的铬基合金,具有优异的耐腐蚀性和抗沉积磨损性,通过增加铬的含量来实现耐腐蚀性。ADMUSTER-W285P 粉末,是一种低钴马氏体时效钢粉末,具有与一般马氏体时效钢相同的强度,即使在钴含量低于 1% 以下也具有优异性能,并且用于增材制造时易于加工。ADMUSTER-W350P 粉末,其在马氏体时效钢的基础上通过钛的沉淀硬化提高了机械强度,能够实现更长的模具寿命,可应用于制造更高强度的赛车部件等。

2) 美国采用智能框架加速高性能难熔高熵合金的开发

已通过试验研究证明难熔高熵合金(RHEA)具有比高温合金更好的高温强度,这对航空发动机和燃气轮机提高燃油效率极具吸引力。2022 年 11 月,美国布法罗大学与 CFD 研究公司(CFD Research Corporation)联手通过机器学习(ML)的智能框架寻找具有更高屈服强度的难熔高熵合金。研究团队用 ML 智能模型取代纯试验循环,减少了高熵合金(HEAs)的筛选范围。为了找到具有更高屈服强度的 RHEA 成分,将正向模型与随机遗传算法相结合,优化设计出特定温度下具有最大屈服强度的 RHEAs 成分。以 HfNbTaTiZr 为例,通过优化元素,在 25 ℃下实现了 80%的改善(从 962 MPa 增加到 1731 MPa),在 1 000 ℃下得到 36%的改善(252～344 MPa)。这项研究由美国海军研究办公室根据小企业技术转让计划资助(项目名称:用于加速材料设计和加工开发的数据分析和机器学习工具包;项目期限:2020 年 5 月 22 至 2022 年 5 月 31 日)。

(5) 不锈钢/结构钢材料

2022 年 9 月,俄罗斯联合发动机公司(UEC)计划开发新型耐热结构钢,通过改进生产工艺、热处理及化学热处理等技术,提高了 PD-8 和 PD-14 发动机的材料强度、耐热性及疲劳寿命。新型结构钢的承研单位是全俄航空材料研究所(VIAM),其开发目的在于提升机身和发动机部件的使用寿命,包括燃气涡轮发动机轴和轴承等部件。此外,VIAM 已开发了一系列高强度的无碳马氏体时效钢,包括 VKS-170 钢和 VKS-180 钢。这些材料将用于制造发动机关键部件。例如,针对 PD-14 发动机低压涡轮轴和其他部件的生产,VKS-170 取代早期俄罗斯 EP517 和 EP866 牌号钢;而 VKS-180 钢将用于现代涡轮风扇发动机 PD-8。VIAM 的另一项研发成果是 VKS18 钢,它具有全新强化体系,在延展性和韧性方面与国际其他同类钢种相当,并超过了 EP517 钢和 EP866 钢的强度。同时,为了提高俄产 EI347Sh 钢的耐热性与耐磨性,同时替代进口轴承钢,VIAM 开发了牌号为 VKS241-ID 和 VKS17-ID 的耐热轴承钢。据悉,俄产 VKS241-ID 钢的硬度和耐磨性是国际其他同类产品 M50NiL 的 1.5～2 倍,EI347Sh 钢的碳化物均匀性是其 1.5～2 倍,而且为重型滚动轴承设计的 VKS17-ID 并不逊色于 M50NiL 钢。

(6) 形状记忆合金

形状记忆合金的形状会随温度而变化,因此可取代液压或气动驱动器应用于多个领域,如,喷气发动机、飞机机翼和汽车部件等。自 20 世纪 60 年代中期开始,形状记忆合金取得了多项进展,但由于在大的形状变化过程中的微观组织不相容性导致的低能量效率阻碍了其发展。2022 年 5 月,美国德克萨斯农工大学材料科学与工程系的研究人员使用人工智能材料选择(artificial intelligence materials selection, AIMS)的计算框架(见图 3-5)通过一系列计算和试验数据处理来探究不同材料特征之间隐藏的相关性，预测出一种新的合金成分——钛的比例为 47%、铜的比例为 21%，即成分为 Ni32Ti47Cu21(原子数分数)。该材料在经受热循环时表现出高效率及优异的循环稳定性。该框架不仅可以研究新材料的化学成分，而且还可以研究为获得特定特性所需的工艺。数据科学和机器学习的结合，可以加快开发新材料的速度，同时发现以前不知道的材料行为背后的新物理现象和力学性能。该研究由美国国家科学基金会资助。

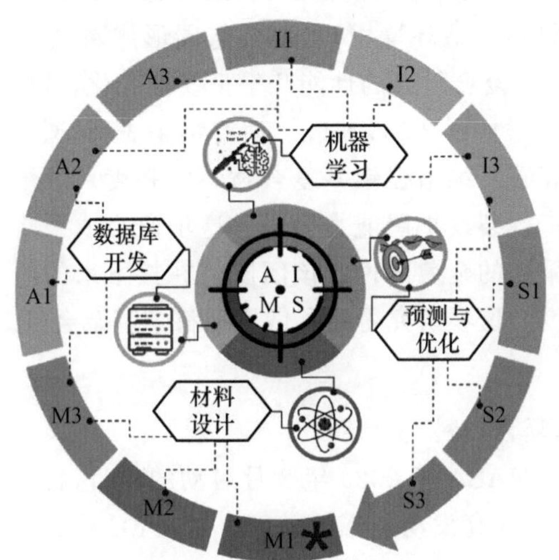

AIMS：人工智能材料选择	
M1	文献数据提交
M2	高通量合成
M3	数据库创建
A1	数据准备
A2	探索与可视化
A3	数据抽样与分割
I1	初始模型创建
I2	模型优化与调整
I3	预测与可视化
S1	优化
S2	材料选择
S3	实验设计

图 3－5　AIMS 框架使用各种机器学习方法来指导材料的探索和发现

2. 复合材料

2022 年度，欧洲、亚洲地区国家和美国在航空发动机用碳纤维、金属基复合材料、陶瓷基复合材料、树脂基复合材料及其相关工艺领域领先的机构均公开了各自的科研成果。

(1) 纤维材料

1) 俄罗斯开发出新的化学反应制备碳化硅纤维技术

随着航空技术的发展，碳化硅纤维增强复合材料成为理想备选材料之一。2022 年 3 月，俄罗斯新西伯利亚州立大学的研究人员开发出一种碳化硅纤维生产技术，可快速便捷获得低成本、高质量的碳化硅纤维。新方法基于在连续碳纤维表面形成碳化硅的化学反应，在真空反应器注入惰性气体并保持 350～450 ℃的温度，将碳纤维线圈在高硅含量的低熔点熔体溶液中浸润进行化学反应。反应结束后，在不破坏碳基体的情况下将具有指定厚度的碳化硅纤维线圈从反应器中取出，得到的产品经优化后即可用于生产后续纤维增强产品。研究团队已使用试验室反应容器制备出碳化硅纤维样品。目前正在建造工业真空反应装置，以期在完工后启动碳化硅纤维的国产化生产。

2) 韩国开发超高强度碳纤维

韩国碳产业振兴机构指出，韩国国防装备采用的碳纤维一直依赖进口。2022 年 10 月，韩国晓星先进材料公司宣布，成功开发出超高强度碳纤维 H3065(对标东丽公司的 T1000 级碳纤维)，其抗拉强度和模量分别至少为 6.4 GPa 和 295 GPa。新开发碳纤维 H3065 的抗拉强度约是钢的 14 倍，可用于国际包含航空航天等多个领域。此次材料领域的突破，意味着晓星先进材料公司距离其在碳纤维领域跻身全球前三的目标又近了一步，并确保了韩国在该领域的竞争力。

(2) 金属基复合材料

纤维材料与基体材料的界面特性对复合材料的力学性能至关重要。俄罗斯科研人员一直在开展铝基体和碳纤维之间结合强度对碳纤维增强铝基复合材料强度影响机理方面的研究。研究人员分析了能够调节基体和纤维之间结合强度的添加物，最终选择了锡，其与液相铝的相容性很好，而且即使在 600 ℃的复合材料制造环境中，也不会与碳形成新的化合物。2022 年 2 月，研究人员发现，随着锡含量的增加，复合材料的性能几乎呈线性变化，基体和界面的强度下降，但整个材料的强度从 1 450 MPa 增加到 2 365 MPa。研究结果表明，通过将基体与锡等其他元素进行合金化，可以进一步提高碳纤维增强铝基复合材料的强度。纤维与基体结合强度的弱化可提高材料整体强度，使其抵抗裂纹扩展能力增强。这项研究成果将有助于开发新型复合材料，以替代航空航天工业中采用的金属部件。该团队将在接下来的研究中对其进行试验，从而进一步提高复合材料的强度。这项研究得到了俄罗斯科学基金会(RNF)的资助。

(3) 陶瓷基复合材料

1) HyTEC 项目开发新的陶瓷基复合材料

“混合热高效核心机”(HyTEC)是 NASA 于 2020 年 8 月启动的项目，旨在面向下一代单通道飞机，开发小型涡扇发动机核心机，提高发动机燃油效率。HyTEC 项目静子叶片的尺寸见图 3-6。该项目还包括混合动力研究，开发从发动机中提取更多电力的方法，为其他机上系统提供电力，这可以像混动汽车一样提高燃油效率。该项目负责人表示，小型核心发动机的目标是燃油消耗降低 5%～10%。2022 年 5 月，NASA 的研发人员正在为下一代单通道飞机设计一种新的喷气发动机，与 2020 年的发动机相比推力相当、外观相同，但更省油。该项目正在开发新的更耐用的材料，如陶瓷基复合材料和保护涂层。这些材料必须在实验室中进行试验和验证。研究人员目前正在 NASA 格林研究中心的材料实验室和合作伙伴开展研发和试验，以确保新材料能够承受高温高压，并且足够耐用。在完成部件验证后，HyTEC 团队将与工业界合作伙伴合作，制造一台小型核心机，并开展运行试验，以研究从小型核心机中可以提取多少电力。HyTEC 项目完成小型核心机技术验证后，NASA 计划与发动机公司合作，使小型核心机技术比计划更快投入使用，以便小型核心机技术可以用于 21 世纪 30 年代中期的飞机。

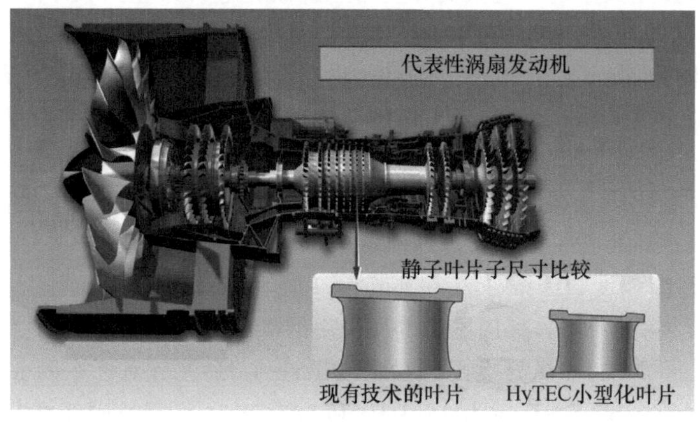

图 3-6 HyTEC 项目静子叶片的尺寸

2）俄罗斯研发出具有自修复功能的陶瓷基复合材料

2022 年 4 月，俄罗斯科学院西伯利亚分院强度物理与材料科学研究所的研究人员开发出一种独特的陶瓷基复合材料，对缺陷与损伤具有自修复功能。这是一种无氧陶瓷复合材料，硬度与金刚石相当，并且具有出色的高温性能，专为高温系统和高超声速飞机飞行马赫数可达 7 的热防护部件而设计，可承受高达 2 700 ℃的高温。随着温度的升高，陶瓷表面会形成一层玻璃状涂层，从而阻止氧气对部件内部的影响，并且材料在出现裂纹等缺陷时可以进行自修复，仅需 10 min 即可恢复性能。该材料未来可应用于高超声速飞行器热端部件、火箭发动机和其他高温环境运行的多种设备。此项目已开展了三年，融资达 5 000 万卢布（75 万美元），目前已进入最后阶段等待正式投产。

(4) 树脂基复合材料

2022 年 7 月，由英国 GKN 航空航天公司牵头、荷兰多方合作融资 1.12 亿欧元开展两个开创性的合作研发项目，主要方向为航空轻量化与电气化，旨在支持未来可持续航空技术的发展，为该行业实现净零排放铺平道路。其中，轻量化项目将侧重于开发新的热塑性材料与工艺，以实现轻量化可持续组件的扩展和经济合理的大规模生产。加快轻质低成本高效益先进热塑性航空材料部件的研发是航空航天工业迈向更节能的关键一步。

(5) 具有形状记忆属性的多晶马氏体氧化锆陶瓷材料

氧化锆是一种已知具有形状记忆特性的材料，但它在形状记忆周期中很容易累积损伤——这种特性表现为高滞后性。2022 年 10 月，美国麻省理工学院研究团队成功设计出一种由氧化锆新变种的新型形状记忆材料，它的出现可以开辟新的应用范围，特别是对于高温环境，例如喷气发动机或深钻孔内的制动器。具体而言，该团队概述了一种方法，即通过计算热力学增加了晶格工程的使用，以寻找可以同时满足附加约束的氧化锆成分。研究人员另外引入了数据科学的元素，包括监督机器学习，这有助于跨越复杂的多维搜索空间。这种多目标优化练习的结果指向有针对性的试验，从而产生具有创纪录低热滞后的多晶马氏体氧化锆陶瓷。

3. 高温防护涂层材料

航空发动机性能的不断提高，推动着高温防护涂层材料技术的发展。2022 年，涂层材料及相关技术的新研究成果不断涌现。

(1) 德国开发出修复热障涂层局部损坏新方法

长期以来，在金属叶片上沉积陶瓷涂层时，由于涂层与叶片之间的热膨胀系数不匹配，而产生高残余应力，导致出现裂纹。2022 年 7 月，德国尤里希研究中心（FZJ）的研究人员提出一种新型激光熔覆增材制造技术——Clad2Z。该技术在修复热障涂层（TBCs）的局部损伤方面优势突出。具体工艺包括：使用激光熔覆制备氧化钇稳定氧化锆（YSZ），用氩气射流将精细的 YSZ 粉末吹入 Inconel 738 合金上的激光生成溶池中，缓慢地将激光融束和粉末进料向上移动约 5 mm/s，使他们能够以精确控制的方式生长 YSZ 微柱。重复数百次，得到一片密密麻麻的“微柱森林”，每根柱长约 5～6 mm。由于这些微柱是单独创建的，因此不会堵塞任何冷却孔。热循环性能试验显示，Clad2Z 在修复热障涂层的局部损伤方面优于通过悬浮等离子喷涂制备的 TBCs。与电子束物理气相沉积的 TBCs 水平相当，后者是制造柱状 TBCs 的最先进方法。研究人员为这一新方法申请了专利，同时正在寻找工业界的合作伙伴协助开发和认证，未来有望用于热障涂层部件修复工作。

(2) 新型除冰涂料已通过波音公司试验

开发除冰材料的主要挑战是寻找同时具有低冰黏附性和良好耐用性的材料。2022 年 9 月，美国休斯顿大学的研究人员开发出一种可喷涂的除冰材料，据称其强度达到其他同类材料的 100 倍。波音公司已经在 385 英里/小时(约 620 km/h)的侵蚀性雨水条件下对这种新型耐用涂层材料进行了试验，所得性能数据超过目前最先进的航空涂层。研究人员提出一种“断裂控制表面”(fracture-controlled surfaces)的概念，通过材料结构中的机械协调性和化学异质性，来影响材料表面上的裂纹成核与生长。这种受控过程，可使受控断裂的表面表现出低冰附着力和非常高的机械耐久性。此外研究人员还建立了一个数学模型，可以预测这些材料对任何外部物体的黏附力，从而探索更多耐用、低黏附力表面的创新应用。这种新的断裂控制材料概念为航空航天等存在结冰问题的工业与商业应用的材料创新铺平了道路。

(3) 俄罗斯 VIAM 开发可耐 1 100～1 150 ℃ 的防护涂层

2022 年 10 月，俄罗斯全俄航空材料科学研究院(VIAM)的研究人员开发出一种牌号为 VES-104M(ЭВК-104М)的耐热玻璃涂层，可承受高达 1 100～1 150 ℃的高温。其设计目的是在 1 100 ℃下为镍基高温合金提供保护，防止高温气体腐蚀，并为燃气轮机高温部件提供可靠的长期维护。该技术无需使用复杂设备，与没有涂层的耐热镍基合金相比，氧化程度降低 6%～8%，并将产品的使用寿命延长 1.5～2 倍。此外，为了应对零部件在加工、装配、运输、操作等过程中出现的表面耐热涂层损伤，研究人员还开发出一种免烧结涂层修复技术，利用悬浮液的特殊化学成分，无须重复高温烧制即可修复涂层缺陷区域。这两项技术均已得到高温试验验证。

(4) 俄罗斯开发出性能更优异的新型耐高温涂层

燃气涡轮发动机广泛用于航空、地面和军事设备及工业设备。镍基高温合金用于制造此类装置的热端部件，然而它们的使用寿命是有限的。因此，对于此类部件多采用防护涂层加以保护。2022 年 12 月，俄罗斯国家技术集团(Rostec)旗下的彼尔姆发动机公司为航空燃气涡轮发动机部件研发了一种新型高温热障涂层，可在高温、高压等严苛条件下使用。该涂层有四层结构，使用镍基材料作为前两层耐热黏结层，其中掺杂铝、铬、钇、铼、铪；使用氧化锆材料作为后两层耐热黏结层，其中掺杂稀土元素氧化物。燃气涡轮发动机零件的新型高温热障涂层见图 3-7。研究人员取直径为 25 mm、厚度为 5 mm 的镍基高温合金圆形样品，将其置于 1 200 ℃下进行 100 h 的对比试验。结果表明，与其他热保护涂层相比，该涂层具有 1.5～3 倍的抗循环负荷能力和耐热能力。这表明涂层本身和零件基体材料的使用寿命都得到延长，热保护性能至少提高 50%。此外，该涂层将增加燃气涡轮发动机的进气温度，这样既可增加其可靠性，延长技术寿命、热敏感部件的维护和修理间隔，又可提高效率、发动机推重比及飞机整体飞行性能。新涂层在 PS-90A 发动机上已完成试验验证，其使用寿命延长了 1.5 倍。目前 PS-90A 已安装于伊尔-96-300、伊尔-96-400 和图-204、图-214 飞机，有力增强了俄罗斯飞机发动机在国际上的竞争力。

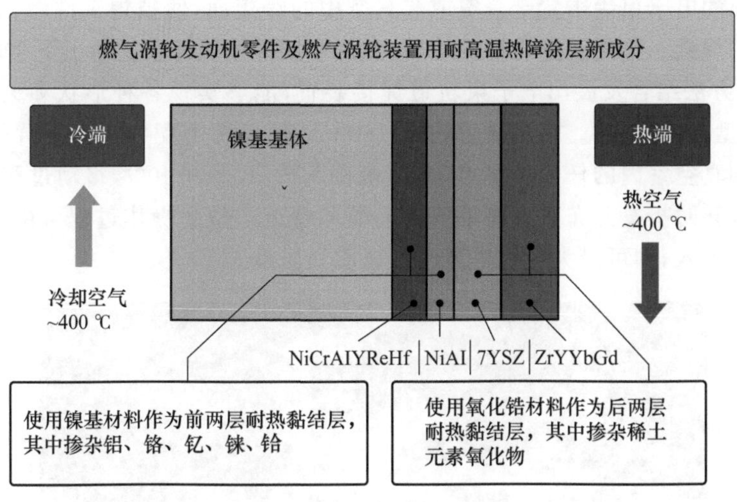

图 3-7　燃气涡轮发动机零件的新型高温热障

3.1.2　材料制备

航空发动机先进材料领域在现有工艺技术的融合利用、增材制造技术、机器人技术等方面均有值得关注的研究成果呈现。

(1) 瑞典发明 3D 打印复杂结构件内通道后处理技术

燃气涡轮发动机部件内部通常具有狭窄、蜿蜒的冷却腔或通道，当此类组件通过 3D 打印进行制造时，可能很难从这些通道内去除剩余的粉末，由于多种原因未清除的粉末会粘在内腔中。2022 年 7 月，瑞典 3D 打印机制造商 Freemelt 获得一项 3D 打印专利，通过采用一种新颖的后处理方法将多余的粉末“冻结”后从复杂的零件内腔中清除。这项技术专为精加工粉末床熔融打印部件而设计，研究人员将冷冻液(0.5%～26%氯化钠溶液)泵入部件内腔，当溶液从液相转变为固相时约有 10%的膨胀，这种膨胀可用于破坏粉末颗粒在内腔中的黏结，从而促进粉末的去除。这种相变可重复操作，循环相变可以建立全方位“冻结”，实现顽固堵塞物的清除。目前，该技术已在美国和欧洲获得专利，其新颖的后处理方法可解决当前复杂内部部件的精加工问题，特别是具有复杂内部特征的燃气涡轮发动机部件。

(2) 俄罗斯研发改善铸造制件表面均匀性的新技术

几何形状复杂的零件通常需要借助蜡模进行铸造，但这种方法制造的零件表面经常会形成缺陷，不能确保很高的铸造质量。2022 年 7 月，俄罗斯彼尔姆理工大学的研究人员提出一种改善制件表面均匀性的新技术。经过一系列的试验，研究人员发现留在陶瓷面层的脱模剂会阻碍蜡模的浸润。在这个过程中，最有效的方法是臭氧处理，其效果超出预料。同时，在石蜡中加入烷基苯磺酸，可以提高零件质量。这项技术在冶金工业和机械工程中很有前景，特别对解决蜡模材料变化导致陶瓷型壳失效问题具有很大帮助。

(3) 俄罗斯开发出大型零部件生产用电子束轨道焊接装置

2022 年 11 月，俄罗斯国家技术集团(Rostech)开发出世界上首台大型零部件生产用电子束轨道焊接装置(见图 3-8)。该设备可应用于航空、航天等装备的生产制造。电子束焊接是利用加速和聚焦的电子束轰击置于真空或非真空中的焊接面,使被焊工件熔化实现焊接。轨道焊接则是通过焊接工具围绕静止零件旋转,允许在部件不便挪动的情况下实现高质量焊接。Rostech 将两种方法结合发展出电子束轨道焊接装置,能够实现各种形状和大小的结构部件的焊接(包括大型火箭部件)。每台装置占地 160 m^3,包括两个配备机械手臂的装置,能够将电子束枪移动到真空室内的任何位置点,角度范围为$-40°\sim+400°$,移动过程中会有独特操作单元在喷枪旋转时折叠并布置冷却系统的电缆和管道。整个操作过程可由一台电脑控制,仅需最少的人力投入,即可最大化地提高生产速度和质量。

图 3-8 世界上第一台大型零件轨道电子束焊接(EBW)设备

3.1.3 工艺标准

2022 年度,增材制造领域的材料依然呈现推陈出新的发展态势,相关领域的研究与标准更新持续进行。

2022 年 1 月,美国材料试验协会(ASTM International)增材制造卓越中心对外介绍,其正在参与三项由 America Makes 资助的项目,旨在推动增材制造技术的应用。项目总投资超过 100 万美元,内容包括检测、资格认证方法和过程监控等。

① 利用测试工件介绍增材制造检测与质量保证工作:该项目将面向从初学者到本领域的专业人士开发一门关于增材制造质量保证和检测的介绍性课程。该项目由 ASTM 增材制造卓越中心牵头,由美国 Castheon 公司资助。

② 与增材制造零部件质量认证相关的最佳实践:项目目标是编制概念定义、最佳实践和指导文件,以支撑同类型零件的质量认证,使同类型的零件能够使用共享和通用的数据,降低认证成本与缩短制造周期。该项目由 ASTM 增材制造卓越中心牵头,波音、空客、雷神技术、诺斯罗普·格鲁曼、洛克希德·马丁等数十家航空航天和国防公司参与,由美国联邦航空管理局和美国国家航空航天局资助。

③ 用于实时控制和减少金属粉末床熔融缺陷的开放框架(OFF-RAMP):将开发并评估减少金属粉末床熔融缺陷的方法,再通过在线监测工具发现缺陷后进行缺陷消除。该项目由宾夕法尼亚州立大学应用研究实验室牵头,应用优化公司和 3D 系统公司参与。

2022年3月，美国材料与试验协会（ASTM）宣布其新资助的标准化研究项目名单，这些项目将支持ASTM的增材制造卓越中心（AM CoE）加速增材制造工业标准化进程。受资助项目都将填补美国国家标准学会（ANSI）和America Makes发布的增材制造标准化合作路线图中列出的一个或多个标准化空白，其相关研究内容见表3-1。

表3-1　AM CoE开展的相关研究

类　别	研究机构	研究内容
创新请求（RFI）	美国奥本大学	开发一种测量增材制造零件密度的标准化方法，尤其是增材制造工艺中的特征缺陷检测
	英国制造技术中心（MTC）	开发用于粉末清洁度评估的分类与测量方法
	美国威奇托州立大学的国家航空研究所（NIAR）	与加拿大国家研究委员会（NRC）和AON3D合作，开发一种用于测试基于材料挤出技术的3D打印零件的层间剪切特性的方法
项目征集（CFP）	科罗拉多矿业学院	进行一系列数据收集，以支持开发一种测量承重件横截面积的标准方法，主要用于对增材制造试样进行机械测试
	德国弗劳恩霍夫激光技术研究所（ILT）	制定一种在工艺中断后继续进行打印工作的指南
	加拿大国家研究委员会（NRC）	利用有关水分对增材制造工艺和打印部件特性的影响的数据，开发出一种评估关键水分含量的方法
	美国阿拉巴马大学伯明翰分校	开发一种测量材料挤出工艺中使用的细丝的拉伸性能的方法

2022年7月，在美国国家标准与技术研究院（NIST）的支持下，美国机械工程师协会（ASME）发布专门针对3D打印零件的更新标准概述设计指南，名为《Y14.46—增材制造产品定义》，旨在为工程师提供3D打印相关得更清晰、更一致、更易读的设计文档。传统设计缺乏统一的规范，导致不能辅助工程师生成清晰一致的3D打印设计文档，由此阻碍3D打印技术的推广。经过多次方案迭代，最新发布的标准不仅解决了3D打印设计本身的细微差别（例如，错综复杂的内部几何形状），还解决了打印过程的特殊性（打印方向和临时支撑结构等因素对最终产品强度、耐用性和其他性能的影响）。此外，这项标准还可以帮助各行各业的工程师更加有效地与制造商、产品检验员及其他人进行沟通。广泛采用新标准可为3D打印大规模应用清除障碍，从而释放与该技术相关的环境和经济效益，进而为未来建立更高效、可持续的制造业打下基础。ASME的某些标准可能10年、20年没有修订。但增材制造发展如此迅速，随着时间的推移，这个标准要想跟上步伐必须及时更新。因此，未来3D打印标准的扩展与更新仍将是关键环节。

2022年9月，AM CoE宣布再资助四个新研项目。每一个项目都将解决ANSI和America Makes发布的AMSC（增材制造标准化协作）路线图中列出的一个或多个标准化问题。

① 奥本大学将开发标准化的程序和试样几何形状，以评估不同材料和加工参数的残余应力。

② EWI将开发一种用于测量和表征AM材料中晶粒尺寸的标准，该标准将建立可靠的方法来准确量化微观结构取向和相的确切空间分布。

③ 总部位于英国的制造技术中心(MTC)将制定聚合物和非金属 AM 部件无损检测标准,以检测和识别适用于此类材料的工艺方法的相关缺陷。

④ NAMIC、新加坡国家增材制造创新集群和先进再制造和技术中心(ARTC)将开发一种标准方法,用于分割和分析 X 射线计算机断层扫描(XCT)数据,这将使基于 XCT 的测量能够在不同的操作员、试验室和设备之间进行比较。

2022 年,国际标准组织(ISO)、美国机动车工程师学会(SAE)、美国材料试验协会等机构持续关注增材制造技术的发展,先后发布或更新/修订标准 23 份,具体见表 3-2。

表 3-2　ISO、SAE、ASTM 等标准机构在 2022 年颁布的增材制造标准

标准号	标准名称
ASTM F3572-22	增材制造标准实践　一般原则　航空用增材制造零件的零件分类
ASTM F3554-22	增材制造标准规范—成品部件特性—Grade 4340(UNS G43400)通过用于运输应用的激光束粉末床熔合
ASTM F3530-22	增材制造标准指南　设计　金属 PBF-LB 的后处理
ISO/ASTM52925-22	聚合物的增材制造　原料材料　基于激光的粉末床零件熔融材料的鉴定
ASTM F3122-14(2022)	评估通过增材制造工艺制造的金属材料的机械性能的标准指南
ASTM F3571-22	增材制造标准指南　原料　通过光学摄影进行颗粒形状图像分析,以识别和量化金属粉末原料中的团聚物
ASTM F3606-22	增材制造标准指南　原料　测试粉末原料中的水分含量
ASTM F3522-22	金属增材制造标准指南　原料　粉末铺展性评估
ISO/ASTM TR 52906:2022	增材制造　无损检测　金属部件中加入人工瑕疵
ISO/ASTM 52909:2022	金属的增材制造　成品部件性能　金属粉末床熔合的机械性能的方向和位置依赖性
ISO/ASTM TR 52917:2022	增材制造　循环测试　一般指南
ISO/ASTM 52925:2022	聚合物的增材制造—原料材料—基于激光的粉末床零件熔合材料的鉴定
SAE AMS7011:2022	电子束-粉末床熔融(EB-PBF)生产的预成型件和零件,钛合金,6Al-4V,热等静压
SAE ARP7044:2022	粉末历史指标和标签模式
SAE AMS7032:2022	基于熔融的金属增材制造的机器资格
SAE AMS7003A:2022	激光粉末床熔融工艺
SAE ARP7043:2022	对设计/维修飞机部件的增材制造商的建议
SAE AMS7002A:2022	航空航天部件增材制造用金属粉末原料生产工艺要求
SAE AMS7000A:2022	激光粉末床熔融(L-PBF)生产的部件,镍合金,耐腐蚀和耐热,62Ni-21.5Cr-9.0Mo-3.65Nb,应力消除,热等静压和固溶退火
SAE AMS7015:2022	增材制造用 Ti6Al4V 粉末
SAE AMS7017:2022	用于增材制造的 Ti6Al4V 粉末,超低间隙(ELI)
SAE AMS7031:2022	航空航天部件增材制造中旧粉末再利用的批处理要求
SAE AMS7006:2022	镍合金,耐腐蚀和耐热,增材制造用粉末,52.5Ni-19Cr-3.0Mo-5.1Cb(Nb)-0.90Ti-0.50Al-18Fe

3.1.4　模拟/检测技术

业内人士认为，检查航空航天复合材料部件时可用的选项和方法通常取决于部件的尺寸、材料及其预期用途和负载。2022 年度，航空发动机用先进材料的模拟/无损检测技术及应用延续以多种方法与新兴高科技技术综合应用的研发态势。值得特别关注的有机器学习、人工智能等。

(1) 美国研发利用机器学习预测金属 3D 打印产生的裂纹

金属 3D 打印制品中裂纹的产生机制有多种，目前还没有通用有效的控制方法。2022 年 3 月，美国宾夕法尼亚州立大学(PSU)的研究人员利用该校 Roar 超级计算机，研发出一种物理信息机器学习模型，能够有效预测金属 3D 打印制品中裂纹的产生。研究人员采用一种物理信息机器学习模型，通过获取打印过程中与零部件开裂相关的重要物理参数，准确预测裂纹的产生。试验选用 6061、2024、AlSi10Mg 等多种铝合金进行模型计算和试验验证，并设计了一个关键参数——裂纹敏感性系数(cracking susceptibility index, CSI)，用以判断金属 3D 打印中裂纹的产生。研究发现，零部件裂纹的产生与凝固应力、脆化与松弛时间之比、温度梯度与凝固速率之比及冷却速率直接相关，通过线性回归可确定敏感性系数与上述参数的关系式。设定 CSI 的阈值为 0.5，利用该模型准确预测出 102 个样品中的 86 个试样的裂纹产生情况，准确率高达 84.3%。这项研究为金属 3D 打印制品中裂纹的抑制提供了思路，该模型还可用于新合金的设计及其他制造工艺的优化。

(2) 美国开发出检测金属 3D 打印缺陷的新技术

表面声波(surface acoustic waves, SAW)历来被用于表征材料表面和近表面的裂缝、凹坑和焊缝等特征。2022 年 4 月，美国劳伦斯利弗莫尔国家实验室(LLNL)的研究人员开发了一种新的全光学超声(all-optical ultrasound)技术，其能够在金属 3D 打印过程中对熔体轨迹进行按需表征，并检测缺陷的形成。该技术通过检测熔线、孔洞和表面特征散射的声波能量，可以有效且准确地评估微小表面、亚表面缺陷及激光粉末床融熔(LPBF)金属 3D 打印中液化金属粉末的轨迹。研究小组使用光学显微镜和 X 射线计算机断层扫描(CT)验证了这一发现。试验表明，与传统 X 射线 CT 相比，LBU 系统显著缩短内部缺陷探测的时间(从几天缩短到几分钟)，能够更好更快地进行实时检查，获取并处理数据。但可检测缺陷的大小和深度仍存在限制，还需要进一步开发。未来，在改变金属粉末原料或改进熔体激光功率或扫描速度后，这样的系统有望用于新型 LPBF 机器和在役机器上。此研究由美国能源部及 LLNL 实验室指导研究与开发，由“加速增材制造发展的声学与磁特性”项目资助。

(3) 中新联合研究流体流动对 3D 打印金属枝晶生长的影响

激光粉末床熔融等金属 3D 打印技术可以通过控制新晶粒和枝晶的形成，来调整晶粒结构，进而对 3D 打印零件的力学性能产生显著影响(如硬度、屈服强度、抗拉强度、疲劳强度和冲击强度等)。能够影响晶粒与枝晶形成的因素和参数很多，其中温度梯度和凝固速度通常被认为是决定因素，而 3D 打印部件熔池中流体流动速度对枝晶形成影响目前鲜有研究。2022 年 5 月，来自新加坡国立大学与清华大学的研究人员就流体流动对 3D 打印金属枝晶生长的影响展开了研究。为了填补这项研究空白，团队使用计算流体动力学(CFD)模型，模拟流动液体熔池中枝晶的生长过程。该模型涵盖各种温度梯度与凝固速度下的流体状态，为了将其与枝晶生长相关联，双向耦合了 CFD 模型与多网格枝晶发展模型。作为建模的补充试验，团队利用激光和电子束对 Inconel 718 合金的试样进行单轨测试，并利用物理试验中的流场与温度数据进行熔池尺寸大小的枝晶生长模拟。试验结果发现，熔池边界处的温度梯度越高，最高枝晶尖端与零过冷面之间的距离就越长。模拟结果表明，流体流动和凝固速度对金属 3D 打印中枝晶和新晶粒的形成都有非常显著的影响，与传统铸造工艺中的影响相似。该发现可以为基于温度梯度和凝固速度的成核理论提供有用的补充见解，最终将为金属 3D 打印过程中更精细的晶粒结构及性能控制铺平道路。此研究由新加坡教育部在其学术研究基金、中国国家科技重大项目资助。

(4) 多国联合从基础物理角度探求金属 3D 打印的“过程特征”

激光粉末床熔融技术是一种最常见的 3D 打印方法，但高功率激光束产生的热量容易导致部件形成气孔等缺陷，降低零件整体力学性能。2022 年 6 月，来自英国赫瑞瓦特大学、美国卡内基梅隆大学、清华大学和阿贡国家实验室的国际联合研究小组对金属 3D 打印过程涉及的基础物理学进行深入探索，找到了控制打印缺陷的方式。团队使用 X 射线与纹影成像相结合的方法，以一种可视化的方式来检查与表征金属熔池中存在的固、液、气三态之间的相互作用。通过分析观测图像发现，蒸汽的羽流行为对熔池中孔隙的整体稳定性有直接影响，羽流越活跃孔隙率越高。而通过改变激光的一些参数(如功率、光斑大小和扫描速度等)可以对羽流和熔池稳定性进行控制，进而有望提升 3D 打印材料质量。这项工作有助于改进对 3D 打印过程的把控，进而创建出更有效的分析工具，以识别和预防金属增材制造中的缺陷。该发现将在航空航天等行业产生重大影响。此研究由 NASA 大学领导力计划(university leadership initiative, ULI)、美国能源部、英国工程和物理科学研究理事会(EPSRC)资助。

(5) 美国开发出新型原子力显微镜探针提升材料表征能力

原子力显微镜(AFM)是一种通过探针扫描物体表面来表征样品的技术，其分辨率比光学显微镜的分辨率高 1 000 倍。探针是该技术的核心，包括一个末端带有微型尖端的微小悬臂梁，通过吸引和排斥力来感知样品表面，其分辨率可以达到原子级。目前，先进的探针都是刚性、脆性的，形状较为单一，因此对一些软物质的探测效果不甚理想。2022 年 7 月，美国纽约大学阿布扎比分校先进微流控和微设备实验室(AMMLab)的研究小组开发出一种新型 3D 原子力显微镜(AFM)探针，称为 3DTIPs。研究人员采用新材料，重新设计了 3D 模型，并为其定制了样机。新工艺可通过 3D 打印技术定制 AFM 探针，这为多学科研究提供了很多机会。3DTIPs 能够使用常见的 AFM 模式，在空气和液体环境下获得高分辨率的 AFM 高速成像。通过聚焦离子束蚀刻和碳纳米管包覆来完善 3DTIPs 的尖端质量，从而大大扩展了其在高分辨率 AFM 成像中的功能，最高可达埃级尺度(1 埃＝0.1 纳米)。借助 3DTIPs 的多功能可创建出新一代 AFM 探针，并扩展 AFM 高速成像和测量的应用领域。此研究由阿联酋研究促进基金和加拿大温哥华特里·福克斯基金会国际运营项目资助。

(6) 人工智能控制数字制造技术新进展

美国麻省理工学院(MIT)的研究人员正在不断开发具有独特性能的 3D 打印新材料。通常需要手动试错，通过大量实体打印来确定理想参数(包括打印速度及打印机的材料沉积量等)。2022 年 8 月，麻省理工学院的研究人员使用人工智能来简化试错过程。他们开发了一种机器学习系统，该系统使用计算机视觉来观察制造过程，然后实时纠正其处理材料过程中的错误(见图 3-9)。使用模拟和控制策略来训练神经网络如何调整打印参数以最大程度地减少错误，再将该控制器应用于真正的 3D 打印机。试验表明，该系统打印物体相比其他 3D 打印控制器更准确。这项工作避免了打印数千或数百万真实物体来训练神经网络的过程，可以让工程师更轻松地将新材料融入到他们的印刷制品中，还可以帮助他们开发具有特殊电气或化学特性的物体。如果材料或环境条件发生意外变化，它还可以帮助技术人员即时调整打印过程。此研究得到奥地利科学基金(FWF)Lise-Meitner 计划、欧洲研究委员会的启动资助，以及美国国家科学基金会的部分支持。

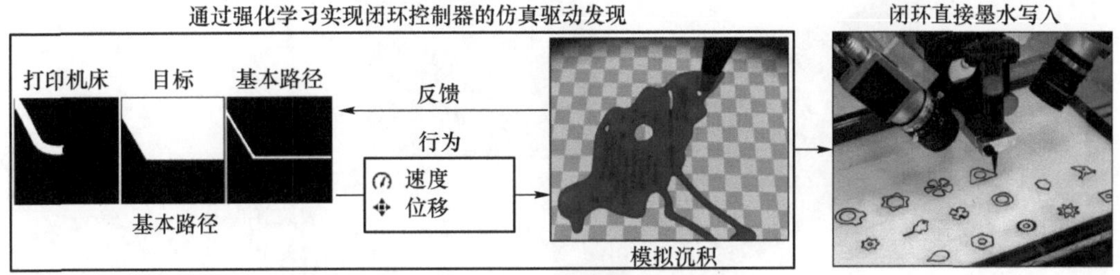

图 3-9　研究人员开发机器学习模型以实时监控并调整 3D 打印过程

(7) 用于预测燃气涡轮发动机材料性能的人工智能模型

目前现有涡轮叶片材料已经达到设计上限，燃料效率和 CO_2 减排需要新材料选型。研究表明，高熵合金(HEA)在更高温度下会更加稳定，而且能够提升其在极端环境中的稳定性。尽管 HEAs 能够承受高温，但很容易氧化生锈，因此要找到抗氧化的材料，就需要相当高的成本开展试验。2022 年 8 月，美国德州农工大学(TAMU)与艾姆斯国家试验室的联合团队开发了一种人工智能框架，可以预测承受极端高温与氧化环境的高熵合金性能。该团队提出的高通量框架利用密度函数理论(DFT)，结合机器学习模型和大经典线性编程，能够评估任意高熵合金的相稳定性、相分数、化学活性及高温生存能力。当成分搜索空间过大时，研究者不得不花费相当长的时间，采取非常复杂的材料组合，而该团队通过创建高熵合金氧化演示图大大缩短了这一过程，并且能够对某种成分组合的预期性能进行评估。该框架结合了计算热力学、机器学习和量子力学，能够定量地预测任意化学成分高熵合金的氧化性能，而且计算筛选快速有效，可以有效降低对资源密集型试验的依赖性。这项工作中提出的关于氧化行为的研究成果，能够快速评估未来在极端条件下结构应用所需高熵合金材料的适用性。利用该框架，研究人员预测了多种合金成分的氧化行为，然后将预测结果进行验证，从而证明了该框架的有效性与准确性。这项研究成果已被应用于为许多极端环境开发新材料，直接助推美国能源部实现到 2050 年实现净零碳排放的目标。这项研究得到美国能源部、能源部科学办公室、能源部基础能源科学办公室、能源部材料科学与工程办公室的赞助。

(8) 多国和地区联合开发利用新技术准确预测 IN718 零件的疲劳寿命

对转开式转子(CROR)发动机概念是航空航天工业最有前景的新技术之一。2022 年 9 月，TW、剑桥大学和意大利 RTM Breda 公司共同完成了 Inco 718 零件在服役损伤下的疲劳寿命预测(FLECTION)项目第一阶段的研究工作。该项目从 2019 年 10 月开始至 2022 年 9 月结束。FLECTION 项目是 CROR 发动机叶片开发总体框架的一部分，通过对刻痕、凹痕与划痕(NDS)周围残余应力的疲劳预测来辅助优化设计。项目中，TWI 建立了一个计算模型，用于研究和预测 NDS 周围产生的残余压应力对 Inconel 718 疲劳寿命的影响，从而减少设计阶段的保守性需求。合作伙伴则提供一系列试验数据对模型进行校准和验证。FLECTION 通过开发和验证一种组合的数值试验方法来评估因 NDS 损坏的 IN718 部件的安全寿命，以完成 CROR 验证发动机的飞行试验，并确保 TRL 达到 6，从而提高了欧洲航空工业的竞争力。该研究由欧盟“地平线 2020”研究与创新计划资助。疲劳模型几何结构和裂纹扩展方法示意图见图 3－10。

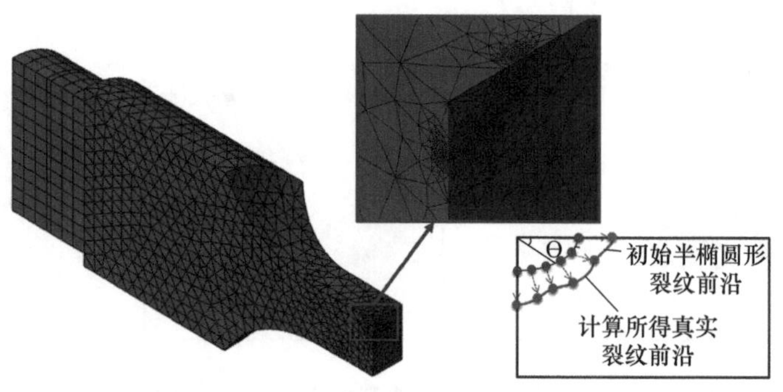

图 3－10　疲劳模型几何结构和裂纹扩展方法示意图

(9) NASA 通过原位监测技术提高增材制造现场打印质量

增材过程监测系统公司的过程监测系统于 2020 年正式启动，并能够集成到当前多种工业级 3D 打印机上，可广泛应用于航空航天(复杂喷射器、内冷却剂通道组件、热交换器)、汽车(排气系统部件)等多个领域。2022 年 9 月，美国 NASA 马歇尔航天飞行中心与增材过程监测系统公司合作，开发出一种增材制造现场监测技术(见图 3－11)，并将其集成到外场环境应用的粉末床熔融 3D 打印机上，以支持 NASA 液体推进系统涉及的高性能铜制组件的现场生产制造工作。合作目标是采用现场实时监测技术使增材制造生产部件的成本降低，进度加快与能源节省。该系统应用了一种快速、直观的原位监测技术(in-situ monitoring)，利用红外热像

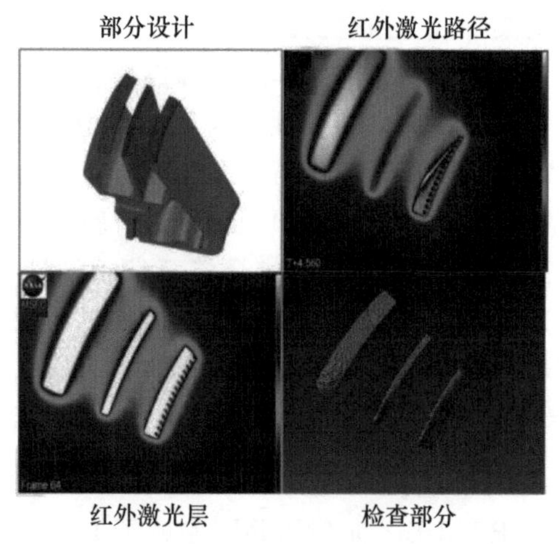

图 3－11　NASA 3D 打印设备现场原位监测示意图

仪收集准确的温度数据以验证热数学模型，并通过视觉热像仪在激光的确切位置获取高度详细的数据，以构建准确的竣工几何模型。该技术允许用户实时监测构建过程并根据需要进行调整，尤其是具有复杂内部结构（如流体通道）零件，可避免因质量问题浪费时间、材料及能源。此技术还有望构建闭环反馈系统，即检测由应力、功率密度问题、不完全熔化、孔洞、不完全填充等引起的误差而导致的特征曲线异常，允许系统暂停工作并根据需要进行自动实时纠正。

(10) 俄罗斯开发出湍流模型以提高燃气涡轮发动机可靠性

在设计燃气涡轮发动机时，需要特别注意其部件寿命预测管理，以延长部件寿命，避免因过度维护浪费资金（更换涡轮叶片的成本可能高达整个发动机维修总成本的50%）。确保现代燃气涡轮发动机可靠性的关键技术之一是叶片的冷却技术，为此叶片被制成空心的，内部具有复杂的通道系统。利用相对较冷的空气（500～700 ℃）在其中循环流动来实现对流冷却。湍流模型是一种用于描述燃气涡轮发动机中液体或气体湍流的数学模型，可以简化操作、节省计算资源，其计算结果可靠性仍有待提升。为了获得燃气涡轮发动机叶片的实际热状态，有必要对使用的湍流模型进行额外的检查与调整。2022 年 9 月，俄罗斯彼尔姆国立研究型理工大学优化了燃气涡轮发动机叶片湍流模型的计算方法，这将有助于更有效地预测其因过热而损坏的可能性，提高设备可靠性，降低发动机维护成本。研究人员通过更精确的计算，将更有效地预测出可能出现的各种缺陷（气孔、裂缝等），并及时采取措施进行避免和消除，从而降低发动机维修成本。目前，该研究成果已被应用于俄罗斯燃气涡轮发动机的设计。这项研究是俄罗斯学术战略领导计划与高级工程院校项目“首创 2030”的一部分。

(11) 高分辨率 3D 成像技术揭示高温合金疲劳裂纹生长机制

在疲劳金属最终断裂之前，微观裂纹便已开始萌生并生长。早在 50 多年前，人们就确定了疲劳寿命早期和晚期的裂纹扩展机制，但微观裂纹在中间疲劳阶段萌生的机制尚不明确，长度约 200 μm 的裂缝难以观测是原因之一。2022 年 12 月，日本国立材料科学研究所（NIMS）的结构材料研究中心通过对一种钴镍基高温合金大体积试样的三维成像，确定了金属中微观疲劳裂纹的生长机制。研究小组结合等离子体聚焦离子束扫描电子显微镜（PFIB-SEM）系统和电子背散射衍射（EBSD）开发了一种新的分析技术，能够对大体积金属样品（比使用传统方法观察到的体积大 100 倍）进行高分辨率的三维晶体成像，首次实现对长约 200 μm 的疲劳裂纹的高分辨率三维成像。通过对该图像分析，定量地确定了裂纹扩展路径与晶体取向之间的关系。研究发现，这些裂纹沿金属晶体的滑移面生长，大多数裂缝是由剪切力引起的，而不是此前普遍认为的拉力。这项研究解开了半个世纪之久的技术谜团，有助于提高航空发动机高温合金疲劳寿命管理和预测的准确性。此研究由日本科学技术与创新委员会（CSTI）、跨部委战略创新促进计划（SIP）和日本科技振兴协会（JST）的“创新结构材料”项目资助。

(12) 俄罗斯新算法助力航空航天用复合材料性能预测

现代技术使“编织”复杂的材料框架成为可能。借助它们的浸渍，无需高昂的制造成本即可获得必要的零件。此类产品用于制造可承受高载荷的飞机和火箭结构材料。通过物理试验来确定材料特性相对而言成本高昂，而模拟试验是一种更经济的方法，但其有效性与准确度仍有待提升。2022 年 12 月，俄罗斯彼尔姆理工大学的研究人员开发出一种计算机算法，能够精确确定碳纤维增强复合材料在切变时的抗拉强度、压缩强度或变形能力，可用于预测航空航天领域复合材料的弹性性能，同时呈现制造技术差异性。研究人员通过聚合物浸渍织物增强框架来制造复合材料,使用新算法和现有的 TexGen 程序对其工件结构特征进行建模(见图 3-12)。断层扫描分析观察与该算法模型得到结果之间只有 3.1%的差异,而使用 TexGen 程序的数据差异为 15.8%,由此证明该算法的准确性。研究人员的下一步计划是在该算法中增加新功能,使其能够评估材料强度并预测失效行为。

(13) 美空军改造计算机断层扫描试验室设施,提升无损检测能力

计算机断层扫描(CT)可提供 X 射线图像数据的高分辨率三维重建,来检测与量化材料内部微结构、缺陷、制造误差和故障模式,对于评估材料的质量和完整性至关重要。2022 年 11 月,美国空军研究实验室(AFRL)对外宣布完成计算机断层扫描试验室的重新改造工作。该试验室隶属于 AFRL 材料与制造局,为国防部内部和外部客户群提供航空航天材料(包括增材制造)的无损检测服务。此次改造包括安装两台计算机断层扫描机和一个全新套件(见图 3-13),以确保 AFRL 可以检查更大、更致密的部件,并通过添加不同的扫描选项获得更高质量的检测结果。新设备可用于检测航空级材料中的潜在缺陷,以确保其适航性和耐久性。新厂房配装独立供暖与制冷系统,隔音性能较好,通过减少人力资源可以节约成本。此次 6 600 平方英尺的设施改造项目耗资约 450 万美元,由国防部提供的 Flex-4 基金支持。另有大约 100 万美元的 AFRL 补充资金用于资助添置额外的计算机断层扫描仪。

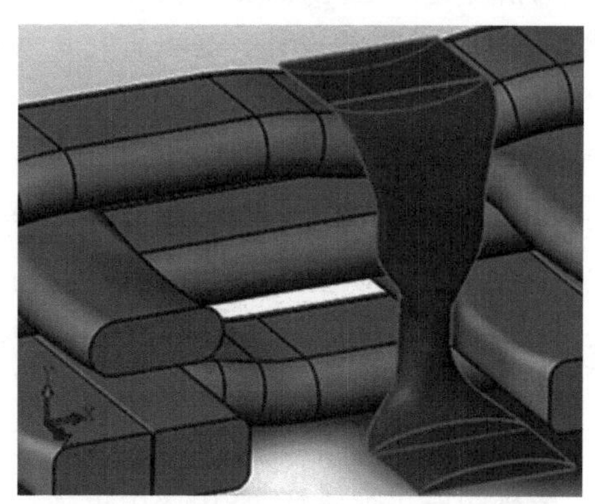

图 3-12 由新算法创建的样本几何模型

图 3-13 空军研究试验室最新添置的计算机断层扫描设备

(14) 美国利用人工智能算法即时预测材料结构与动态特性

2022 年 11 月,美国州大学圣地亚哥分校雅各布斯工程学院的纳米工程师开发出一种名为 M3GNet 的人工智能算法,可以几乎瞬间预测任何材料(无论是现有材料还是新材料)的结构和动态特性。研究团队将 M3GNet 用于开发 matterverse.ai 数据库,这是一个包含超过 3 100 种尚未合成材料的数据库,其中预计有 100 万种材料具有潜在的稳定性。材料的性质由其原子排列决定。为此研究团队将图形神经网络与多体交互相结合,构建了一种深度学习架构,可在元素周期表的各种元素中高精度的工作,如图 3-14 所示。为了训练他们的模型,该团队使用了过去十年间收集的材料能量、强度和应力的数据库。结果显示,M3GNet 原子间势(interatomic potential, IAP)可预测任何原子集合中的能量和应力。Matterverse.ai 是通过对无机晶体结构数据库中的 5 000 多个结构原型进行组合元素替换而生成的,使用 M3GNet IAP 获得平衡晶体结构,用于属性预测。研究人员坚信 M3GNet 架构是一种变革性工具,可以极大地扩展人类探索新材料化学和结构的能力。为了推广 M3GNet 的使用，他们已将该框架作为开源 Python 代码发布于 Github。自 2022 年 2 月在 Arxiv 上发布预印本以来，该团队一直受到学术界和工业界的关注。未来，研究团队有计划将 M3GNet IAP 集成为商用材料模拟包中的工具。该研究主要由美国能源部科学办公室、基础能源科学办公室、材料科学与工程部材料项目计划资助，部分工作由 LG Energy Solution 通过前沿研究试验室计划资助。

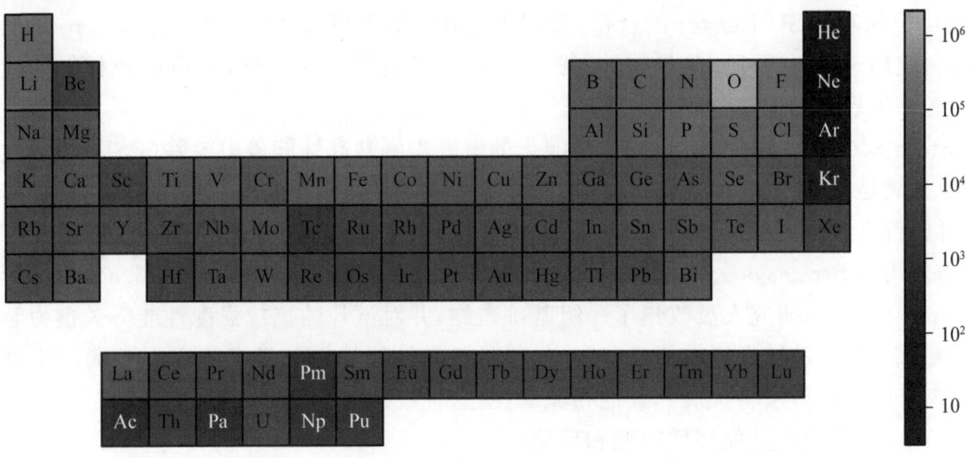

图 3-14　由加州大学圣地亚哥分校雅各布工程学院提供的主要计算块示意图

3.2　制造技术

本节主要介绍 2022 年度航空发动机在增材制造技术、复合材料制备自动化技术和数字化/智能化制造技术方面的最新研究进展。

3.2.1　技术研究

1. 增材制造

增材制造也称为 3D 打印，是一种根据零件三维模型数据将材料逐层连接起来的数字化制造方法，可以大幅提高生产速度和生产灵活性。得到行业认可的增材制造工艺包括黏合剂喷射成形、材料挤压、材料喷射、薄材叠层、光聚合、粉末床熔融和定向能量沉积。运用增材制造技术可以制造其他工艺方法无法完成的部件、自由地组合各种材料、生产已过时淘汰的零件、快速制造原型，以及创建辅助制造的专业工装和模具等，增材制造技术是实现国防系统创新和现代化、支撑战备和作战人员就绪的强大工具。2022 年全球航空产品 3D 打印规模成倍增长。

(1) 3D 打印技术助力制造先进材料

1) Stratasys 与洛马利用 3D 打印技术对航空航天部件用复合材料进行数据认证

2022 年 3 月,美国聚合物 3D 打印解决方案提供商 Stratasys 公司与洛马公司签署合作协议,为 Antero 840CN03 长纤维材料提供基准认证数据,使该材料能够在 Stratasys 公司的工业级 3D 打印机上制造航空航天部件。洛马公司先进制造副总经理克里斯·罗伯逊表示,“我们一直在寻找获得合格航空航天材料的创新方法,增材制造是实现这一目标的关键。通过与 Stratasys 公司和 MSU Denver 的合作,我们研究并收集了很多必要数据,使 Antero 840CN03 能够顺利应用于飞行部件。”除最初计划的在 Orion 飞行器上使用外,目前这种材料的应用范围已经能够扩展到其他装备中。

Antero 840CN03 是一种混合的、功能化的聚醚酮酮基高性能静电消除(ESD)热塑性复合材料,专为满足 ESD 性能和符合 NASA 除气要求的生产级 Stratasys 公司 FDM 3D 打印机开发,同时还符合航空应用环境中火焰、烟雾和毒性(FST)测试要求。在第一阶段的材料认证中,洛马公司和 Stratasys 公司采用 Fortus F900 3D 打印机使用 Antero 840CN03 材料打印超过 280 个测试试样,研究人员收集了一组基础数据,并对试片的抗拉强度性能等关键力学性能进行了测试。收集的数据证实了 Antero 材料具备高性能特性与学术研究中预测的机械性能一致。未来的测试阶段将扩展到其他相关属性,这种认证将为设计工程师提供更多参考数据,便于将 Antero 应用于其他部件类型和环境。

2) NASA 利用 3D 打印工艺开发新的金属合金

2022 年 4 月,NASA 利用 3D 打印工艺开发了一种新的金属合金 GRX-810,可显著提升航空航天用零部件的强度和韧性。GRX-810 是一种氧化物弥散强化(ODS)合金,能承受超过 1 093 ℃(2 000 ℉)的高温,比现有最先进的合金更具延展性,而使用寿命更是后者的 1 000 倍以上。该合金可用于制造高温环境使用的航空航天零部件,如飞机和火箭发动机内部零部件,因为 ODS 合金可以在达到强度极限前承受更恶劣的环境。NASA 表示,纳米级氧化物颗粒使该合金表现出令人难以置信的性能优势。

NASA 为开发 GRX-810 合金,其研究团队利用计算模型确定合金成分;然后用 3D 打印将纳米级氧化物均匀地分散在整个合金中,从而提高了高温性能。与传统的制造方法相比,3D 打印更高效、更具成本优势且更清洁。

3) 中英联合团队实现耐损伤仿生陶瓷的增材制造

2022 年,几何形状复杂的耐损伤陶瓷基复合材料在各应用领域需求很大。然而,由于模具形状的限制,传统加工工艺无法为陶瓷基复合材料的制造提供足够的几何自由度,而增材制造可达到这一要求。

研究讨论了通过增材制造和尖端仿生增韧设计来制造具有较高损伤容限的陶瓷基复合材料零件。制成的陶瓷基复合材料具有很高的韧性,相当于纯陶瓷的 116 倍,并且具有标准方法无法生产的独特几何形状。该团队提出了一种策略,即利用增材制造来制造具有双连续氧化锆/环氧树脂相的陶瓷基复合材料,这些相的损伤容限很高。研究人员使用自制的数字激光处理打印机制作了试验件,然后用环氧树脂聚合物浸润。这种仿生复合材料表现出优异的抗损伤能力。试验结果表明,与烧结陶瓷相比,均匀和梯度复合材料的强度分别增加了 84%和 213%,而杨氏模量仅略有增加。此外,均匀复合材料和梯度复合材料的硬度分别提高 30 倍和 116 倍。

这项研究阐述了一种3D打印和创新仿生设计相结合、复杂几何形状的耐损伤陶瓷基复合材料制备的新技术。通过模仿螳螂的双连续结构，为陶瓷基复合材料提供了韧性和承载能力。研究人员提到，复合材料的应用范围可以扩展到其他高性能工程材料领域，如汽车、航空航天工业及能源设备等，从而为其发展应用开拓更多的可能性。

4) 日本利用激光增材制造技术打印镍基单晶材料

2022年7月，日本国立材料研究所(NIMS)与大阪大学工学院合作，利用选区激光熔化(SLM)技术成功制造出只有极少晶体缺陷的镍基单晶材料。

由于常规的高斯激光束的强度分布依照高斯函数随着远离光束中心位置而减弱，导致从中心到边缘的熔池渗透深度不同，因而造成晶界较多、取向较差的多晶体的形成。

联合研究小组使用大半径平顶激光束(横截面上强度均匀的激光束)辐照镍基合金，通过优化工艺参数，形成平面熔池，在不使用籽晶的情况下，生长出高度大于20 mm的具有抑制大角度晶界(HAGB)近{001}<100>的均匀结构。这种新技术可以最大限度地减少晶体凝固过程中的应变与开裂现象，并且无需籽晶，简化了增材制造过程。除了镍基材料外，这种激光增材制造技术还可以用于制造其他金属及合金的单晶结构。图3-15为激光束照射在粉末床上并产生圆柱形单晶。

图3-15　激光束照射在粉末床上并产生圆柱形单晶

5) 俄罗斯利用增材制造技术开发用于飞行器的铝青铜镍基复合材料

2022年10月，俄罗斯科学院西伯利亚分院强度物理学与材料学研究所利用电子束双线进给增材制造技术，研制了不同含量Udimet-500的新型复合高温合金CuA19Mn2/Udimet-500，有效提升了其机械性能。粉末冶金是制备复合材料的主要工艺，其微观结构是通过粉末成分相互混合烧结而成的，这一过程无法干预。只有通过增材制造技术，使每一层在不同工艺参数下，采用不同材料进行沉积，从而能够获得性能与组件的不同组合。

该团队研究了不同含量的Udimet-500镍合金(质量分数w分别为5%、10%、15%、25%)对电子束增材制造铝青铜结构相态和机械性能演变的影响，同时加入BrAmc9-2和Udimet-500两种金属，将其在熔池中混合，从而用镍置换出青铜，以此形成Cu-Ni-Al固溶体、NiAl颗粒及M23C6/NiAl颗粒，这样的微观结构能够保留大约20%的塑性，一方面可以防止脆化，另一方面可以提高强度(700 MPa)和硬度(2.6 GPa)，从而抵抗塑性流动磨损，但延展性有所下降(高达10%)。此外，研究表明，与传统铝青铜相比，含Udimet-500的质量分数为10%、15%和25%的样品，在稳定滑移时，CoF值在0.45～0.6之间，而含Udimet-500的质量分数为5%的样品，COF值随着载荷(9～25 N)的上升而下降。该技术形成了一层由氧化物和青铜组成的耐磨层,其作用是在更高载荷下增加实际接触面积,减少摩擦的黏附成分。这是青铜制件在滑动接触中的典型行为,因此可用作滑动轴承材料,如铝含量 w 为 8%~9%的高强度耐腐蚀铝青铜目前已广泛应用于高速车辆的滑动轴承。此外,该材料还具备耐高温性和高导热性,这种高温镍基合金与高导热铜合金的组合可成为核电装置和喷气飞行器部件材料的理想方案。

6) 美国陆军研究试验室联合开发增材制造技术

2022 年 2 月,美国陆军计划进一步发展增材制造技术,着力推动其材料性能评估和验证项目(AMPED),以加速增材制造在美国陆军航空领域的应用。AMPED 于 2021 年 9 月启动,计划于 2023 年 3 月结束,汇集美国陆军航空兵和导弹司令部的专家、美国陆军作战能力发展司令部和航空与导弹中心,以及行业合作伙伴 GE Additive。为了确保金属增材制造零件符合 FAA 适航标准,AMPED 正在制定新的增材制造零件设计和组装程序文件。该团队正在采用增材制造工艺为 CH-47 Chinook 直升机制造零件,他们采用 Ti6Al4V 合金和先进增材制造打印机生产零件,还将记录符合陆军要求的增材制造技术数据(AMTD)。此外,AMPED 还利用建模和仿真工具来确定最佳材料解决方案,以确保增材制造的一致性、可重复性和可靠性。该项目对增材制造下一代产品设计路径进行了展示,这将对许多商业产品的维护、维修和大修领域产生持久的影响。对于不再批量生产的难采购零件,增材制造可以建立更高效、响应更快的供应链。在未来的航空航天工业领域,增材制造有望增强航空安全性、升级系统性能、减少资源浪费、提高燃油效率及降低生产成本。

7) 通过激光粉末床熔融技术打印具有优异拉伸超弹性的形状记忆合金

激光粉末床熔融技术可为镍钛形状记忆合金的快速制造与成型提供一种有效方法。然而很多镍钛材料在进行激光粉末床熔融时,易导致打印缺陷,如孔隙、翘曲或分层、脆性氧化等,而且打印过程中可能会因材料蒸发而改变材料成分。2022 年 5 月,美国德克萨斯大学的研究人员通过激光粉末床熔融技术制造出一种具有优异拉伸超弹性的形状记忆合金(见图 3-16),近乎达到当前文献中报道的同类材料最大超弹性的 2 倍。研究人员通过微调成分和精细化工艺参数,制造出镍钛零件,在未经加工后处理的情况下,室温拉伸超弹性始终保持在 6%。该研究可以为 3D 打印镍钛形状记忆合金带来更多的应用选择。这项研究由美国陆军研究实验室、美国国家科学基金会(NSF)及卡塔尔国家研究基金优先研究计划资助。

8) 3D 打印叶片叶尖冷却导管专利获批

在燃气涡轮发动机中,涡轮叶片高温燃气暴露于气流中,必须获得冷却以承受燃烧气体产生的高温。冷却不充分可能会导致叶片产生附加的应力和氧化,并可能导致疲劳和/或损坏。GE 公司认识增材制造的颠覆潜力后,将其引入涡轮叶片的制造工艺。2022 年6 月,美国 GE 公司的一件关于“3D 打印叶片叶尖冷却导管”的专利获批,其附图见图 3-17。该专利涉及叶片叶型内部复杂冷却导管设计,通过“三维神经丛”形状的设计,冷却空气可在叶型内部径向向外、径向向内、轴向等或其任何组合流动,同时通过“三维神经丛”由冷却孔出口排出。“三维神经丛”包括多个离散的冷却通道组,每个冷却通道的冷却介质由单独的冷却导管供应。多个离散组可以实现流体耦合。多个离散组可以形成径向布置在叶型件内的多个冲击区域,使从冷却导管供应的冷却空气可以冲击不同的区域,直到通过冷却孔出口排出。细长的喷射孔可以改善孔冷却,而冲击区可以提供冲击冷却,同时将冷却空气引导到叶型件的各个部分,包括薄膜冷却性能传统上受限的部分。GE 的这项专利使得使用相同或更少的冷却气流能够在叶型件内实现更高的冷却空气对流,可以提供更多的冷却空气在叶型件内工作或混合,从而提高冷却性能。细长的喷射孔设计有利于将冷却空气喷射或下沉到具有较低空气或下沉压力的区域。

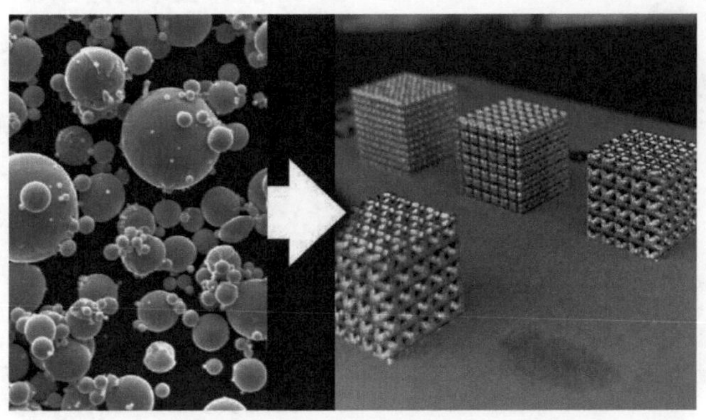

图 3-16　钛粉末电子纤维照片和利用该粉末制造的 3D 打印部件

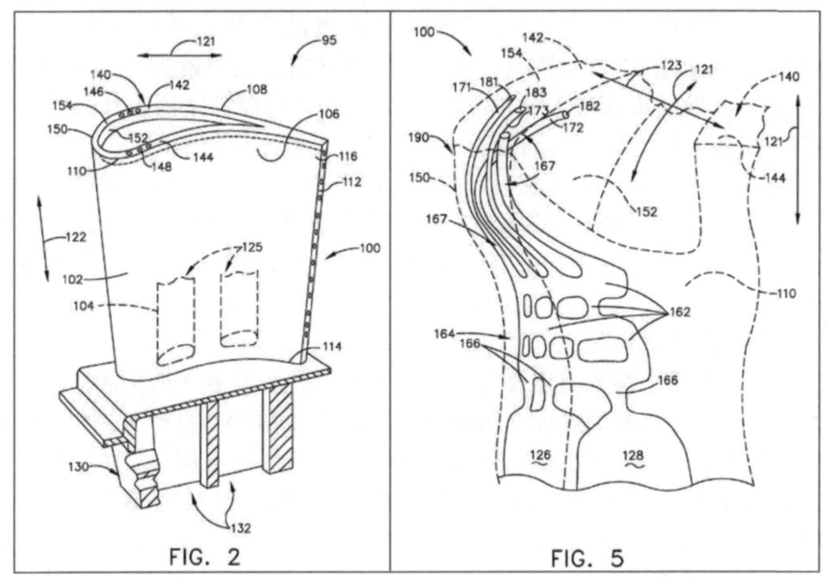

图 3-17　3D 打印叶片叶尖“三维神经丛”冷却专利的附图

9）电子束增材制造工艺钛合金沉积率创新高

法国 Saint Exupéry 研究所于 2019 年启动了“航空金属先进材料项目”(metallic advanced materials for aeronautics project，MAMA project)，初始目标之一是将模锻与金属增材制造相结合，开发制造钛合金飞机零件的新工艺。作为项目的一部分，研究人员已使用电子束增材制造工艺(electron beam additive manufacturing，EBAM©）在三种不同的应用中沉积超过 150 kg 的钛(Ti-6AI-4V)。2022 年 6 月，全球领先的金属增材制造供应商美国西亚基公司(Sciaky)称其 EBAM 沉积率已到 18.14 kg/h，这是现今世界工业金属增材制造沉积率的新高。EBAM 系统使用线材原料，可用于钛、钽、铌、钨、钼、铬镍铁合金、铝、不锈钢、镍合金等多种金属。在 MAMA 项目实施中，Saint Exupéry 研究所采用西亚基公司的电子束增材制造工艺，使该工艺沉积率创新高。西亚基公司的电子束增材制造系统能够生产长达 5.79 m 的零件，并将质量和控制与层间实时成像和传感系统(interlayer real-time imaging and sensing system，IRISS©)相结合，这是全球唯一的金属增材制造实时自适应控制系统。

图 3-18 GKN 宇航公司的新型轻型涡轮后支架(TRS)

(2) 3D 打印技术制造零部件

1) GKN 航宇公司成功测试新型轻型涡轮后框架

2022 年 3 月，GKN 航宇公司成功测试了新型轻型涡轮后支架(TRS)的全尺寸验证件。TRS 由位于瑞典的 GKN 航宇全球技术中心采用 3D 打印和激光焊接结合方式生产，采用了耐高温的新型合金，见图 3-18。与传统涡轮后框架相比，创新设计和先进的制造方法使 TRS 结构更简单、质量更轻。

2) 发动机防结冰增材制造金属承重件获欧洲航空安全局认证

2022 年 6 月，德国汉莎航空技术公司与 Premium AEROTEC 公司合作，为 IAE-V2500 发动机的防结冰系统开发了一款名为“A-Link”的增材制造金属承重部件(见图 3-19)，该部件目前已获得欧洲航空安全局(EASA)的认证。在 IAE-V2500 发动机进气道中，共使用了9 个这样的部件来固定环形热风管从而防止飞机结冰。这些 A 形连杆传统上采用锻造制造，由于时常发生振动，其安装孔往往会发生磨损，每隔几年就需要更换一次。而现在，汉莎航空技术公司和 Premium AEROTEC 拥有采用激光粉末床熔融技术的 3D 打印备件，由于 A-Link 部件需要暴露在高达 300 ℃的高温环境下，因此其材料选用钛。经过试验，采用增材制造工艺制成的部件在抗拉强度方面优于原部件。未来汉莎航空技术公司与 Premium AEROTEC 公司计划进一步合作，利用增材制造技术实现对备件几何形状的针对性优化。

3) GE 公司实现大尺寸镍基高温合金发动机零件直接金属激光熔化成形

2022 年 10 月，GE 公司采用直接金属激光熔融技术(DMLM)打印了直径 1 m 的 In718 高温合金涡轮中心框架(TCF)外壳，见图 3-20，这是该公司使用金属 3D 打印工艺制造的尺寸最大的航空航天零件之一。GE 公司将 150 多个零件合并为一个部件，采用 3D 打印代替传统铸造，使零件的质量和成本降低了 30%，制造周期从 9 个多月缩短到 2.5 个月，节省了大量成本和时间，同时也减轻了重量。

图 3-19 IAE-V2500 发动机防结冰系统的 3D 打印 A-Link 部件

图 3-20 高温合金涡轮中心框架(TCF)外壳

4）新型仿生微结构应用于 3D 打印喷气发动机零部件

具有调幅（spinodal）微结构的特殊孔隙，不仅可以降低材料的密度，还可通过拓扑优化来改变调幅结构的种类、方向和孔隙率等，以实现各种零部件所需的力学性能和生物学功能（如可调节的孔隙、促进骨骼再生长等）。2022 年 4 月，美国普林斯顿大学和佐治亚理工学院的研究人员设计出一种 3D 打印全新多孔结构。为验证新型微结构性能，研究团队已利用光固化 3D 打印技术，以调幅微结构为基础制作了几个原型件（包括轻质喷气发动机支架），见图 3－21，并进行试验验证。研究人员预计，与其他物理和同质化技术相结合，调幅拓扑优化与增材制造将在能量吸收、热控制、声过滤和波散射等方面发挥更大的影响作用。该研究由美国国家科学基金会（NSF）资助。

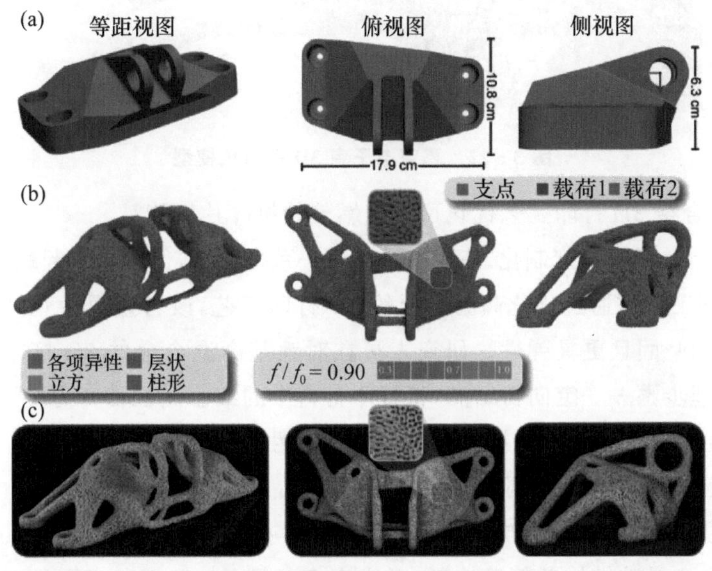

图 3－21　GE 公司采用调幅微结构设计的轻质喷气发动机支架

5）俄罗斯采用增材制造技术加速生产发动机叶片

传统的叶片制造是一个复杂的多阶段过程，制造过程包括点焊、钎焊及大量手工操作。2022 年 11 月，全俄航空材料研究院开发出一种用于直升机发动机叶片的增材制造技术，有望使叶片生产速度提高 6 倍。科研专家选择激光熔融的增材制造技术，在一个打印技术周期内完成叶片的所有部件（包括复杂内部结构等）的制造。与传统技术相比，其生产速度大幅提升，经测试，一组叶片的制造时间可以从 120 天缩短到 20 天。该项技术仍处于开发阶段，而试验批次的叶片已成功地在发动机内部通过试验验证。

6）俄罗斯研制出用于重型零部件的真空 3D 打印机

2022 年 10 月，俄罗斯国家技术集团开发出一型真空电子束 3D 打印机，配装有全角度机械手臂。该装置由俄罗斯国家技术集团与彼尔姆国立研究理工大学专家合作开发，能够制造出由钛、铝、钢等材料构成的复杂结构的超坚固零部件，可应用于航空航天领域的机械制造。真空是生产高强度合金的理想环境，对于航空航天产品尤其重要；电子束加工合金技术的使用可以使零件的拉伸强度显著增加，如不锈钢产品拉伸强度可以提升 16%；全角度机械手臂允许操作人员在真空条件下制造复杂设计和各种形状的产品。真空电子束 3D 打印机模型见图 3－22。

图 3-22 真空电子束 3D 打印机模型

7）镍基高温合金 3D 打印工艺优化可提升燃气轮机叶片性能

3D 打印涡轮叶片具有高定制化、高成本效益等一系列优势，但容易引起蠕变失效。2022 年 11 月，美国麻省理工学院通过优化高温合金的 3D 打印工艺，改善金属微观结构，使材料在极端高温环境下更加坚固且更具弹性。研究人员在对镍基高温合金的 3D 打印过程中，增加了一个额外的热处理步骤——定向再结晶，将打印材料中的细小晶粒转变为尺寸更大的柱状晶，柱晶方向与最大应力轴平行，进而提升微结构的稳固性，将蠕变程度最小化。研究发现，精确调整试样移动速率可以得到不同粒度的功能梯度晶粒结构，在 2.5 mm/h 的移动速度和 1 235 ℃ 的特定温度下，棒材中晶粒尺寸达到最大，平均纵向晶粒尺寸为 650 μm。该研究实现对 3D 打印高温合金晶粒结构的精确控制，对未来多领域的 3D 打印应用具有重要参考价值。该技术可应用于燃气轮机与喷气发动机高性能叶片的 3D 打印，提升叶片性能与制造过程的能源效率。伊利诺伊大学厄巴纳香槟分校为此研究提供启动资金，相关研究得到美国海军研究办公室、美国国家创业板联盟、美国国家科学基金的资助。

8）增材制造新工艺提升打印速度

在众多增材制造技术中，电弧增材制造（wire-arc additive manufacturing，WAAM）是一种以逐层方式设计与生产材料的方法，以其低成本、高沉积速率、高精度和直接全密度沉积等优点，成为多元素（如钛、铝、镁、钢等）材料的可靠加工方式之一。2022 年 9 月，俄罗斯西伯利亚联邦大学的研究人员在俄罗斯"首创-2030"项目支持下，开发出一种名为数字多弧沉积（digital multi-arc deposition，DMAD）的增材技术。与传统的金属沉积技术相比，新技术可使金属材料打印速度提升数倍。DMAD 是在 WAAM 技术基础上的优化创新，技术特点在于使用两个或多个电极丝（包括来自不同合金的电极丝），由直接和间接作用的电弧产生组合电弧，可以直接原位合成新合金，并大幅提高材料的熔化速度，以将生产率提高 2～3 倍。制备的零件具有低密度、高耐热、抗氧化性等优点，适用于航空航天、造船和汽车行业等多领域的零件制造，可显著降低生产过程中的能源消耗、制造成本及碳排放。

2. 复合材料制备自动化

(1) Airborne公司为Cotesa公司提供复合材料部件自动封边机器人系统

2022年5月,航空和汽车领域高质量复合纤维部件制造商COTESA选择Airborne公司提供的机器人生产系统,实现复杂复合材料零件的自动化封边操作。自动封边系统能够保证生产过程中质量稳定,并减少人工工作量。该系统使用了Airborne的自动化编程技术,可以实时运行且无须后续编程操作。

Airborne公司在其所有机器中都使用了自动化编程,该软件接收零件设计和材料输入,并通过先进的算法设置工艺参数,即时转换为正确的机器人动作。另一个重要的部分是树脂的准确分配,以确保适量的材料被准确放置在零件的边缘。Airborne公司借鉴了自动化蜂窝灌装方面的经验,其中也涉及精密树脂系统的精确分配。此外,其点胶系统可以处理零件形状的变化,并确保边缘密封在要求的公差范围内。

(2) 荷兰Airborne公司推出全新的自动铺放技术

2022年5月,在现有铺丝、铺带技术基础上,荷兰Airborne公司推出了全新的自动铺层技术。该技术不受材料限制,能够充分实现几何形态的自由选择,真正做到了可定制。

采用该技术,设计师可以将干丝、织物、预浸料、热塑性复合材料、膜材料、芯材料、金属片层、再生材料等任意市场可见的材料(卷材或片材皆可)加工成拥有任意边缘形状、凹凸结构和切口的片层,再将其堆厚并以点焊方式加以固定。该技术能够直接生产100%净成型产品,无需修剪,高度自动化,产品品质实现了全过程监控。

该技术的主要优势:①可将切割、检测、铺放、存储等工艺环节高度集成;②可实现任意几何形态的铺放;③适用于再生材料、生物基材料及其他各种新材料;④方便与后续模压、热隔膜成型、修剪、检测、入模等环节快速衔接。

(3) 英国采用自动纤维铺放技术制造陶瓷基复合材料

2022年9月,英国国家复合材料中心(NCC)成功研发出陶瓷基复合材料(CMC)的自动纤维铺放(AFP)技术。采用AFP技术,可降低CMC部件的最终制造成本,从而扩展其在耐高温部件方面的应用。此外,自动化工艺可对材料铺放进行控制,有效改善材料的一致性。该项目作为NCC核心研究计划的一部分,得到了罗罗公司、反作用发动机公司、欧洲导弹公司和3M公司的支持,目前已验证3M公司的新型氧化物基陶瓷纤维束材料可用于自动铺放。陶瓷基复合材料自动纤维铺设装置见图3-23。

该项目团队调整了现有AFP工艺参数,以适配3M公司的加工材料;还研究了诸如速度、热量和压力等工艺参数对材料铺放质量的影响,确定了降低材料变异性的最佳铺放参数,从而奠定了英国陶瓷基复合材料自动化加工的技术基础。

通过制造3D试验部件,完成CMC丝束预浸料与现有AFP设备的兼容性验证。NCC当时计划2023年在3M公司的支持下,通过优化制造参数创建更复杂的材料形状,以减少材料的接头数量,从而提高其使用性能,进一步提升其对工业领域应用的适应性。

该项目是欧洲第一个成功开发的AFP-CMC制造项目,为CMC的广泛应用提供了更大的可能性。

图 3-23 陶瓷基复合材料自动纤维铺设装置

3. 数字化/智能化制造

(1) 叶片 TU 自动化生产为实现智能工厂奠定基础

2022 年 3 月,德国 MTU 航空发动机公司开发了一条叶片自动化生产线,可长达 66 h 自动运行,为扩大智能工厂项目奠定了基础。机器人将毛坯放入夹紧装置中,再安装到 5 台自动线机床中的一台,进行全自动化钻孔、铣削、磨削和测量,当机床工作时,机器人已经开始为下一个零件和工具做准备。实现转子叶片、导向器叶片和结构件的连续加工是传统工厂向智能工厂转型的重要标志。通过控制系统可以实现 5 台机床并行作业,灵活工作,最重要的是,在没有人为干预的情况下,可以连续几天自主生产,而且只占过去传统生产所需空间的 1/3。

(2) 普惠公司建造全自动化涡轮叶片制造厂

2022 年 6 月,普惠公司在北卡罗来纳州阿什维尔建造涡轮叶片制造厂——格林菲尔德工厂,面积 11 万平方米,拥有自动化、数字孪生、3D 打印、预测分析和其他先进技术,该工厂被誉为工业 4.0 的缩影。

在该工厂对所有产品进行 3D 建模及 3D 表征,以便在制造过程中使用数字化集成技术。技术人员采用此前收购的 Mikro Systems 公司核心制造技术来铸造单晶涡轮叶片,并将在该工厂进行加工、钻孔、涂层喷涂和检查等其他工序。过去所有工序需要辗转 8 个地方,现在无需再周转。到 2027 年,普惠公司还将在阿什维尔制造基地投资 6.5 亿美元。

(3) 普惠公司推进工业 4.0 战略

2022 年 7 月,为了追求制造和装配优势,普惠公司推进工业 4.0 战略,对其运营业务进行转型和现代化改进。利用物联网数字通信技术,以及自动化、机器人、虚拟现实和单机全自动无人加工等先进制造技术,创建完全集成的智能制造环境。

在业务运营方面,采用雷神公司的 CORE 运营系统,内置工业 4.0 功能,提供通用语言、工具集和方法来履行客户承诺。该系统还可以产生大量数据,将其转化为可用的信息,为运营提供支持。

在生产方式上,普惠公司在整个生产过程中引入高度自动化的解决方案,以提高安全性、质量、生产效率和降低成本。利用数字化方法协调“制造 4M”(材料、方法、机器和人)要素。

通过整合这些解决方案，创造了一种可扩展的标准方法，并在满足客户需求方面开创了新的速度和效率水准。

在物联网方面，普惠公司连接了超过40%的机器，并计划到2024年连接企业范围内100%的原始设备制造商机器和75%的售后市场机器。在此期间和之后采购的所有新机器将自动加入到已连接的系统中。

(4) 首个用于涡轮零件增材修复的全自动工作单元问世

2022年9月，美国金属增材制造解决方案领导者Optomec公司与Acme制造(Acme Manufacturing)公司合作，展示了业界首个用于涡轮零件增材修复的全自动工作单元(见图3-24)，这是两家公司为期两年的合作成果：Optomec CS-250五轴激光熔融机用于在可控氩气下，利用已有专利权的LENS定向能量沉积、AutoCLAD先进视觉和自适应工具路径技术，为钛压气机叶片生产提供高质量、高成材率的精密焊接；Acme Manufacturing MRO叶尖修复机可以配置叶片尖端研磨、焊缝融合和抛光等功能。这一工作单元可以满足商业界和美国国防部维修中心各种苛刻的维修要求。该自动化工作单元每年可修复85 000片钛合金压气机叶片，与传统数控机床和手工TIG焊接相比，具有较高的投资回报率，可实现工业4.0战略和数字线程概念。其中涉及的技术已商业化，并得到世界各地民航局的认证。入门级工作单元由三个工作站组成，可实现叶尖磨削、3D增材激光熔融和熔融后精加工。单元中还包括一个自动托盘装卸站、一个独特的托盘翻转站和一个机器人材料处理系统。工作单元中的每台机器都能够自动调整刀具路径，以适应在使用过程中由于正常磨损和变形而导致的叶片变化。

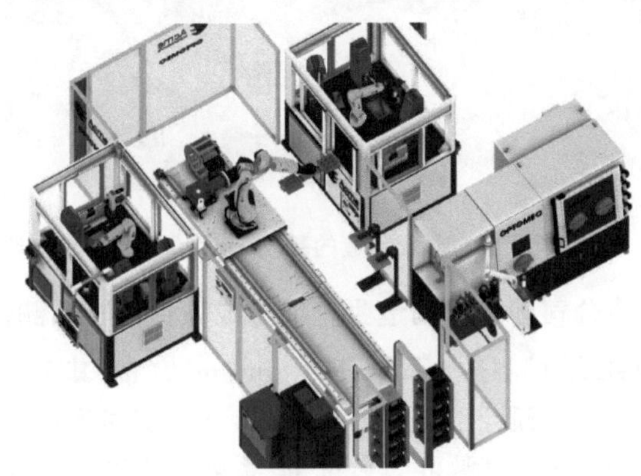

图3-24 Acme公司交付的叶片维修系统示意图(含Optomec CS250 TBR大气控制5轴系统)

(5) UEC完成“智慧车间”数字化平台应用的第二阶段

2022年11月，俄罗斯联合发动机制造集团下属的土星科研生产联合体完成了“智慧车间”数字化平台应用的第二阶段，之后将转入“智慧车间”数字平台第三阶段，即验证和测试阶段。

在数字化平台应用的第二阶段，9台冶金设备实现了自动化控制，建立了60个自动化工作区，包括使用单机工作的“涡轮叶片”优良制造中心车间、使用计算机信息处理系统的生产终端和整体铸造中心，这些区域生成的企业数据都将进入“智慧车间”平台。该平台采用不同渠道来源数据，包括“数字化生产”和“冶金设备”自动采集的数据。目前，该平台正在构建和测试技术结构方案，编制用户和管理者使用指南。使用的系统可用于评估生产环节的效能指标，确定管理方案。该项目得到了俄罗斯信息技术发展基金会的资金支持。

3.2.2 设施设备

(1) 印度自行研发国产 DED 金属 3D 打印机

2022 年 6 月,印度理工学院(IIT)开发出一种新的定向沉积(DED)金属 3D 打印系统,除激光器和德国库卡机器人公司制造的机械臂外,该系统的其他部件均为印度本土制造,见图 3-25。这款印度国产 3D 打印机适用于航空航天、国防等多工程领域,主要设计用于激光熔融以及维护、维修应用,它还具有现场监测技术,可以在打印过程中不断监测熔池温度和包层厚度。由于该系统可在印度国内采购所有材料,因此这台设备的总成本可以降低 30%~50%。虽然印度已经生产出其他金属 3D 打印机,但这是首台以几乎完全依赖国内供应链为目标设计的 3D 打印机。

图 3-25 印度 IIT 本土制造的基于 DED 的金属 3D 打印机

(2) 美国 GE 增材制造公司新增材制造生产线完成项目培育和测试

2022 年 10 月,美国 GE 增材制造公司(GE Additive)宣布,其金属黏结剂喷射系列 3D 打印机的生产线(Binder Jet Line)预计于 2023 年下半年开始交付产品,该系统经历为期四年的项目培育、合作和试验,即将正式应用,可为大批量、系列化生产提供保障。GE Additive 公司黏合剂喷射系列 3D 增材制造设备见图 3-26。GE Additive 公司的目标是建立一个现代化、模块化的工业增材制造系统,可由增材制造用户自主开发,以在成本、规模和安全具备优势的情况下提供高质量零件。该公司看到了增材制造的价值,将重要部件一体化提高了发动机的性能,简化了供应链,从而进一步缩短交货时间并减少库存。在规模方面,该系统与其他增材制造方式相比,打印速度最高可达 100 倍。而且 GE Additive 公司计划最终部署 100 多台机器,以提升可批量生产的工艺质量。在安全方面,Binder Jet Line 可在不需要危险分区的情况下进行操作,并且在设计上尽量减少操作人员与系统和金属粉末的接触。设备将通过美国国外保险商试验所(UL)认证和欧盟国家安全性(CE)认证,同时还拥有 100%的惰性气体密封环境,以及实时机载安全监控系统,可对设备情况更好地进行管控。在成本效益方面,GE Additive 公司通过回收未使用粉末及使用相对便宜的材料,可减少原材料费用支出。同时,用户可充分利用整体包络结构特点,减少支撑结构数量,从而降低材料使用成本。

图3-26 GE Additive 黏合剂喷射系列3D增材制造设备

(3)英国GKN集团收购瑞典公司以巩固其发动机制造领域领先地位

增材制造技术发展需要三种核心能力:产品知识、工艺控制和系统设计。吉凯恩航空航天公司(GKN)为巩固其发动机增材制造的行业领先地位,2022年10月完成对瑞典Permanova Lasersystem AB公司的收购。Permanova是先进激光技术与单元集成的领导者,GKN在复杂发动机部件的激光金属沉积方面处于世界领先地位,目前其增材制造部件已用于多个平台。双方此次合作是可持续发展历程中一个重要的里程碑,与传统制造技术相比,增材制造可减少80%的材料与能源使用。此次收购使GKN对系统设计元素有了战略控制,使其在上述三个领域都有深厚的专业基础,并帮助GKN加速增材制造板块的规模化部署,实现产业化发展,从而增加GKN在现有和未来的发动机平台上的市场份额。此外,本次战略性收购还简化了GKN的供应链,因为Permanova是GKN在欧洲激光金属沉积系统的现有供应商。

(4)涡轮叶片的经济可承受性3D打印生产线

2022年11月,由德国弗劳恩霍夫激光技术研究所(ILT)牵头开展的"数字工程和增材制造工业化"(IDEA)项目,建成了两条自动化、模块化的增材制造生产线,包括项目联盟在西门子能源燃气轮机工厂开发的一条大型工业试验生产线和德国Toolcraft公司开发的一条面向中小企业的生产线(其生产车间见图3-27)。这两条用于金属3D打印的生产线功能优异,可生产性能优异的高端部件(如燃气轮机)。

图3-27 Toolcraft 增材制造生产车间

IDEA 项目的跨学科团队汇集了涡轮机械、数字化、自动化、飞机技术、后处理、激光和 3D 打印技术等领域的专家。事实证明,这种组合是项目成功的关键因素。在 IDEA 中,合作伙伴特别关注粉末状态的基于规则的监控、多激光机的稳健过程鉴定及自动化过程监控解决方案的进一步开发。例如,来自亚琛的 Fraunhofer ILT 公司为激光粉末床熔融(LPBF)技术开发了一种带有脉冲激光辐射的过程控制系统,该系统可以提高细节分辨率并减小形状偏差。同时减少了后处理所需的工作量,并使制造复杂的几何形状成为可能。此外,Fraunhofer ILT 公司还开发并评估了一种新型成像监测系统。高分辨率立体相机可以检测过程不稳定性,例如组件变形或粉末床缺陷等。由于摄像系统安装在涂布机上,理论上也可以对现有机器进行改装。Fraunhofer ILT 公司与另一个合作伙伴 Jenoptik 合作,展示了基于人工智能的测量数据评估过程。据介绍,在涡轮导向叶片增材制造的生产线上使用数字化技术能够使从设计到成品的研制和生产周期缩短约 50%,并且能够实现更高的工艺稳定性和质量可靠性。这两条生产线展示了增材制造作为一种工业生产技术的成熟度,为原始设备制造商和中小型企业实现增材制造工业化的经济可承受性起到示范作用。

3.3 试验测试

本节主要介绍 2022 年度航空发动机新型试验测试技术、新建和改造试验设施设备方面的最新进展。

3.3.1 新型试验测试技术

1. 摩擦副状态监测

2021 年,俄罗斯联合发动机制造集团旗下航空发动机股份公司基于单段导线和单股电流电路敏感元件单匝涡流传感器研发了动力装置摩擦副状态机载监控系统,相应学术研究成果被收入 2021 年召开的国际航空发动机学术研讨会(ICAM 2020)会议报告。2022 年,航空发动机股份公司对该技术进一步研究,形成了更多研究成果。

航空发动机股份公司开发的这种摩擦副状态监测系统,不仅可及时检测轴承损伤和揭示发动机故障前状态,还可评估摩擦副在当前每个时刻的剩余寿命。

该方法基于单匝涡流传感器及其组群布局,可保证燃气涡轮发动机在实际工况下可靠运行。基于几组单匝涡流传感器,该公司采用组群法测量发动机结构件径向位移和轴向位移,确定径向止推轴承的径向轴位移。图 3-28 为由两个单匝涡流传感器组成的一个群组的布局方案。

动力装置摩擦副状态机载监控系统分两个子系统:金属屑监控子系统和轴向位移测量子系统。两个子系统均有相同的功能模块,但电路形式不同。系统中传感器结构简单,其技术方案可确保转换器在发动机各工况下具有较高性能。

2. 叶尖非接触测振

与传统接触式测量方法相比,叶尖非接触测振技术具有实时性强、精度高、适用于高转速等优点，因此广受国内外发动机制造商的关注，多国陆续将其列入计划加以开发研究。

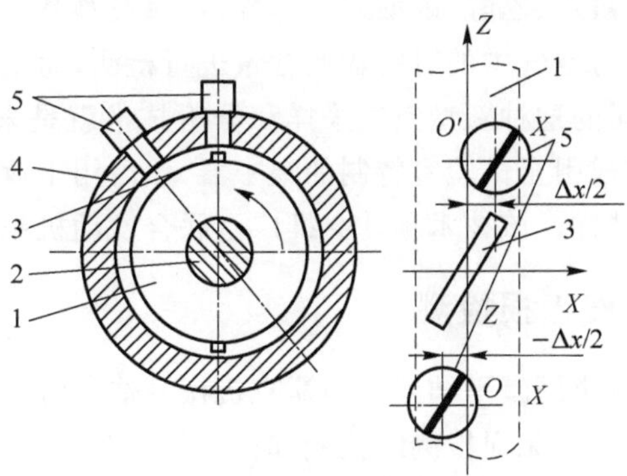

图 3-28　发动机静子上测量轴向轴位移的单匝涡流传感器的布局

2022 年 6 月，英国曼彻斯特大学 Mohamed Elsayed 等开展了航空发动机压气机叶片叶尖非接触测试研究。

该研究工作采用 BTT 系统，并由四个主要阶段组成(见图 3-29)。第一阶段包括使用仪器(探针和数据采集系统)测量和获取数据；第二阶段是对收集的数据进行处理，以便计算每个旋转周期中每个探针角度位置处的每个叶片的叶尖位移；第三阶段涉及数据分析，以确定振动参数(振幅、频率和相位)；第四阶段是使用基于 FE 的校准模型将叶尖振动估计值转换为等效应力水平，这些应力值用于规定应力极限并改进整体叶盘的设计。

3. 新型压气机空气采样系统

2022 年 12 月，俄罗斯联合发动机制造集团旗下克里莫夫公司设计和加工了新型压气机空气采样分析系统。该技术将用于动力装置台架试验验证，以分析空气中是否存在有害物质。其试车台控制间如图 3-30 所示。

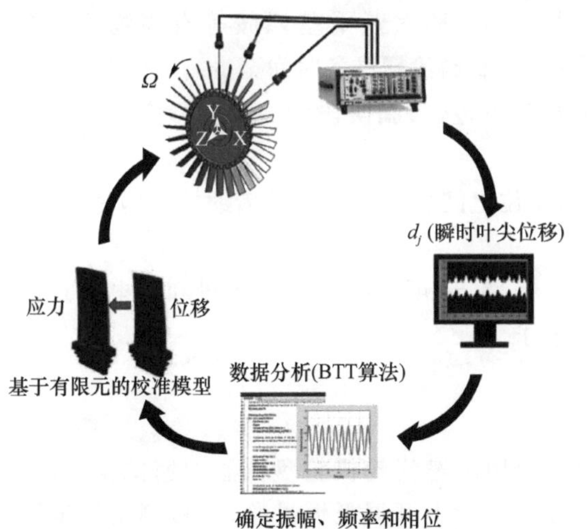

图 3-29　在 BTT 应力测定系统

图 3-30　克里莫夫公司的试车台控制间

飞行器机舱空调系统一般使用的空气来自发动机压气机，其中可能会含有害物质，如航空润滑油蒸汽和气溶胶、燃油蒸汽、乙醛、磷酸三甲苯酯、一氧化碳等，这些有害物质浓度较高时会对人体产生危害，因此需对空气中的有害物质含量进行检测，而采用气相色谱仪法能分析得更快更准。而克里莫夫公司的这种新型空气采样和分析技术就是采用的气相色谱仪法，其主要操作步骤为：先将空气试样引至试验室特制的集中器，然后用工业卫生检测试验室中的气相色谱仪分析所获取的空气试样。该技术预计会推广至联合发动机制造集团所有企业。

4. 自动化水浸和酸浸无损检测

俄罗斯联合发动机制造集团旗下纳罗福明斯克机械制造厂将自动化水浸和酸浸无损检测线应用至产业链，其自动化水浸无损检测线控制如图 3 - 31 所示。采用新检测线至少将减少一半的用水量和用电量，并将提高生产过程的环保性。

图 3 - 31　纳罗福明斯克机械制造厂自动化水浸无损检测线控制

这种配备了一套 ЛЮМ33-ОВ 探伤材料的新型探伤检测线是俄罗斯自主研发的，采用了更绿色环保的材料，从工艺流程中完全清除了丙酮、汽油、环六亚甲基四胺等有害物质。在 100～120 ℃ 温度下的特殊干燥柜中将零件加热可使探伤材料涂覆准备时间至少缩短一半。

该套系统可实现在可选的完全自动化检测的状态下，从去脂阶段到涂覆显影剂阶段的整个工艺循环内完成零件探伤检查。

新的坯件化学酸浸检测线也是完全自动化，而工位之间物料搬运也是借助控制器完成，不用手动搬运。

将老旧检测线更换为新检测线不仅可提高生产效率，还可大幅减少用水量和用电量。整个过滤系统的采用也使生产完全符合现代化环保要求。

5. 轮盘低温加速试验技术

2022 年，俄罗斯中央航空发动机研究院开发并应用了燃气轮机轮盘低温加速试验技术。在俄罗斯中央航空发动机研究院加速试验台(见图 3 - 32)上开展低温试验，可检测出给定转速下 0～180 ℃范围内燃气轮机轮盘的冶金缺陷，包括大型轮盘(直径达 0.9 m、高度达 0.5 m)的冶金缺陷。根据得到的试验结果可确认半成品的材料和加工技术是否适用于生产满足国际标准 ISO 21789 要求的燃气轮机轮盘。

2022 年，俄罗斯中央航空发动机研究院专家已在科学试验中心采用低温加速试验技术对燃气轮机轮盘开展了一系列试验。

3.3.2　设施设备

1. 试验设备

(1) 压气机试验设备

2022 年，比利时建造了如图 3－33 所示的 BeCOVER 压气机试验台，主要用于开发下一代压气机，占地 3 000 m^2，预计 2023 年底投入使用。该设备面向科研公司、研究中心和大学开放，包括赛峰发动机公司在内的注资方向其投资超过 5 000 万欧元。

图 3－32　低温加速试验设备

图 3－33　比利时的 BeCOVER 压气机试验台

BeCOVER 试验台的关键功能是在高海拔条件下进行闭环试验。该设备还能够测试三股气流。通常，压气机有一股或两股气流，但在下一代军用变循环发动机中会有三条流道，会有来自压气机出口三条流道的三股气流需要测试。针对这种新的发动机架构，低压压气机必须以更高的转速运行。试验需要可在 BeCOVER 试验台记录数千个数据输出的仪器，采集的数据将呈现在飞行剖面所有阶段压气机的特征。只有完整的压气机单元体才在该试验台中进行试验。

BeCOVER 试验台能够开展最新的军民用飞机发动机所有类型压气机的试验，还可为大型压气机提供 30 MW 的功率，而其他欧洲类似试验装置的运行功率仅为 16 MW。BeCOVER 试验台为半埋式建筑，旨在追求更加环保的特性，以最大化减少噪声污染，其还可收集雨水并将其用于冷却和其他目的。

BeCOVER 试验台的第一个试验项目将于 2024 年初进行。

(2) 氢发动机试验台

近年来，在以打造清洁高效航空动力燃料为趋势的背景下，氢能燃料相比航空煤油、可持续航空燃料、常规电池凸显出的优势受到广泛关注，引发行业企业在该领域开展大额投资和探索研究。2022 年 7 月，罗罗公司宣布已投资约 1 000 万欧元在其奥格斯堡工厂建造首个室内 MTU 氢发动机试验台。

罗罗公司曾在 2021 年宣布，作为其“动力系统净零排放”可持续发展计划的一部分，公司将重新调整其产品组合,以便到2030年可持续燃料的使用和新的MTU技术可实现比2019年减少35%温室气体排放的目标。公司现在已经成功运行MTU燃料电池系统,发布了采用加氢处理植物油(HVO)等可持续燃料的发电机组,并正在开发生产绿色氢能的电解槽。MTU燃气涡轮发动机组正在为氢燃料做准备,以实现碳中和的能源供应。

罗罗公司的奥格斯堡工厂主要从事生物燃料发动机和氢发动机的研制和试验,以及燃气轮机热力系统的建造和维护。将其提供给热电联产电厂以供发电和供热,或应用到其他领域。

(3) 轴承试验台

罗罗公司UltraFan发动机是一型齿轮传动涡扇发动机,重大创新是位于风扇和压气机之间的齿轮箱。轴承是齿轮箱的关键部件,验证其在齿轮箱50 MW的峰值输出下能否正常运行至关重要。

据报道,罗罗公司针对超扇发动机(UltraFan)项目,通过丹麦R&D测试系统公司定制设计了能够模拟极端工作环境条件的高精度轴承试验台,见图3-34,验证机见图3-35。

图3-34 定制设计的罗罗超扇发动机轴承试验台

图3-35 UltraFan发动机验证机

超扇发动机轴承试验台采用紧凑、灵活的模块化设计(见图3-36),可快速安装待测部件,配备多个高精度测量装置。试验台安装了多个传感器,监测轴承各个参数,可测量多达350个数据点。该轴承试验台除了配备近程、负载、倾斜和温度传感器外,还专门设计了一个液压系统,进行精确加载。

该轴承试验台可对转速高于5 000 r/min、扭矩水平高于1 500 N·m的传动链进行试验,可在一两天内完成拆卸和改装。试验台配备润滑装置,可利用污染物进行环境试验;此外,配套的试验管理系统能够进行事件监控和自动故障处理,可降低操作员参与率,节约时间,提高测试速度和准确性。

罗罗公司将采用新轴承试验台在正常和极端工作条件下开展轴承性能试验。同时,罗罗公司还会收集大量高精度数据,用于后续分析和存档,加快研制过程的迭代。试验台将成为轴承研制过程中的重要设施。

(4) 振动试验台

振动是航空发动机工程技术领域中普遍存在的现象,设备故障及零件损坏大多与振动有关。在零件交付使用之前,为确保零件正常工作,通常会用试验的方式对零件进行各种工况的模拟与分析。振动试验台提供试验件所需的振动环境,对不同试验件进行振动试验,通过试验分析找出被测件的薄弱环节,进而找出试验件产生问题的原因,由此提出有效的改进方法。因而，设计出精度高、实用性强的振动试验台具有重要意义。

(a) 轴承试验台核心部件

(b) 试验台外轴承支撑结构

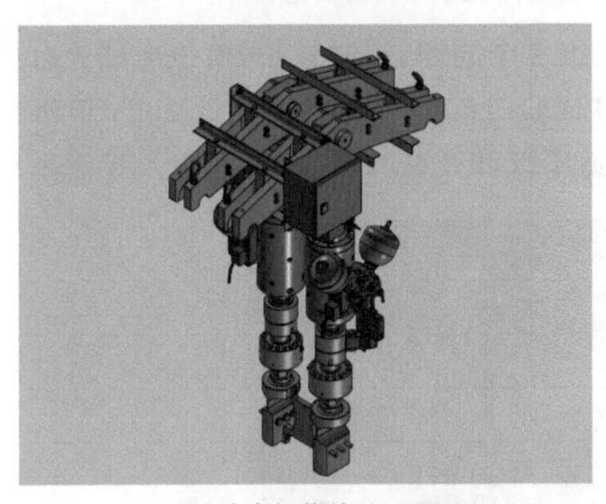

(c) 试验台加载单元原理图

(d) 试验台对350个数据点进行测量

图 3-36　超扇发动机轴承试验台

2022 年，俄罗斯中央航空发动机研究院针对新型零件振动试验台开展了启动调试和鉴定。该试验台如图 3-37 所示，可以测试任意尺寸的金属合金和聚合物基复合材料航空发动机风扇工作叶片，以及其他重达 1 t 的全尺寸零件。该试验台具有独特的结构、较高的弹射力(正弦作用下高达 70 000 N)和宽广的频率范围(从 5～2 000 Hz)，可对具有极大重量和外廓尺寸的试验件进行试验。试验台水平方向设置了一个延伸台，有利于简化试验工艺装备和在试验中使用现代化的激光测试设备及其他光学测量系统。未来，俄罗斯中央航空发动机研究院还计划为该试验台再配备一个气候舱，以便在更宽广的温度范围内开展试验。

(5) 涡轮泵附件试验台

2022 年 10 月，俄罗斯联合发动机制造集团旗下莫斯科礼炮生产综合体设计开发的新型涡轮泵附件试验台在联合发动机制造集团旗下“地平线”机械制造设计局投入使用，试验台控制室如图 3-38 所示。

该试验台具备如下特点：

① 可模拟附件在真实条件下工作；

② 完全自动化，配装俄罗斯国产软件；

③ 附件控制系统按数字化记录运行，可全天候开展试验；

④ 采用空气冷却系统，可保证附件在所需温度范围内工作。

图 3－37　俄罗斯中央航空发动机研究院零件振动试验台

一般附件试验的特点是必须就同类试验开展很多个周期，耗时较长，而该新试验台预计只需在 20 天内就可完成多个周期的试验，几乎可将试验时间缩短一半。预计 2023 年将针对大功率涡轮泵附件的特点对该试验台进行改造，改造不仅涉及试验台本身，还涉及控制系统。

图 3－38　礼炮生产综合体设计师开发的新型试验台控制室

2. 基础设施

(1) 航空螺旋桨活塞发动机试验综合体

2022 年，俄罗斯中央航空发动机研究院新的螺旋桨活塞发动机试车台投入使用(见图 3－39)。该试车台是试验综合体的一部分，试验综合体不仅可测量发动机所有必要参数(扭矩、转速、燃油流量等)，还可评估发动机的可操作性，获取螺旋桨活塞发动机组的必要工作性能。

新的螺旋桨活塞发动机试车台由两个房间组成：一个房间放置控制台、自动化信息测量系统、试验用发动机准备区；另一个房间放置研究对象和工艺系统。该试车台可试验功率达 650 hp (1 hp＝0.746 kW)的航空活塞发动机，并可深入研究带整流罩和螺旋桨的轻型飞行器动力装置在接近飞机真实布局条件下的运行情况。2022 年，该试车台已用于“特技”飞机发动机 APD-A 验证机在雅克-52 飞行平台的试验。

图 3-39　俄罗斯中央航空发动机研究院新的螺旋桨活塞发动机试车台

随着该试车台的投入使用,俄罗斯中央航空发动机研究院试验基地的航空活塞发动机试验能力得到进一步拓展。预计在 2023 年对该试车台进行标定。

该试车台所属试验综合体属于俄联邦航空运输署委托开展鉴定试验的试验室。截至 2023 年 1 月,试验综合体的试验日程已经排到了 2024 年。

(2) 发动机通用试验站

2022 年,UEC-乌法发动机生产联合体开始建造未来航空发动机通用试验站。对不同类型动力装置快速改装试车台,试验站可缩短试验时间。如图 3-40 所示,该试验站正在开展燃气涡轮发动机试验。

图 3-40　乌法发动机生产联合体正在开展燃气涡轮发动机试验

试验站的设计考虑了先进技术流程的应用,可确保未来 50 年发动机的试验能力。该试验站能够在不关停现行试验的情况下,针对不同发动机快速改装试验间,不仅大幅降低了试验成本,还大幅减少了维持台架系统运行的费用。因此,该项目的实施将促进 UEC-乌法发动机生产联合体试验基地的能力优化。通过启动三个新型通用试车台的建设,企业可减少针对具体发动机试验修建的试车台的总数。

2022 年,该试验站的设计预算文件和工程文件已起草就绪,并已通过国家鉴定,正在准备试验站大楼用地,试验设备设计文件也已编制完成。预计新试验站将于 2025 年投入使用。

(3) 数字化试验场

俄罗斯联合发动机制造集团旗下土星公司建造了一个用来验证创新生产技术的试验场,助力全新生产组织模式转型。试验场建设项目专项资金约70亿卢布。该试验场的基础是土星公司与雷宾斯克航空技术大学、雅罗斯拉夫技术大学联合建立的数字化技术试验室(见图3-41)。数字化技术试验室建设的目的是推广和鉴定数字化技术,发挥企业专家和高校学生在数字化技术领域的业务专长,将数字化技术贯彻至生产过程以进一步发展和提高生产效率。

2022年,数字化试验场开展的主要工作内容有:

① 利用数字化试验场发展了新技术方案的开发和应用环境,截至2022年11月,已实施9个有关工业物联网、虚拟现实、维护工具、神经网络技术、人工智能技术的项目;

② 鉴定了端到端工业数字化技术主要方向的解决方案,开展了技术和专家的“数字化协调”练习,借助RPA程序机器人技术、产品质量检测机器视觉技术和VI分析工具等优化了商业过程;

③ 针对虚拟增强现实(VR)技术项目开展了研究。研究内容包含将VR技术用于土星公司在消防安全、劳动保护、工业安全方面培训员工和以D-30批次发动机部件装配为例培训装配生产工人用的教学模块开发等。图3-42所示为虚拟现实眼罩在教学模块中的应用。

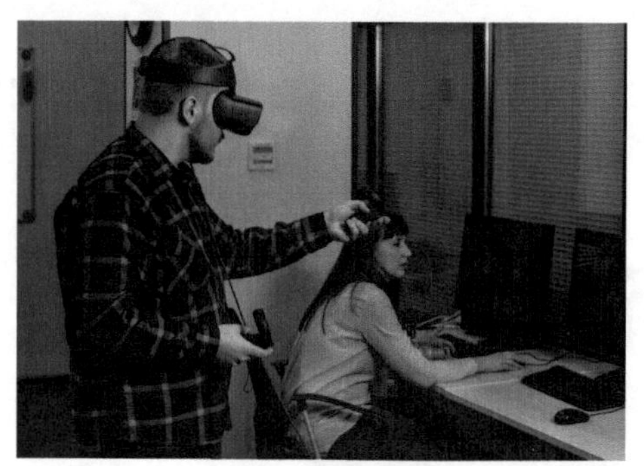

图3-41 土星公司数字化技术试验室内部

图3-42 虚拟现实眼罩在土星教学模块中的应用

目前,联合发动机制造集团在工业模式转型框架下,在工业物联网、虚拟现实、服务工具、神经网络、人工智能等方向开展项目研究。

可以看出,2022年,国外多家航空发动机科研机构及企业均在试验测试技术领域积极投资并加以开发研究,技术和设备开发更趋于追求在线即时性、高速、自动化、高精度、高智能和高效环保,重视同一设备的多功能开发,以及试验和测试参数范围的不断拓宽。同时,多国在航空发展新形势下,有针对性地加强前沿新概念动力试验设施的建设、数字化技术的测试验证,积极为未来先进动力研发建立试验测试技术储备。

3.4 维护保障

航空发动机维护保障是对航空发动机进行维护和修理的简称。维护是指为保持航空发动机良好工作状态所作的一切工作,包括飞行前检查、飞行后检查、清洗、擦拭、检查调校,以及补充燃油、滑油等消耗品。修理是指为恢复航空发动机良好工作状态所作的一切工作，包括发现故障、判断故障、排除故障和排除故障后的地面试验和飞行试验，以及发动机大修等。保障业务包含技术资料、用户培训、工程技术服务、维修、航材/备件支援、客户支援、装备数据管理等几个业务域，其中装备数据管理作为其余几个业务域的支撑。对于发动机的维护主要包括对航空发动机热端部件与冷端部件的定期检修，发动机的维修还包括战场抢修，就是将部分需要送相应工厂进行的维修工作前移至部队开展。

2022 年，世界各国对于发动机的维护保障技术持续关注，积极研究新的技术，进展主要集中在涂层修复、增材制造修复、数字化维修、在翼维修等方面，为发动机持续耐久使用提供了保障。

3.4.1　涂层修复与喷涂技术

(1) 涂层去除技术

2022 年 8 月 31 日，华能国际电力股份有限公司申请了“一种透平叶片热障涂层真空电弧去除方法”的专利（专利号：CN115233155 A）。该发明公开了一种透平叶片热障涂层的去除方法，用于对结构复杂的燃气轮机透平叶片热障涂层进行真空电弧去除处理，包括：①将待处理透平叶片安装在真空电弧炉内的叶片夹具上，透平叶片作为阴极真空电弧蒸发源；②将涂层回收器置于阴极与阳极之间；③在阴极与阳极间施加电场，加热阴极透平叶片，使透平叶片表面热障涂层气化或汽化，转化为等离子束流并朝涂层回收器表面定向加速运动，并在其表面凝聚。采用该发明提供的方法，能够对透平叶片热障涂层进行多次去除而不影响基体的力学性能，延长了透平叶片的使用寿命。

(2) 低温气动喷涂技术

2022 年，中国航发南方工业有限公司发明了一种航空发动机高温合金上高温防护涂层的加工方法：首先对基体表面进行打磨和抛光，然后采用冷喷涂喷枪对基体进行预热处理；再通过冷喷涂喷枪使用氦气作为载气在基体表面冷喷涂至少一层 MCrAlY，以形成 MCrAlY 打底涂层；之后再通过冷喷涂喷枪使用氮气作为载气在基体表面冷喷涂多层 MCrAlY；最后通过对基体表面的 MCrAlY 打底涂层及 MCrAlY 外表面涂层进行真空热处理。该方案通过依次采用氦气和氮气作为载气喷涂 MCrAlY，依次在基体表面形成 MCrAlY 打底涂层和 MCrAlY 外表面涂层，以同时保证 MCrAlY 涂层与基体的高结合强度，以及 MCrAlY 涂层的表面高温硬度和耐磨性低于对偶件的表面高温硬度和耐磨性，并提高基体的性能和使用寿命，满足实际应用过程中的使用需求。

3.4.2　增材制造修复技术

增材制造（3D 打印）技术被认为是制造技术的一次革命性突破。与传统制造技术相比，增材制造技术在航空装备领域因能够实现复杂零件的无模具快速成形，加工余量小，材料利用率高等特点而具有广泛的应用前景，在发动机零部件修复方面也因其便捷快速的特点得到关注。

2022 年 3 月，GE 公司在新加坡的 Loyang 工厂已获批成为世界上首个可使用金属增材制造技术进行商用喷气式发动机部件维护、维修与大修(MRO)的工厂。

在MRO方面,GE公司已经开始使用3D打印技术来修复CF6发动机的部件。在维修旧零件时,由于每个零件在使用过程中磨损程度不同,因此必须针对具体零件进行定制,这一需求可以通过3D打印实现。使用GE公司的Concept Laser M2打印机可以将这些发动机零部件的维修时间缩短一半,并且可维修更加复杂的零部件。GE公司将3D打印技术应用于MRO的一个例子是修理高压压气机叶片。由于高压压气机叶片需要在发动机内的细小间隙高速运行,会经常磨损,需要长期不断地修复和更换。为了提高高压压气机叶片尖端维修的效率,GE公司开发了一种自动化3D打印工艺,其在人工和机械加工方面节省了时间和成本。这一过程利用了一种图像分析软件,可以绘制出使用过的叶片形状,使用Concept Laser M2打印机可以制作新的叶片,其不仅提高了生产效率,后期处理所需的设备也较少,所需的占地面积减少了三分之一。除此之外,GE航空公司目前正在评估涡轮和压气机以外的其他部件。公司下一个目标是将该技术用于维修CFM56发动机的零部件。

2021年,Loyang工厂团队已配备好完整的高压压气机叶片维修生产线,在进行广泛的技术试验以确保零件的质量和安全之前,团队对修复过程进行了微调并设计了工具,以便高效地准备和打印零件。而GE公司团队建立了一个强大的质量保证流程,以确保增材MRO流程能够被批准用于最终部件的生产。

3.4.3 数字化维修技术

在数字化时代,发动机数字化维修技术的研发与应用也提上日程,它可以缩短维修周期,降低维修成本,但其预测性不能有针对性的排故,降低了维修效率。

(1) GE公司的数字化维修技术

2022年2月,GE航空公司与新加坡ST工程公司签署协议,为ST工程公司在新加坡和中国厦门的CFM56发动机大修工厂提供发动机性能试验服务。ST工程公司是为GE公司提供发动机性能试验服务的首批客户之一。Test Cell Advisor是由GE公司工程师开发的一项新的数据分析服务,已在GE公司旗下的CFM56发动机大修工厂中应用,为MRO工厂提供发动机恢复使用试验的性能分析服务。MRO工厂的技术人员可借此评估发动机是否达到了预期的最佳运行状态,以及是否需要采取措施来提高发动机性能。Test Cell Advisor的数据分析可以评估数百种发动机的性能指标,包括振动、燃气排气温度、燃油流量、推力、核心机转速等。数字技术和大数据分析是未来的发展方向,可以让运营商的维修服务更高效、更经济。Test Cell Advisor的实施是GE公司整合智能技术的众多方式之一,GE公司希望通过使用Test Cell Advisor为其客户增加价值。

(2) 普惠公司的数字化维修技术

2022年9月,普惠公司与新加坡经济发展局合作,在新加坡建立一个航空发动机MRO技术加速器,用于开发新技术,并应用于普惠公司在全球的航空发动机维护、维修及大修工厂。普惠公司预计项目的总价值至少为3100万新元(2200万美元),项目专注于自动化、先进检测、互连工厂和数字孪生等领域,有助于提高其MRO运营的连接性和智能化。

3.4.4 在翼维修技术

由于航空发动机内部结构复杂，人工维修发动机内部零件较为困难，需要将发动机从机翼上拆下，导致维护周期长、成本高，因此提出了在翼维修技术。对于在翼维修的市场需求，发动机制造商和维修企业持不同的观点。根据经验，由于鸟撞、碎片或者机场车辆的碰撞，发动机的风扇和压气机会是最先需要修理的部位，因此，在翼维修通常用于解决发动机服役时所遇到的问题，对于热端部件的高技术修理通常是在分解为单元体后进行，目前使用的是机器人维修，但更小尺寸的部件很难维修，空间受限、运动性也不是很灵活，工作也很烦琐。

(1) GE公司的在翼维修技术

2022年12月，GE公司在建新的服务技术加速中心(STAC)，致力于加速世界各地航空服务工厂的维护、维修和大修。STAC工厂面积达7 900 m^2，致力于开发发动机服务技术和工作流程。在将新技术推广使用之前，STAC团队会对技术的成熟度进行验证，从而加快新维修产品进入市场的速度。GE公司向全球范围提供航空发动机的在翼支持、维修、所用材料和大修服务。GE公司已开发了较成熟的技术，包括：

① GE360泡沫清洗：将一种专有的泡沫清洁剂注入商用喷气发动机，以清除发动机运行过程中产生的灰尘和污垢颗粒。泡沫到达发动机内的目标区域进行清洁，有助于恢复发动机性能，提高燃油效率。

② 人工智能白光检测：GE公司新加坡工厂大约90%的CFM56发动机叶片荧光渗透检测都是由AI驱动的机器人系统完成的。该系统从数以千计的涡轮叶片中获取数据，制定一套统一的技术标准，该标准能将主观性操作排除在检查之外。

③ 叶片检查工具(BIT)：OC Robotics的BIT技术可以应用于在翼发动机，通过尖端AI技术提取发动机内部图像，并以清晰便捷的格式呈现，为客户提供更清晰、一致的飞机发动机检查服务。BIT支持对发动机表面进行线性测量或面积测量，使用户能够对硬件状况做出准确评估，并最终确定发动机需要进行维护的部件。

(2) 普惠公司的在翼维修技术

2022年8月，普惠公司航线维护服务团队(LMS)在不到一周的时间内完成本来需要一个月的典型风扇机匣维修工作，缩短了周转时间，降低了成本，获得更多的飞行时间，最终帮助客户创收。因为有了飞行过程中获取的数据，普惠公司的Engine Wise分析专家通常能够提前预防发动机故障的发生。但有些事故，如鸟撞或外来物碎片对风扇机匣热适应内衬的损坏，是不可预测的。热适应内衬是发动机上最暴露的部件之一，拆卸和更换内衬避免了更换整个风扇机匣，这可以为客户节省50多万美元。普惠公司LMS团队最近为PW1100发动机引入了这种维修能力。普惠公司的工程师与LMS团队、风扇机匣供应商日本航空发动机公司和MTU公司合作开发了在翼维修工艺，这种新的维修服务为客户提供了一个获得快速支持的机会。LMS持续致力于研究新的在翼维修方法，以支持客户和MRO网络。

3.5 控制技术

随着航空动力技术进入一个新的发展时代,控制技术也在与时俱进,积极开展各种升级、改进工作,从而保证航空发动机的长远发展。2022 年,航空发动机控制技术在电气化飞机推进系统控制、分布式控制、智能控制等技术领域取得了明显进展。

3.5.1 电力推进系统控制技术

推进系统电气化是实现航空业节能减排、降低噪声的最佳途径。为了使电气化推进系统的效率最大化,美国和欧洲地区的一些国家开展了针对控制系统及其架构的设计和分析工作。在美国,由 NASA 主导开展了电气化飞机系统级推进控制方案的研究,并于 2021 年提出了针对 STARC-ABL 部分涡轮电推进、SUGAR Volt 并联混合电推进、N3-X 分布式涡轮电推进、X-57Maxwell 全电推进、PEGASUS 并联混合电推进、ECO-150 分布式电推进、横列式直升机混合电推进、倾转旋翼涡轮电推进、升力-巡航垂直起降飞机涡轮电推进 9 种构型的全电推进系统控制方案、混合电推进系统控制方案和涡轮电推进系统级控制方案。各方案均采用了分散控制的方式,即各下属子系统控制器都有专门的本地控制器并且能够独立于其他子系统控制器运行。该控制方式降低了故障风险,但复杂度更高,子系统之间的控制匹配和响应速度是主要难点。毋庸置疑的是,飞机推进系统的电气化为系统级控制设计提供了多种可能,也为革新燃气涡轮发动机设计和控制提供了可能。

在欧洲,2022 年 12 月,据 FADEC Alliance 公司报道,FADEC 联盟将为 CFM 国际公司可持续发动机革命性创新(RISE)验证发动机项目设计和开发电子控制系统架构。RISE 发动机项目重点是研发一系列先进技术,包括开式风扇架构、混合电动技术、电气化发动机附件和氢推进系统,计划 21 世纪 30 年代中期投入使用。FADEC 联盟将通过两个阶段为验证机开发电子控制系统架构及多个子系统,其中第一阶段将专注于扩展控制系统,以适应与开式风扇概念相关的新接口;第二阶段将研究发动机先进系统的关键技术。开发工作将在 BAE 系统公司位于纽约恩迪科特的基地和赛峰集团位于法国马西市的基地进行。

3.5.2 分布式控制技术

继 20 世纪 80 年代中期全权限发动机数字控制技术兴起之后,发动机分布式控制技术成为涡轮发动机控制技术领域出现的又一个革命性进步,标志着控制技术的跨越式发展。分布式控制系统由 FADEC(全权限发动机数字控制器)和多个智能装置组成,中央处理器和各智能传感器、智能执行机构组成了一个局域网。中央处理器与智能传感器、智能执行机构之间通过数据总线进行通信,而不是集中式 FADEC 系统中的中央处理器与执行机构之间的点对点连接。其目标是超越物理限制,实现集耐高温电子器件、通用网络接口、硬件级模块化系统等技术于一身。

2022 年 1 月初,在 AIAA SCITECH 论坛上,来自美国佐治亚理工学院、Control X 公司和美国空军研究实验室(AFRL)的研究人员共同提出了一种针对分布式控制系统开发的硬件在回路(HIL)仿真测试台，详细介绍了测试台的开发过程，以及开展的相关试验。测试台采用了NASA格林研究中心的AGTF30发动机模型和软件在回路(SIL)仿真作为基线，并进行了比较分析，结果显示传感器读数会出现白噪声、噪声倍增与累加、读数延迟、数据丢包的问题，而执行机构会出现响应延迟的问题。研究人员针对上述问题进一步发展了HIL系统的容错能力，验证了使用备份部件处理失效的方法，以及高温环境对HIL系统的影响。由于分布式控制系统控制架构需要特别注意通信网络方面的问题，这一点在SIL仿真条件下是无法实现的。该测试台的开发有助于对分布式控制架构的深入理解，有利于未来航空工业的发展。

2022年6月22日至2022年7月1日在美国芝加哥举行的AIAA航空论坛上，来自美国ControlX、美国空军研究实验室(AFRL)、罗罗北美公司和洛克希德马丁航空公司的代表共同提出了一种可以降低安全关键飞行控制系统和推进系统中网络攻击和入侵风险的零信任分布式发动机控制(ZT-DEC)策略和架构。零信任概念于2010年由Forrester提出，旨在遵循最小权限控制原则对资源访问实施控制和检测，默认不授予任何访问信任，而是基于访问动作进行动态评估授权，将资源访问限制在一定范围内。其相较于以往方案可以实现多设备、复杂网络环境下的系统性安全防护。ZT-DEC包含传感器、执行机构、计算单元(硬件)、算法(软件)、通信网络和验证流程等。在设计过程中遵循"非验证不信任"的原则，针对一些危及传感器、执行机构、控制器和阻止控制器接收传感器信号、执行机构接收控制器命令的攻击行为，通过每个分布式部件都附带一个验证模块的方式，降低安全关键飞行控制和推进系统中网络攻击和入侵的风险，以应对网络攻击。

3.5.3 智能控制技术

现代飞机上都安装了全权限数字发动机控制器(FADEC)系统，负责涡轮发动机的推力控制。FADEC控制的本质是将飞行员的动力需求转化为推力杆设置或者功率杆角度，适当调节进入燃烧室的燃油流量，以确保发动机在规定的安全限制范围内安全运行。但是，随着飞机发动机健康状态在使用过程中的逐步下降，发动机在较高温度下运行时会比实际需求消耗更多燃油。目前的发动机控制架构是基于理想工作状态设计的，没有考虑系统降级的情况。发动机逐步降级带来的问题随着使用时间的增加越来越明显，当飞行员必须要手动操作调整油门杆设置补偿降级时，就增加了更多的工作量和心理压力。

2022年，澳大利亚皇家墨尔本理工大学的研究人员提出了一种将发动机智能控制技术与数字孪生技术相结合的参数调整方法，创建了一种发动机性能降级缓解控制(EPDMC)架构以加强现有FADEC架构对于推力的控制。通过智能控制技术执行故障诊断、实时控制，同时利用发动机数字孪生技术根据感应到的工作状态变化变更参数和调整控制输入，例如提高或降低发动机的风扇转速。数字孪生能通过数据融合进行自我更新来跟踪物理孪生状态，这也是数字孪生和计算机模型之间的不同。

智能发动机控制、诊断和管理完全自主安全运行的前提是数字孪生使用的实时模型具有较高的精度和置信度。该方法除了能够减轻飞行员工作负荷，也能发挥智能控制技术在能量管理方面的优势，帮助进行精细化能量管理，降低有害物质排放，最大化燃油效率和提高发动机的剩余可用寿命，甚至当飞机进入超出设计条件的紧急情况时，可改善飞机的可操作性和提高飞行控制水平。据2022年10月美国《航空周刊》网站报道，普惠公司从2018年开始收集单台 F119 发动机的历史使用数据，通过对实际飞行的 TB 级数据分析，创建了 F119 涡扇发动机数字孪生模型。借助该模型不仅完成了对 F119 的数字电子发动机控制系统(DEEC)的软件代码修改和升级，提高了发动机性能，还帮助美国空军在飞机的使用寿命内节约了超 8 亿美元的成本。

2022 年，普惠加拿大公司在新机型 PT6E-66XT 涡桨发动机上首次采用了双通道集成螺旋桨和发动机电子控制系统。控制系统采用的智能技术可根据采集的数据，在每次飞行中各个高度和温度下都能确保精准、连续的评估和处理所有发动机参数及很多飞机参数，精确调整燃油流量和螺旋桨桨叶角度，确保在所有飞行阶段都能提供最佳动力、实现最优效率。PT6E-66XT 通过其数据采集与传输单元进行数字化连接，可在多个平台(包括移动设备)上访问飞行全程的发动机数据。一旦飞机着陆，就可采用无线方式下载发动机数据，使运营商和维护人员能深入了解发动机的性能和健康状况。PT6E-66XT 发动机先进的设计特征和数字化控制能力提高了飞机的出勤率，延长了维护时间间隔，包括将大修间隔时间从 3 500 h 延长至 5 000 h。由于电子控制系统替换掉了一些发动机硬件，因此定期维护工作量总计减少 40%。

第 4 篇

型号产品发展

本篇按照涡扇、涡轴/涡桨、涡喷和活塞四种主要发动机产品类型，对每个型号的基本概况、结构、性能和研制历程，以及 2022 年取得的主要进展进行了分析。

NGAD 战斗机发动机、F-35 战斗机发动机、F-22 战斗机发动机和 B-52 轰炸机发动机的研制或改进都在持续推进。

4.1 涡扇发动机

军用涡扇发动机方面，2022 年，美国 F135 发动机故障频发、交付延迟甚至停止交付，导致 F-35 战斗机大量停飞，美国政府、军方、工业界围绕 F-35 战斗机未来换装或升级发动机的竞争方案，展开了激烈的争论。

① 美国推动"下一代自适应推进"计划，研制美国 NGAD 战斗机自适应循环发动机的原型机，其尺寸和推力与 XA100 不同。

② F-35 战斗机是否换装发动机的讨论甚嚣尘上，一种说法是采用新型自适应循环发动机，另一种说法是升级 F135 发动机。

③ 普惠公司就 F135 发动机存在的冷却、裂纹等问题，提出应对措施，对 F135 发动机开展一次性检测，制定 F135 增强发动机计划(EEP)，赢得了 F135 发动机核心机升级合同。

④ 普惠公司为 F119 发动机启动基于使用情况的寿命监测计划，为 F119 发动机创建数字孪生体，以增强机动性能。

⑤ B-52 轰炸机新的 F130 发动机短舱风洞试验完成。

民用涡扇发动机方面，齿轮传动发动机发展态势良好，民用航空企业针对绿色航空、可持续飞行等概念提出了不同的应对方案。

① GKN 航空航天公司设计研发了用于 GTF 发动机的新涡轮排气段单元体。

② 普惠公司验证了 GTF Advantage 发动机使用 100% SAF 的推力瞬态、启动和可操作性方面的性能，GTF Advantage 发动机试飞成功。

③ MTU 公司计划在 2035 年研制出第 2 代 GTF 发动机。

④ 罗罗公司改进设计，以提高遄达 1000 发动机压气机和涡轮叶片的耐久性。

⑤ LEAP-1A/1B 发动机可能存在部件缺陷，这些缺陷会导致非包容性故障。

⑥ 俄乌冲突影响了 PD-14、PD-8 等发动机项目的资金投入，PD-35 发动机的研制周期推

迟2年。

4.1.1 军用涡扇发动机

1. F135

(1) 基本情况

F135发动机是为洛克希德·马丁公司联合攻击战斗机F-35研制的低成本、多用途且新颖的推进系统,由雷神技术公司的子公司普惠公司和英国罗罗公司联合研制,其中,普惠公司作为主研制商负责发动机的研制和系统的集成,罗罗公司作为分研制商负责为用于F-35B型的发动机研制升力系统。此外,F135发动机的研制还吸收了合作国的一些资金和技术,如英国的GKN航宇公司提供进气机匣、导向叶片、压气机前机匣、升力风扇机匣和叶片;Hamilton Sundstrand公司提供推进系统启动机/发电机、电子功率转换器、发动机控制器、外部部件和主副飞行作动的电子元件;挪威的VOLVO航空公司(VAN)负责生产低压涡轮轴;意大利的Piaggio公司提供低压涡轮导向叶片;Ducommun AeroStructure(DAS)负责研制加力燃烧室后筒体;Unison工业公司为Hamilton Sundstrand公司提供点火系统、永磁交流发电机和导线系统;丹麦的IFAD A/S公司负责开发电子系统调节软件等。

F135发动机是以F119发动机为基础研制的双转子涡扇发动机,重新设计了风扇和低压涡轮,改进了加力燃烧室和喷管;采用了在IHPTET、VAATE、HCF等研究计划下开发和验证的先进部件和技术等,如耐高周疲劳的风扇叶片、低可探测性轴对称喷管、变排量燃油泵、整体式启动/发电机、分布式控制系统等先进部件,高温刷式封严技术、进口外物损伤检测技术、在线健康诊断技术、先进热障涂层、金属基复合材料F135发动机;具有推重比高、涵道比小、增压比高、涡轮进口温度高、耐久性高、可维护性好和保障性好等特点。

为了同时满足美国海军、空军和海军陆战队对F-35战斗机的战术性能需求,现已发展了F135-PW-100、F135-PW-600和F135-PW-400 3个型号,分别用于F-35A常规起降型(CTOL)战斗机、F-35B短距起飞垂直降落型(STOVL)战斗机和F-35C舰载型(CV)战斗机。F-35战斗机未来将用来替换美国空军的A-10和F-16C,美国海军的F/A-18E/F,以及美国海军陆战队的F/A-18和AV-8B等战斗机。F135发动机于1995年开始研制,2016年12月完成3个型号发动机的系统研制与验证(SDD)阶段的工作。截至2019年10月,美国空军已经签署了11批次的生产合同。表4-1给出了自2019年至今的F135生产数据(数据来源:Aviation Gas Turbine Forecast)。

表 4-1　小批初始生产(LRIP)合同

批　次	内　容
第 1 批	价值 1.2 亿美元,包含 5 台 F135-PW-100 型发动机
第 2 批	包含 15 台发动机
第 3 批	包含 30 台 F135-PW-100 型发动机和 20 台 F135-PW-600 型发动机
第 4 批	包含 18 台 F135-PW-100 型发动机和 19 台 F135-PW-600 型发动机
第 5 批	包含 36 台装机发动机和 2 台备用发动机
第 6 批	价值 5.08 亿美元,包含 18 台 F135-PW-100 型发动机、6 台 F135-PW-600 型发动机、7 台 F135-PW-400 型发动机
第 7 批	价值 9.43 亿美元,包含 19 台 F135-PW-100 型发动机、6 台 F135-PW-600 型发动机、4 台 F135-PW-400 型发动机和 7 台为合作国生产的发动机(6 台 F135-PW-100 型发动机和 1 台 F135-PW-600 型发动机);于 2014 年 10 月开始
第 8 批	价值 7.93 亿美元,包含 19 台 F135-PW-100 型发动机、6 台 F135-PW-600 型发动机和 4 台 F135-PW-400 型发动机,为合作国生产 4 台 F135-PW-100 型发动机、4 台 F135-PW-600 型发动机,以及 11 台(8 台 F135-PW-100 型发动机、3 台 F135-PW-400 型发动机)对外销售的发动机;于 2014 年 10 月开始
第 9 批	价值为 10.38 亿美元,包含 28 台 F135-PW-100 型发动机、3 台空军训练用发动机、6 台 F135-PW-600 型发动机、4 台 F135-PW-400 型发动机、14 台为合作国生产的发动机(7 台 F135-PW-100 型发动机和 7 台 F135-PW-600 型发动机),以及 11 台对外销售的发动机;于 2016 年 4 月开始
第 10 批	99 台 F135 发动机,价值 15.1 亿美元,包含 44 台 F135-PW-100 型发动机、9 台 F135-PW-600 型发动机和 4 台 F135-PW-400 型发动机。于 2016 年 7 月开始
第 11 批	135 台 F135 发动机,价值约 20 亿美元,包含 110 台 F135-PW-100 型发动机和 F135-PW-600 型发动机,25 台 F135-PW-400 型发动机
第 12 批和第 13 批	332 台 F135 发动机,价值 57 亿美元
2020 年 3 月,改进合同	32 台 F135-PW-100 推进系统(美国海军 20 台,美国空军 6 台,日本政府 6 台)
2021 年	交付 171 台
2022 年	交付 173 台

(2) 主要参数

F135-PW-100/400 和 F135-PW-600 基本性能和结构参数见表 4-2 和表 4-3。

表 4-2　F135-PW-100/400 型发动机主要参数

性能参数			
最大推力	19 135 daN	中间推力	12 180 daN
涵道比	0.57	总压比	28
结构参数			
进口直径	1 090 mm	最大直径	1 170 mm
长度	5 590 mm	—	—

表 4－3 F135-PW-600 型发动机主要参数

性能参数			
最大推力	19 135 daN	中间推力	12 010 daN
短距起飞推力	18 120 daN	悬停推力	18 080 daN
主发动机	8 310 daN	升力风扇	18 080 daN
滚转喷管	1 460 daN	常规涵道比	0.56
驱动升力风扇涵道比	0.51	常规总压比	28
驱动升力风扇总压比	29	—	—
结构参数			
主发动机进口直径	1 090 mm	主发动机最大直径	1 170 mm
升力风扇直径	1 300 mm	升力风扇最大直径	1 340 mm
长度	9 373 mm	—	—

(3) 部件与系统

除了 F135-PW-600 型发动机有为满足垂直降落需求的升力风扇、传动离合、滚转控制喷管和 3 轴承旋转喷管外，3 型 F135 发动机主发动机部分基本相同，都采用了 3 级低压压气机、6 级高压压气机、短环型燃烧室、单级高压涡轮和 2 级低压涡轮结构布局。F135 发动机结构如图 4－1 所示。

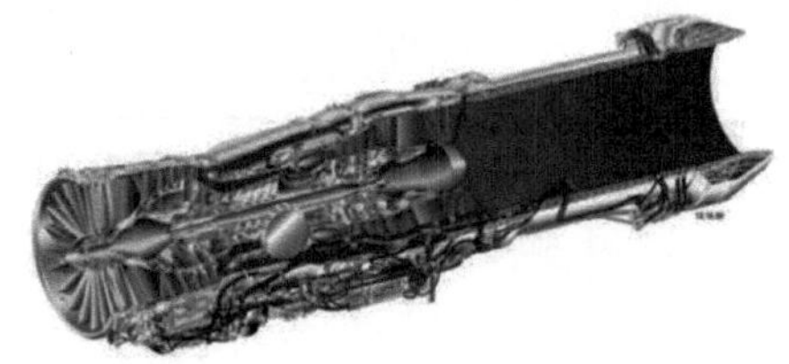

(a) F135-PW100/400型发动机

(b) F135-PW600型发动机

图 4－1 F135 发动机结构

升力风扇：2 级对转风扇是 F135-PW-600 型 STOVL 发动机特有的部件，由进气机匣、2 级对转风扇、面积可调的盒式喷管等部件组成。在结构设计上，2 级风扇间取消了静子叶片结构，使得升力风扇重量明显减轻，径向高度大为降低。在系统验证阶段，升力风扇第 1 级转子采用钛合金轮盘，叶片由 26 片减至 24 片，采用线性摩擦焊焊接整体叶盘结构；第 2 级升力风扇底盘和 28 片叶片分别制造，也采用线性摩擦焊焊接在一起。升力风扇的直径为 1 270 mm，在 STOVL 工作状态下使战斗机上方的冷气流以 230 kg/s 的流量垂直向下喷出，产生 88 kN 的推力。

低压压气机：3 级低压压气机由 F119 发动机发展而来。其采用超中等展弦比和前掠叶片设计，可增加空气流量，提高增压比，改善压气机的稳定性能，达到最高防鸟撞和其他外物损伤能力。在保证压气机提供大推力的同时，比 PW 公司以前设计的压气机重量更轻且价格更便宜。3 级转子采用整体叶盘结构，机匣使用有机物基复合(OMC)材料制造，第 1 级静子叶片为 OMC 材料制造的中空结构叶片，第 2、第 3 级转子叶片为实心结构，都采用钛合金材料制成。

对开式机匣允许对各级进行叶片换装或小型的修理。

高压压气机：6 级高压压气机与 F119 发动机的几乎一样，但转动方向与低压转子的转动方向相反。其对开前机匣由钛合金制造，带有 2 级不对称可调迎角的导流叶片。镍基合金铸造的后静子以成组的扇形段形式装在高蠕变强度钛合金环形机匣内。静子均为整体式，采用像风扇一样的平头铣或高速铣加工。所有 6 级转子都是整体叶盘，前 2 级转子由钛合金制造，其余几级转子由高强度镍基合金制造。

燃烧室：短环型燃烧室具有先进的火焰稳定系统，由 F119 发动机燃烧室发展而来。浮壁式火焰筒采用带陶瓷涂层的镍基合金铸造，每片浮壁都带数千个小孔以实现冲击和气膜冷却，一端固定，其余部分可以浮动。油气比要比 F100 发动机高 20%，最高燃气温度超过 2 200 ℃。外层机匣直径和长度均为 762 mm(30 in)，总质量为 91 kg(包括高压涡轮导向器)，在温度约为 649 ℃、压力约为 4150 kPa 的环境下组织气流的燃烧，没有空气冷却和检查孔。

高压涡轮：高负荷的单级高压涡轮，采用与 F119 发动机类似的先进叶片涂层和冷却技术，但冷却的空气流量增加了 1 倍。由壁厚为 0.5 mm 的 120 个导流叶片组成导向器。转子叶片全部采用与第 2 代单晶镍基合金同样的高强度粉末冶金制造，有先进的空气封严。每个叶片内部冷却结构复杂，铸有许多冷却用的通道。高压涡轮在燃气温度超过 1 649 ℃的条件下产生的功率为 47 725 kW，由来自高压压气机的 538 ℃的冷却空气对其进行冷却。

低压涡轮：2 级低压涡轮轴功率比 F119 发动机的单级低压涡轮更大，且转动方向与高压涡轮相反。F135 发动机简化了主轴轴承的设计，被放置在 1 个鼠笼结构中，比 F119 发动机的结构更轻、更易于装卸。批量生产型的 F135 发动机可能采用的是抗腐蚀陶瓷材料(硅氮化合物)轴承。F135-PW-600 型发动机低压涡轮的扭矩通过风扇和干片式离合器传送到升力风扇驱动轴。机匣采用耐高温的镍和普惠公司具有产权的材料制造，支撑后轴承腔，并以最小压力损失排出温度为 1 093 ℃的气体。

加力燃烧室：采用三区燃油喷射技术将燃油喷向加力燃烧室点火器后方。燃油喷嘴可以单区喷射燃油，因此可以调节加力燃烧室的加力幅度。在飞行员的控制下，多区燃油喷射技术可以提供 1 个平稳的湿推力变化过程。与 F119 发动机相同，F135 发动机的加力燃烧室也采用了隐身设计，这两种发动机把多区燃油喷嘴隐藏在弯曲的静态导流叶片中，从而取消了传统的喷油杆和火焰稳定器。

控制系统以 F119 发动机第 3 代双冗余度 FADEC 为基础改进的。该系统采用先进的多变量控制设计方法，实现了短距起飞/垂直降落所需的升力风扇/三轴承偏转喷管/滚转喷管的模态转换；采用发动机自身管理系统，减轻了飞行员的工作负荷，进而提高了飞行的安全性；采用比 CEDU(机上和机下数据记录实时寿命评估系统)更先进的包含存储数据用的记忆卡的燃气流路健康分析系统，实现了机上预诊和健康管理，进而实现了视情维护，使整个系统的可利用性改进、可靠性提高，飞行时间延长。FADEC 系统采用实时数据传输，可保证部件维护和更换的快速性，排故时间缩短到 15 min 左右，比 F110、F100 等发动机的时间缩短了 94%；在飞行中还具有自调节和实时故障适应能力。

(4) 研制历程

1994 年初至 1996 年是方案探索研究阶段。在该阶段，发动机的主要研制工作是依托飞机研制计划而开展的，波音公司和洛克希德·马丁公司均以 F119 发动机的改进型 JSF119 推进系统作为主推进系统。

1996 年 11 月至 2000 年是方案验证阶段。在该阶段,普惠公司与波音和洛克希德·马丁公司签署了为期 51 个月、总价值 9 亿美元的 JSF119 推进系统的方案验证合同。按照合同要求普惠公司为 JSF 方案验证机提供 2 台研制型推进系统、2 台取证型推进系统、2 台飞行试验型推进系统和 2 台成熟技术验证型推进系统。在方案验证阶段,普惠公司在完成 2 种 JSF 推进系统的初始设计之后,进行了设备改进,共获得 4 个 CV/CTOL 试验台、1 个 STOVL 试验台及 2 个带多部件推力测量系统的 STOVL 试验台。

2001 年至 2016 年是系统研制与验证(SDD)阶段。在该阶段,普惠公司获得总金额为 48 亿美元的联合攻击战斗机 F135 推进系统的系统研制与验证阶段的合同,按照合同约定生产 30 台左右 F135 试验型发动机;在尽可能保持与 F119 发动机通用的前提下,进一步改进风扇、加力燃烧室和喷管,以提高 F135 推进系统的性能、可靠性和经济可承受性。

截至 2019 年 5 月,普惠公司有近 500 台发动机已交付美国国内外客户,且生产率一直上升。通过严格管理生产流程和供应商的方式,普惠公司将每台 F135 发动机的生产成本降低一半以上。与此同时,普惠公司越来越注重降低发动机投入使用后的维修成本,基于在售后市场方面的丰富经验,采用与降低生产成本相同的方法,力求将维修成本降低一半。这可在发动机整个寿命周期内为政府节省数十亿美元。2019 年 6 月下旬,普惠公司对安装在 F135 发动机上的新风扇转子进行了耐久性和加速寿命试验。2019 年 9 月,普惠公司为 2026 年交付的 F-35 战斗机发动机确定了 1 种新的发动机升级方案,重点是改进风扇和发动机附件。“推力增大型”2.0 升级包提出将推力增大至少 12%,燃料消耗降低 6%以上,垂直升力增大约 2%和提高整机功率和热管理能力等目标。这一升级将在 2026 年开始交付的 Block4.2 升级版 F-35 战斗机之后实行。

2020 年 10 月,利用在下一代自适应推进技术上的重大投资,普惠公司的增强包(EEP)方法为 F135 发动机提供了低风险、通用的升级方案,该方案提供了与项目持续能力提升和交付战略相一致的性能提升,是 F-35 武器系统未来能力升级的重要推动力。至 2020 年 10 月,F135 发动机的推力增大了 26%,升力增加了 116%,功率和热管理比第 4 代战斗机发动机提高了 300%以上。11 月,挪威康斯伯格航空维修服务公司与普惠公司签订合同,在挪威正式启用计划中的 F135 发动机维护、维修、大修和升级工厂,这标志着工厂从项目启动、人员培训已过渡到取得资格认证并开始运营。

2021 年 2 月,F135 发动机短缺问题愈发严重,问题主要集中在两方面,一是廷克空军基地的 F135 发动机维护中心无法按计划完成该型发动机的维护;二是维护人员发现“少数”F135 发动机转子叶片涂层过早损坏,这一问题增加了维护工作量,导致待修发动机积压。美国空军在 2021 年的计划中减少 8 项对 F-35 战斗机性能的要求,避免进一步增加维修工作。F-35 项目办公室已与普惠公司签订了补充的发动机维护支持合同。3 月,普惠公司向 F-35 战斗机联合项目办公室(JPO)提交了 F135 发动机升级论证报告,该报告提出了 2 种增强型发动机升级包,可应用于 F-35 所有 3 种衍生型号战斗机。4 月,土耳其退出 F-35 战斗机计划导致 F135 发动机成本上涨 3%。截至 4 月 22 日,美国空军共有 21 架 F-35A 战斗机因发动机问题停飞。备件短缺还将给维护带来挑战,维护成本将在未来 5 年内持续上涨。截至 7 月,加上 F135 发动机涡轮转子叶片热障涂层磨损过快的问题尚未解决,停飞的 F-35 战斗机数量已达 46 架。8 月,美国国防部向 F-35 战斗机投入更多资金,升级发动机和软件系统。9 月,普惠公司推出 F135“增强型发动机组件”(EEP)升级方案,进一步提高推力和效率,且成本远低于通过 AETP 计划研制的新发动机，普惠公司正投资数百万美元，努力降低成本，已将 F135 的单位成本降低 50%，此次升级将进一步降低成本，初始返修成本将降低 36%。10 月，普惠公司和廷克空军基地改变了维修流程并加快了发动机生产速度，F135 发动机的短缺由 48 台下降到不到 40 台。

（5）2022 年度主要进展

2022 年 1 月，美国空军启动了一项关于 F-35 换装自适应发动机计划的市场调研，为 F-35 自适应发动机替换计划寻找潜在供应商，该计划可能于 2024 财年启动。2 月，由于 F-35 战斗机的备用发动机数量有限，导致超过 9% 的 F-35 战斗机因缺少可配装的发动机而无法飞行。针对 F-35 是否换发的问题，雷神技术公司表示，配装提升性能的普惠公司 F135 发动机是满足洛克希德·马丁公司 F-35 战斗机未来更高功率和效率要求的最佳途径。从风险的角度来看，作为一款单发战斗机，升级目前的发动机可能是成本效益最好、风险最低的解决方案。3 月，F-35 联合项目办公室（JPO）表示，正在研究发动机、电源和冷却系统的组合，以解决 F135 发动机功率提取不足的问题。在为 F135 发动机涡轮叶片喷涂新涂层，用于防止叶片在钙、镁、铝和硅酸盐含量高的干旱地区出现裂纹方面，JPO 和普惠公司也取得了一定进展。

4 月，美国政府问责局指出 F-35 战斗机无法达到任务能力目标，并表示 F-35 战斗机达不到任务能力目标的主要原因是发动机。针对美国政府的问责，普惠公司对 F135 发动机维护的回复是：改变当前的维修策略需要普惠公司上下共同努力；预测备件需求方面，公司拥有成熟的预测和建模工具，以支持机队规划。公司将继续专注于确定满足发动机可用性和成熟度水平的备件需求。6 月，美国国防部与普惠公司签署将近 6 900 万美元的合同，用于对 F135 发动机进行一次性检查，检查工作计划于 2025 年 12 月完成。同时与其签署了一份价值近 44 亿美元的发动机合同，普惠公司与 JPO 最终确定了 15～17 批次的正式生产合同，为 F-35 战斗机提供至少 250 台发动机，预计 2022 年开始交付这些发动机，并持续到 2025 年底。

7 月，共和党众议院向五角大楼提出上诉，认为开发一型新发动机来取代普惠公司的 F135 将耗资巨大（60 亿美元），并且如果只是美国空军换发，破坏了与伙伴国家发动机的通用性；还表示 F135 已经超过了最初的原始产品性能，能够支持 F-35 的三种机型和有效载荷升级。普惠公司表示，公司核心运营系统和工业 4.0 战略的统一集成将有助于提升涡轮叶片产量，并支持 F135 产品线。同时，普惠公司对 F135 维修网络的建设日趋成熟，与 2021 年相比，维修的发动机数量增长 60%，位于荷兰、挪威和澳大利亚的地区性 F135 维修基地最近获得了初始维修能力，现在正在支持全球机队，发动机的整体可用性也比 2021 年提高了约 60%。7 月 31 日，普惠公司宣布已向美国国防部交付第 1 000 台 F135 批产发动机。9 月，普惠公司获得了 1 份 1 469 万美元的修订合同，以补充之前的成本加固定费用合同。本次修订增加了工装供货范围，包括提供生产第 14 批 F135 推进系统所需工装设备，满足空军、海军、海军陆战队和非美国国防部用户的需求，预计将于 2023 年 10 月完成。

12 月，美国空军授予普惠公司 F135 发动机核心机升级合同，价值 1.15 亿美元。普惠公司表示，F135 发动机核心机升级方案（ECU）是解决当前推进装置能力限制问题成本更低、速度更快的途径，且升级可适用于 F-35 战斗机所有型号的推进要求，这将节省 400 亿美元。改进的 F135 发动机预计于 2028 年投入使用。

2. F119

(1) 基本情况

F119 是普惠公司为美国 F-22“猛禽”战斗机研制的先进双转子加力式涡轮风扇发动机。目前，只配装美国的 F-22 战斗机。

F119-PW-100 发动机于 1991 年进入工程研制阶段，1996 年 7 月首次地面台架试车，1997 年6 月首次飞行试验，1999 年通过美国空军鉴定，2002 年通过初步使用许可，2005 年随 F-22 取得初步作战能力。2007 年 7 月普惠公司获得 13 个亿的合同为 60 架 F-22 战斗机生产发动机，2014 年 F119 发动机停止生产。

(2) 主要参数

F119 发动机基本性能和结构参数如表 4 - 4 所列。

表 4 - 4　F119 发动机的主要参数

参　数	指　标
最大加力推力/daN	15 568～16 800
中间推力/daN	9 786～11 300
加力耗油率/[kg/(daN·h)]	2.4
中间耗油率/[kg/(daN·h)]	0.62
推重比	10
涵道比	0.3～0.45
总增压比	35
涡轮进口温度/℃	1 700
最大直径/mm	1 143
长度/mm	4 826
质量/kg	1 482～1 860

(3) 部件与系统

1) 进　口

进口为带防冰的固定环形。采用尾缘可调的进口导流叶片，低压压气机前轴承采用中央头锥支承。

2) 风　扇

3 级轴流式风扇。宽弦无凸肩转子叶片与盘采用线性摩擦焊连接做成整体叶盘。为减轻重量，第 1 级转子叶片为超塑性成型/扩散连接的空心结构。非定常有黏三维计算方法提高了级压比、效率和喘振裕度；3 级静子叶片均采用弧形设计，利用普惠公司开发的 NASTAR 程序设计，上下端弯曲，可大幅减小两端的气流分离，提高风扇/压气机的效率和喘振裕度。机匣为整环，可以保持机匣刚性和叶尖间隙均匀。为此，风扇转子做成可拆卸的，第 2 级盘的前后均带鼓环，分别与第 1 级和第 3 级盘连接。风扇压比大约为 4.0，涵道比为 0.3(另有报道

为 0.45)。

3) 高压压气机

6 级轴流式高压压气机采用非定常有黏 3 维气动设计，静子叶片也是弯曲的，第 1 级和第 2 级是可调的。6 级均为机械加工的小展弦比、高负荷的整体叶盘结构。采用激光冲击强化，提高抗高周疲劳能力。前机匣采用 Alloy C 阻燃钛合金。这种钛合金在高温下有阻燃性并保持高强度，消除了常规钛合金易燃烧的问题。为了增加出口机匣的纵向刚性，燃烧室机匣前伸到第 3 级压气机处，形成双层机匣。6 级轴流式高压压气机的总增压比为 35。

4) 燃烧室

燃烧室为环形结构，采用气动雾化喷嘴，改善了雾化质量，提高了燃烧效率，减少了排放和积炭。环形燃烧室在设计中采用了两相 3 维数值计算和仿真方法，头部采用 3 维高紊流度的强旋流结构，以达到油气的均匀混合。为改善耐久性，火焰筒采用浮壁结构，即在承力的外壳内铺设多块内壁，内、外壁之间可通冷却空气，起隔热作用。每块内壁一端固定，另一端可自由热胀冷缩，从而消除温度变化时产生的热应力，提高耐温能力和寿命。

5) 高压涡轮

1 级轴流式高压涡轮采用非定常三维有黏气动设计及复合倾斜设计，有较高的级负荷。涡轮叶片采用第三代单晶材料，耐温能力可达 1 070～1 100 ℃。采用由 MCrAly 底层和氧化锆陶瓷面层组成的新型热障涂层，这种涂层可起到 150 ℃左右的隔热作用。冷却方式为气膜加多通道对流的复合冷却，其冷却能力应达到 450～500 ℃。高压涡轮叶片不带冠，带可磨蚀涂层。粉末冶金涡轮盘采用双重热处理。轮缘处是粗晶粒，有利于提高损伤容限特性；中心处为细晶粒，有利于提高强度和低周疲劳特性。

6) 低压涡轮

1 级轴流式低压涡轮采用反转设计，可以消除陀螺力矩，使整个发动机转子系统所受的力和力矩减小，从而传到飞机机体上的力和力矩也减小，以提高飞机的操纵性。

7) 加力燃烧室

加力燃烧室内外涵共用一圈喷油环。其为整体式结构，喷油杆和火焰稳定装置设在涡轮排气扩压器通道内。这样的整体布局既能缩短加力燃烧室长度，减小扩压器通道气流分离趋向，又有利于分别组织内外涵加力燃烧。F119 生产型的加力燃烧室采用三区供油，与原来 YF119 的四区供油相比可以减轻重量，降低成本和结构复杂性。加力燃烧室和喷管外壳也都采用具有阻燃性能的 Alloy C 钛合金制造。

8) 喷　管

喷管为第三代二元收敛/扩散推力矢量喷管，矢量角为±20°，推力矢量角速度为 45(°)/s。有报道说，F119 发动机已经装了球面收敛调节片矢量喷管(SCFN)并进行了试验，这种喷管比常规的二元矢量喷管的重量轻 30%。

9) 附　件

附件由高压转子通过径向轴传动。附件均设在发动机下部，可达性好。所有的外场可更换件为单层安置。

10) 控制系统

第三代双-双余度全权限数字式发动机控制系统(FADEC)进一步提高了可靠性，对发动机实行故障诊断和处理，并能根据飞机推进系统一体化来确定发动机最佳工作参数。与第一代和第二代 FADEC 相比,第三代 FADEC 具有自检、容错、故障诊断和处理能力;由于采用二元矢量喷管,控制参数几乎增加一倍,达到 14 个,而且必须实现飞行/推进综合控制;由于采用余度技术可靠性能大幅提升,例如,任务中断率要小于 50/106 h,平均非计划维修间隔时间要大于 800 h。双-双余度系统有两个独立的、互不同步的通道,每个通道都有自己的传感器、作动器、一个输入/输出控制器和双余度控制处理机。作动子系统包括双余度力矩马达、双余度串联作动装置和双余度线性可变相位转换器。由于两个通道相对独立,因此可以把它们放在发动机的不同部位,从而降低控制系统在战斗中的易损性。

(4) 研制历程

为确保 21 世纪空中优势,美国空军早在 20 世纪 80 年代初就提出了先进战术战斗机概念,其要求在保持现有战斗机的盘旋和加速性能外,特别强调隐身性、高机动性和敏捷性,超声速巡航和超声速机动能力,超视距作战能力,先敌发现、开火和摧毁能力,短距起落能力,良好的保障性,以及低的寿命期成本。进而对发动机的要求是,不加力实现超声速巡航能力,推力矢量能力,低的红外和雷达信号特征,大的喘振裕度(可实施“无顾忌”操作),推重比提高 20%,耐久性提高 2 倍,零件寿命延长 50%,零件数量减少 40%~60%,维修工时和成本减少 70%~80%,保障设备数量、重量和体积减小 50%~60%,寿命期费用降低至少 25%。在 20 世纪 80 年代初顶层设计时确定的推力量级为 98 kN,循环参数范围是:涵道比 0.2~0.3,总增压比 23~27,涡轮进口温度 1 922~2 033 K,节流比 1.08~1.13。

战斗机发动机的部件技术研究工作始于 20 世纪 70 年代初中期,70 年代末和 80 年代初进行核心机和技术验证机研究。

1983 年 9 月,GE 公司和普惠公司各获得 2.02 亿美元的发动机地面验证机研制合同。发动机验证机合同的内容是,验证超声速巡航、二元矢量喷管和 132 kN 的推力。这项为期 50 个月的项目要求进行广泛的适用性试验和 250 h 的加速任务试验。普惠公司在方案设计的基础上开始 PW5000(后编号为 XF119)的详细设计。1986 年 10 月,首台 XF119(FX601)试验。4 年中,前两台发动机共试验 1 603 h,其中模拟高空试验 125.5 h。1988 年初,安装二元矢量喷管的发动机开始试验,该喷管具有±20°推力矢量和反推力能力。

1987 年 6 月,普惠公司和 GE 公司各获得 3.8 亿美元进入飞行验证阶段的经费。1987 年末,飞机承包商的设计研究表明,由于要装更多的内部燃油部件而加大的机翼面积使得飞机的重量和阻力增大,要求发动机加力推力增大 20%,达到 156 kN,中间推力为 105 kN。GE 公司采用流量增大 12%的风扇来满足此要求,而普惠公司将风扇流量增大 15%,但飞行验证试验仍用原来的发动机。1987 年 12 月,出于重量、成本和维修的考虑,取消反推力要求,着陆滑跑距离从 610 m 增加到 915 m。1990 年秋天,2 架 YF-22 和 2 架YF-23分别装配 YF119 和 YF120 进行飞行试验,实现马赫数 1.43 和 1.58 的不加力超声速巡航,可以节省燃油 30%。YF119 与 XF119 的差别很小,只是在喷管、加力燃烧室和压气机前几级上改用阻燃的 Alloy C 钛合金,以减轻重量,提高耐久性和安全性。叶尖加上耐磨涂层,以提高性能和耐久性。飞行试验的目的是验证承包商有技术能力实现其投标时所承诺的目标,而不是发动机飞行竞争。1989 年 1 月,首台飞行试验发动机完成初始地面试验,到 1990 年 8 月,完成初步飞行许可试验。XF119/YF119 共完成超过 3 000 h 的试验。

1990 年 3 月,两家发动机公司各得 2.9 亿美元的合同,作为工程研制(EMD)阶段的长周期项目经费。1991 年 1 月 2 日,两家公司正式提出原型机投标,同年 4 月 23 日,美国空军宣布，洛克希德公司和普惠公司的 F-22/F119 中标，理由是“它们以较低的成本提供较好的服务。1991 年 8 月 3 日，普惠公司获得 13.75 亿美元的工程研制(EMD)合同，包括 9 台研制试验发动机，8 900 h 的验证试验、7 400 h 的喷管验证试验、33 台(后减为27 台)飞行试验发动机、飞行试验计划现场保障、保障系统研制和以计算机为基础的培训系统研制。普惠公司声称，它们的设计是低风险的。采用了较大的风扇后，发动机相对于型号规范具有以下的裕度：不加力推力 10%，重量 64 kg，燃油消耗 2%，喘振裕度 20%～35%。

F119 与 YF119 的主要区别是增大了风扇直径和采用专门的高隐身和高生存力技术。加力燃烧室的分区供油由四区改为三区，以减轻重量、降低成本和复杂性。改进压气机气动设计，整个压缩系统均采用整体叶盘。喷管的冷却由外部冷却管改为内部冷却通道。1992 年 6 月，F119 完成关键设计评审；1992 年 12 月，开始地面试验；1996 年 9 月，交付飞行试验用发动机；1997 年 8 月，修改工程研制(EMD)合同，增加 2.33 亿美元经费，延长 15 个月，减少一台飞行试验发动机，增加 2 台地面试验发动机；1997 年 9 月，首次试飞；1999 年10 月，完成空军鉴定；2001 年 8 月，批准投入小批初始生产(LRIP)；2001 年 10 月，签订 F-22 飞机 EMD 合同；2002 年 7 月，通过初步使用许可(ISR)，此时试验时数已超过 4 000 h，未发生过发动机空中停车或发动机失速事件；2003 年3 月，后勤保障系统(SSR)获得空军批准；2003 年 8 月，第一支驾驶员训练部队开始运作；2005 年 12 月，第一支 F-22/F119 作战部队具备初步作战能力(IOC)。截至 2005 年初，累计试验时数超过 7 500 h；截至 2007 年 10 月，F119 发动机达到 50 000 发动机飞行小时。

(5) 2022 年度主要进展

2022 年 3 月，普惠公司宣布针对配装 F-22 战斗机的 F119 发动机机队启动了一项基于使用情况的寿命监测(usage based lifing，UBL)计划，在航空航天推进史上尚属首次，以数字化手段将飞行数据与普惠公司最先进的维护工程算法结合，使美国空军能够按需规划发动机的维护，从而最大限度地提高机队战备状态和降低维护成本，预计该计划可为美国空军节省 8 亿美元以上。

2022 年 10 月，普惠公司通过对实际飞行数据的分析发现，F119 的实际使用方式与设计预期方式不同，借助为 F119 创建数字孪生，普惠公司将使 F-22 通过未来软件更新来增强飞行包线内某些区域的机动性能。

3. F130

(1) 基本情况

F130 发动机是罗罗公司为美国空军 B-52H“商用发动机替换项目”(CERP)改型研制的发动机，BR725 商用涡扇发动机的军用改型，推力为 75.6 kN(17 000 lbf)。2021 年 9 月 24 日，美国空军选择了 F130，拒绝了 GE 公司和普惠公司的方案。美国空军打算为其 76 架 B-52H 飞机购买 650 台发动机(608 台直接替换发动机和 42 台备用发动机)，总价值达 26 亿美元。这些发动机将在罗罗北美公司位于印第安纳州印第安纳波利斯的工厂制造。

(2) 主要参数

F130 发动机主要参数见表 4－5。

表 4-5 F130 发动机主要参数

参 数	指 标
推力/kN	75.6
巡航耗油率[kg/(daN·h)](Ma=0.85,FL450)	0.67
涵道比	4.2

(3) 部件与系统

风扇：直径 130 cm(50 in)，比 BR710 的大 5.1 cm(2 in)，有 24 个掠形叶片。

压气机：10 级高压压气机采用 3 维气动设计，效率更高；5 级采用整体叶盘，以减轻重量。

燃烧室：借鉴 BR715 的经验使燃烧室寿命更长，排放更低。与 CAEP 6 限制相比，烟尘和未燃烧碳氢化合物排放降低 80%，氮氧化物排放降低 35%。

涡轮：两级高压涡轮采用叶片主动倾角控制，效率更高；采用 3 维气动设计，减少了冷却空气流量。低压涡轮由 2 级变为 3 级。

(4) 研制历程

罗罗公司的 BR700 是用于支线喷气式飞机和公务喷气式飞机的双轴涡轮风扇发动机系列，由罗罗德国公司在德国达勒维茨制造。

BR710 于 1997 年在湾流 V 型飞机上投入使用，1998 年在庞巴迪全球快车上投入使用。该发动机还被选为湾流 G-550 飞机的动力装置。到 2017 年 5 月，3 200 台在役发动机的飞行时数达到 1 000 万小时。

BR715 发动机于 1995 年投入使用，并于 1997 年 4 月首次运行，于 1999 年年中开始服役。该型号发动机为波音 717 提供动力。BR725 是 BR710 的改进型号，原型机于 2008 年春季进行部件台架试验和首次发动机运转，2009 年 6 月获得欧洲认证。装有 BR725 发动机的首架湾流 G650 于 2011 年 12 月交付。

(5) 2022 年度主要进展

2022 年 5 月，美国空军采办主管安德鲁·亨特表示，B-52 轰炸机的商用发动机替换项目(CERP)成本上涨了 50%。B-52 CERP 原本是作为一个中间层采办项目进行的，以快速启动并开发一个原型系统，但现在正转向一个“传统”项目，而且美国空军正在确定预期支付的费用。成本增加主要与 B-52 的发动机集成有关，大量的工程工作实际上是在飞机内，在发动机所连接的支撑支柱上，而不是在发动机本身。

2022 年 9 月，波音公司宣布 B-52 已经完成了新的发动机短舱风洞试验。该短舱将配装 2021 年选定的罗罗公司的 F130 发动机，以替换普惠公司的 TF33-PW-103S 发动机。TF33 发动机预计将在 2030 年后退役。

4.1.2 民用涡扇发动机

1. GE9X

(1) 基本情况

GE9X 发动机是 GE 公司为波音公司新一代远程宽体波音 777X 飞机研制的一款全新高

性能大涵道比涡扇发动机。GE9X发动机项目的研制采用了“风险共担收益共享”(RRSP)方式,由GE公司主导,日本石川岛播磨(IHI)公司、赛峰集团飞机发动机公司、赛峰集团航空助推器公司和德国MTU公司、FADEC联盟公司参与。其中,IHI公司负责中低压涡轮和风扇中间轴的设计和研制;赛峰集团飞机发动机公司负责三维复合材料风扇机匣、涡轮机匣的设计和研制,并且参与风扇叶片的设计和研制;赛峰集团航空助推器公司负责低压压气机、风扇轮盘的设计和研制。MTU公司负责涡轮中心框架的设计、开发和生产;FADEC联盟公司(FADEC国际公司和GE公司组成的合资公司)负责全权限数字发动机控制(FADEC)系统的设计与研制,包括数字控制器和相关附件。

GE9X发动机采用了GE公司的众多最新技术研究成果,包括新型复合材料风扇与低压系统、超高增压比的高压压气机和第3代TAPS燃烧室。GE9X发动机大量采用CMC材料,并且引入增材制造技术生产燃油喷嘴等。GE9X发动机最显著特征是:其巨大的风扇使GE9X发动机成为有史以来风扇直径最大的涡扇发动机。GE9X发动机的风扇叶片与GE90发动机的类似,但是采用新的碳纤维复合材料制造,并进行了气动改进,通过加大叶片后掠角和增加弦长来提高推进效率。目前该发动机正处于发动机取证阶段。GE9X发动机的价格为3 570万美元,产量为860台,商业订单总数达908台。

(2) 主要参数

GE9X发动机是在GE90-115B发动机与GEnX发动机的基础上,采用多项先进技术与材料研制的发动机。GE9X发动机推力为466.8 kN,噪声值比GE90发动机低8 dB,氮氧化物的排放量比GEnX低30%(低于CAEP/8的要求),维修费用与GE90系列发动机相当。GE9X发动机的耗油率比GE90-115B发动机低10%,比与其竞争的发动机(如遄达XWB发动机)低5%。GE9X发动机的涵道比为10.3,比GE90-115B提高了14%(GE90-115B发动机为9),总压比为61,比GE90-115B提高了30%(GE90-115B发动机为42)。

(3) 部件与系统

GE9X发动机由1级大直径风扇、3级低压压气机、11级高压压气机、第3代双环预混旋流器(TAPS)燃烧室、2级高压涡轮、6级低压涡轮等组成,如图4-2所示。

风扇:风扇直径为3.4 m,比GE90发动机大10 cm,与整个波音737飞机的机身长度一样,是目前最大的风扇,其风扇叶片如图4-3所示。风扇采用了先进的三维掠形设计,使得风扇叶片后掠更大、叶弦更宽,叶片数更少。风扇采用第四代碳纤维复合材料制成,为了增大叶片的强度,叶片前缘包覆合金钢的薄片,比包覆钛合金薄片的GE90发动机、GEnX发动机叶片更薄。风扇仅有16片叶片(GE90发动机叶片数量为22,GEnX发动机叶片为18),是目前所有大涵道比涡扇发动机中风扇叶片最少的。风扇机匣采用了与GEnX相似的耐久性高、质量轻的复合材料,它的包容环也是采用复合材料制成的。与金属材料制成的风扇机匣相比,复合材料风扇机匣使每台发动机的质量减小约159 kg。

高压压气机:11级,采用先进的3维气动设计,增压比为27,是大涵道比涡扇发动机中增压比最高的,为达到60的总压比,其平均级压比为1.349,低于GEnX发动机的1.368(10级增压比为23)和GE90发动机的1.348(10级增压比为20相当)。由于GE9X发动机总压比(60.1)大于GEnX发动机总压比(45),高压压气机出口温度比后者高许多,因此高压压气机后几级轮盘采用了高压涡轮轮盘中采用的第四代粉末冶金材料。高压压气机前6级采用整体叶盘结构并焊接成一体(见图 4-4),是大涵道比涡扇发动机中采用整体叶盘级数最多的高压压气机。

图 4-2 GE9X 发动机

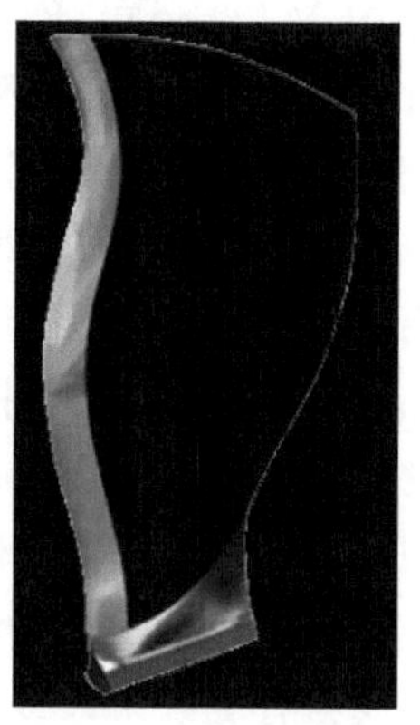

图 4-3 GE9X 风扇叶片

图 4-4 焊为一体的 6 级整体叶盘

燃烧室:GE9X 发动机采用最新的第 3 代 TAPS 燃烧室,其内外火焰筒均由陶瓷基复合材料(CMC)制成,是世界上第 1 次不采用镍基合金而采用非金属 CMC 制作内外火焰筒的发动机。CMC 是由碳化硅(俗称金刚砂)陶瓷纤维与陶瓷基体组成,再溶入树脂并加以涂层强化形成的,它的密度仅为镍基合金的 1/3,能大幅度减轻零件的重量,它的强度为金属材料的 2 倍,而且能耐更高的温度(1 204 ℃)。火焰筒采用 CMC 后,不仅可减轻重量,而且还可减少冷却火焰筒的空气流量,使进入混合器的空气流量更多,形成贫油燃烧,其污染物排放量远低于 2020 年后生效的航空环境保护委员会 CAEP/8 环保标准规定的要求。

高压涡轮:高压涡轮盘采用了第四代高温镍基粉末合金 R104,高压压气机后几级轮盘也采用了这种合金。高压涡轮第 1、2 级导流叶片与第 1 级机匣内衬环采用 CMC。

低压涡轮:GE9X 发动机采用 6 级低压涡轮,比 GEnX 发动机的涡轮少 1 级,这是通过提高风扇叶片叶尖切线速度而使低压转子转速提高实现的。第 5 级、第 6 级叶片采用了 GEnX 发动机第 6 级、第 7 级叶片采用的 4822 钛铝合金。这种合金密度低,能减轻叶片的重量,高温时仍可保持足够高的强度和刚度,同时具有良好的抗蠕变及抗氧化能力。在 GE9X 发动机中，采用钛铝合金的这两级叶片是采用 3D 打印技术生产的。

控制系统：GE9X 发动机采用第 4 代 FADEC 系统。与之前商用喷气发动机采用的 FADEC 系统不同的是，增加了对高压压气机引气量的控制，以对高压涡轮叶片进行冷却。高压压气机引出的冷却气流仅流至第 1 级高压涡轮，冷却气流作用于导向器和第 1 级叶片的冷却回路，可以根据特定飞行条件对冷却气流的量进行更改，从而提高冷却空气效率。此外，在巡航和其他低功率飞行阶段，可以通过减少流至第 1 级高压涡轮的引气量，使更多的核心气流流入燃烧室与燃油混合，提高发动机的热效率、燃油效率和性能。与发动机在低推力、低工作温度下工作时相比，发动机在大推力、高工作温度下工作时，采用 FADEC 控制高压压气机的引气量，能够输送更多的冷却气流至高压涡轮叶片。

(4) 研制历程

波音公司在 2013 开始酝酿发展 777X 飞机时，GE 公司、普惠公司和罗罗公司就提供了相应的发动机方案。最终，GE 公司的 GE9X 发动机方案胜出，成为了波音 777X 系列飞机的唯一动力选型。

2010 年，GE9X 发动机研制开始。2013 年年初，进行了高压压气机试验，年中进行了复合材料的性能与运转试验。2013 年 11 月，波音公司宣布正式启动 777X 飞机项目时，GE 公司就已开始进行 GE9X 发动机的一些零部件的试验工作。2014 年年中，进行了陶瓷基复合材料的验证试验。2015 年年初，完成了第 1 台全尺寸核心机试验。

2016—2018 年，完成了 GE9X 发动机整机试验。2016 年 4 月，开始 GE9X 首台发动机的试验，共进行了 375 个循环与 335 h 试验，该试验获得包括整机气动性能、机械结构和热力参数等关键数据。2017 年 5 月，开始了第 2 台发动机的试验，这是首台生产型的发动机。2017 年，有 8 台发动机参与取证试验。2018 年年初，另有 8 台发动机及若干套备件用于 4 架 777-9 飞机的取证飞行。2018 年 3 月 13 日，GE9X 发动机配装在 GE 公司由波音 747 飞机改装的飞行试验台进行第 1 轮飞行试验，但是试验中工程师发现一套 FADEC 的执行机构(用于调整发动机高压压气机的静子叶片角度)磨损比预期要快，需要调整发动机压气机叶片的间距。因此该飞行试验最终推迟到 2018 年 5 月份才进行。第 1 轮飞行试验共进行了 18 次，飞行时数达 105 h，在此期间，GE 公司开展了高空性能的研究，对比了巡航和地面试验时的数据，完成了关键的爬升和巡航阶段的性能试验。2018 年 12 月，GE9X 发动机又进行了第 2 轮飞行试验，该轮试验在波音 747-400 飞行试验台上进行大约 18 次飞行，主要是用于评估在高温和高海拔条件下发动机软件工作情况和性能，以及验证发动机在中高空熄火后再启动的能力。2019 年 5 月，GE 公司的 GE9X 发动机在美国莫哈韦沙漠改装的波音 747 飞行试验台上完成了全部的飞行试验，共计 320 个飞行循环。2019 年 6 月，GE 公司在 GE9X 发动机地面试验发现耐久性问题后，制订了紧急改进升级计划，以争取波音 777-9 飞机能够在 2020 年1 月如期首飞。2019 年 7 月，GE9X 发动机突发发动机问题，高压压气机的第二级可调静子叶片比预期磨损快得多，4 台发动机不得不运回 GE 公司的俄亥俄州工厂。虽然事发突然，但是 GE 公司却做出较快的响应并制订了改进计划。2019 年 10 月，开始陆续将改进后的发动机交付波音公司。2019 年 12 月，已将当初运回的 4 台 GE9X 发动机重新交付给波音公司。

2020 年，GE9X 发动机通过 FAA 认证。2020 年 1 月，第 1 架配装 GE9X 发动机的波音 777X 试验型飞机完成首次飞行试验，此次对襟翼设置、速度、高度和系统等进行了试验，验证了初步适航性。2020 年 4 月，第 2 架配装 GE9X 发动机的波音 777X 试验型飞机成功完成飞行试验,主要评估操控特性和其他飞行性能。2020 年 9 月,GE9X 发动机通过 FAA 第 33 部适航认证,已收到 600 多台 GE9X 发动机的订单和购买承诺书。此外,GE 公司还完成初始试验检查(IMI)及在转子中人为制造“不平衡”的试验,即故意在转子上放置重物,使其不平衡,然后将该发动机运行 1 000 个循环。

2021 年 11 月,GE 公司模拟恶劣环境,通过吸尘试验验证了 GE9X 发动机的耐久性,达到了新的里程碑。试验中,研究人员将一股灰尘注入 GE9X 试验发动机,分析其在整个飞行包线内的表现。经过 1 600 个循环的试验和孔探检查后,发现所有部件均按预期运转。试验结果增强了 GE 公司的信心,他们认为 GE9X 发动机在投入使用后能够满足客户对耐久性和可靠性的需求。

(5) 2022 年度主要进展

2022 年 2 月,新加坡航空公司宣布追加订购 22 台 GE9X 发动机,为其波音 777-9 机队提供动力。该订单总价值为 28 亿美元,包括一份为期 12 年的 GE 公司的 TrueChoice™ 服务合同。新加坡航空公司共订购了 31 架波音 777-9 飞机,并将成为亚太地区第一家运营这种新一代宽体客机的航空公司。新加坡航空公司曾在 2017 年首次订购了 40 台 GE9X 发动机。

2022 年 12 月,在波音 777-9 进行飞行试验时,其动力 GE9X 涡扇发动机出现问题,波音公司飞行试验计划暂停。至此,该发动机已经运行了 1 700 多个小时,完成了 2600 多个飞行循环。随后,GE 公司对 GE9X 发动机进行内窥镜检查,发现出现的问题与温度异常有关。GE 公司还审查了 GE9X 认证后发生的技术问题,并与波音公司密切协作,以支持尽快恢复飞行试验。

2. PW1000G

PW1000G 系列发动机是普惠公司为民用发动机研制的大推力、大涵道比、双转子齿轮传动(GTF)涡轮风扇发动机,被誉为“先进的洁净动力(Pure Power)”。PW1000G 系列发动机于 2008 年开始正式研制,2016 年开始,各个型号相继投入使用。截至 2022 年底,PW1000G 系列发动机共生产 8 750 台,其中,PW1000G-JM 发动机订单数为 4 544 台,PW1135-JM 发动机订单数为 962 台,PW1200G 发动机订单数为 456 台,PW1500G 发动机订单数为 2 154 台,PW1700G 发动机订单数为 300 台,PW1900G 发动机订单数为 790 台。

(1) 基本情况

PW1000G 系列发动机是在传统涡扇发动机的风扇和低压压气机之间引入一个减速齿轮箱,这样低压转子可以在较高转速下保持高效率状态工作,而风扇可以在较低转速下保持气动损失小和噪声小的状态工作。普惠公司第 1 代 CLAIRE 1(洁净空气发动机),即 PW1000G 发动机,其一些关键部件在“净洁天空”计划下可持续、绿色发动机 SAGE4 验证机项目中进行了验证。通过采用验证的这些技术,使得 PW1000G 的低压涡轮仅有 3 级,且具有已剪切过的叶冠,重量较轻(钛铝叶片)等优势。PW1000G 发动机推力为 66.7～133 kN,与上一代 V2500 发动机相比噪声减少 75%,排放物减少 50%,燃油节省达 16%。

PW1000G 发动机已经发展了 PW1100G、PW1200G、PW1500G、PW1400G、PW1700G 和 PW1900G 6 个型号。发动机目前已在 5 个平台上得以应用,其中包括空客 A320neo、庞巴迪 C 系列(A220)、三菱支线喷气机(MRJ)、伊尔库特 MC-21 及巴航工业 E-Jets E2。PW1400G

原计划配装俄罗斯 MC-21，2020 年后，国际形势变化，美国对俄罗斯实行制裁，PW1400G 未配装飞机。

根据 2020 年第 2 季度燃气涡轮预报，PW1000G 系列发动机估价 940 万到 1 420 万美元。

(2) 主要参数

PW1000G 系列发动机主要性能参数见表 4-7 和表 4-8。

表 4-7　PW1000G 发动机主要参数

型　号	最大推力/kN	耗油率	涵道比	总增压比
PW1215G	67	降低 16%(相比常规涡扇发动机)	9:1	50
PW1217G	76		9:1	50
PW1521G	85		12:1	50
PW1524G	104		12:1	50
PW1124G	107		12:1	50
PW1127G	125		12:1	50
PW1133G	156		12:1	50
PW1428G	125		12:1	50
PW1431G	138		12:1	50
PW1700G	76		9:1	50
PW1900G	102		9:1	50

表 4-8　PW1000G 发动机排放污染物

型　号	NO_x 裕度	噪声裕度(相对第 4 阶段噪声标准)
PW1500G	—	20 dB
PW1100G	CAEP/6(50%)　CAEP/8(35%)	15 dB

(3) 部件与系统

PW1000G 发动机由 1 级风扇、3 级低压压气机、8 级高压压气机、TALON 低排放燃烧室、2 级高压涡轮和 3 级低压涡轮组成。

风扇：PW1000G 发动机的 1 级风扇叶片采用最新 3 维气动设计的宽弦无凸肩掠形叶片，叶尖切线速度和增压比(1.4)较低。普惠公司正在研究轻型材料风扇叶片和复合材料风扇叶片，新型风扇叶片将被用在生产型齿轮传动涡扇发动机上。风扇轮盘通过中心套齿与支承在轴承 1 的风扇轴相连，风扇轴又连接到齿轮传动系统输出轴上。风扇机匣采用复合材料制成，具有零件数少、重量轻、维修性好和包容能力强的特点，是继 GEnX 发动机之后又一采用复合材料风扇机匣的发动机。风扇叶片后缘与分流环之间有较大的间距，便于将空气中的沙石、雨水等甩到外涵。出口导流叶片不仅距风扇叶片后缘远，而且是斜置的，有利于降低风扇噪声。

低压压气机：3 级低压压气机(在 PW1214G 和 PW1700 中为 2 级)以高转速工作，不仅效率高，增压比也大(约为 2.3)。第 1 级与第 2 级静子叶片可调；3 级转子均采用整体叶盘结构，第 2 级整体叶盘与第 1 级、第 3 级整体叶盘通过短螺栓连接，组成了可拆卸转子，以适应整环设计的机匣。

高压压气机:PW1000G 的 8 级高压压气机是在 PW6000 发动机的 8 级高压压气机基础上发展而来的,增压比为 14,平均级压比为 1.39。前 4 排静子叶片可调,第 4～7 级静子叶片悬臂地固定于机匣上。整个高压压气机机匣做成双层,外机匣传递负荷,内机匣作为气流通道的包容机匣。除第 8 级转子叶片装在轮盘上的环形燕尾槽结构外,其他 7 级均采用整体叶盘结构。加上低压压气机的 3 级整体叶盘,PW1000G 发动机共采用了 10 级整体叶盘,是当今采用整体叶盘最多的发动机。

燃烧室:TALON X 燃烧室为金属衬壁(浮壁),能够进行先进的冷却控制,使得发动机在起飞、高空巡航和着陆时都具有更低的氮氧化物排放。NO_x 排放不仅满足最新的 CAEP/6 要求,而且还有较大的裕度。

高压涡轮:2 级高压涡轮叶片采用了高升力叶型设计,采用叶尖吹气封严技术以减小叶尖间隙中的漏气量;还应用了先进的冷却控制和密封技术。

低压涡轮:3 级低压涡轮与 2 级高压涡轮反转。在 PW1000G 发动机中,对高、低压涡轮间承力框架的支板型面做了较好的分析与优化设计,取消了低压涡轮导流叶片,PW1000G 发动机也因此成为首型未采用低压涡轮导流叶片的民用发动机。由于少了一排叶片,此设计不仅使发动机的零件数量减少,重量减轻,而且也缩短了发动机长度。为适应高的进口温度,采用冷却的第 1 级转子叶片和静子叶片,利用 3D Navier-Stokes 程序获得高升力叶片和最优的燃气流路几何形状。除此之外,PW1000G 发动机低压涡轮还采用了欧洲 VITAL 技术验证研究项目的技术,包括切剪过的叶冠、重量较轻的钛铝叶片,增加了叶根到叶尖之间的截面积,并进行了减根设计。

控制系统:采用最新一代全权限数字发动机控制器(FADEC)。在控制通道上,FADEC 仍采用余度的 A、B 通道设计,但是在一些次要的控制传感器或多个功能相同的作动部件上则采用单通道设计。这样设计的原因是新一代部件的可靠性有所增强,仅保证单个通道控制的设计就能够满足整体控制对可靠性的需求。同时,这种设计简化了控制部件,减少了相应的控制导线在发动机上的使用。主要控制传感器或部件仍是双通道设计,但与传统发动机不同的是,当发动机部件出现故障时,该发动机的 FADEC 设计采用主动/主动控制,具体控制逻辑是,如果 FADEC 由 A 通道进行控制,则 B 通道备用;若某部件的 A 通道故障,那么该部件的 B 通道主动启动,执行相应的控制功能,而 FADEC 的其他控制功能仍旧由 A 通道进行控制。而传统发动机在这种情况下,A 通道控制全部转为 B 通道控制,若此时 FADEC 内发现 B 通道另一部件也出现故障,会选择故障等级低的通道进行控制,同时进入安全模式。因此,PW1000G 发动机 FADEC 的主动/主动控制逻辑,提高了其可靠性。

(4) 研制历程

普惠公司 GTF 发动机技术的发展始于 1987 年,至今已有 30 多年的历史,其技术研究与产品研制的历程(1987—2017 年)如图 4-5 所示。

普惠公司 GTF 发动机技术的发展阶段如下:

1987—1998 年,技术开发与验证阶段。

1998—2014 年,工程研制与验证阶段。2008 年,GTF 发动机改称为“清洁动力 PW1000G 发动机”,项目正式启动。2010 年 9 月,PW1000G 发动机开始试验。2013 年 5 月,PW1100G-JM 发动机配装波音 747SP 飞机完成首次飞行试验。2013 年 9 月,PW1524G 发动机配装庞巴

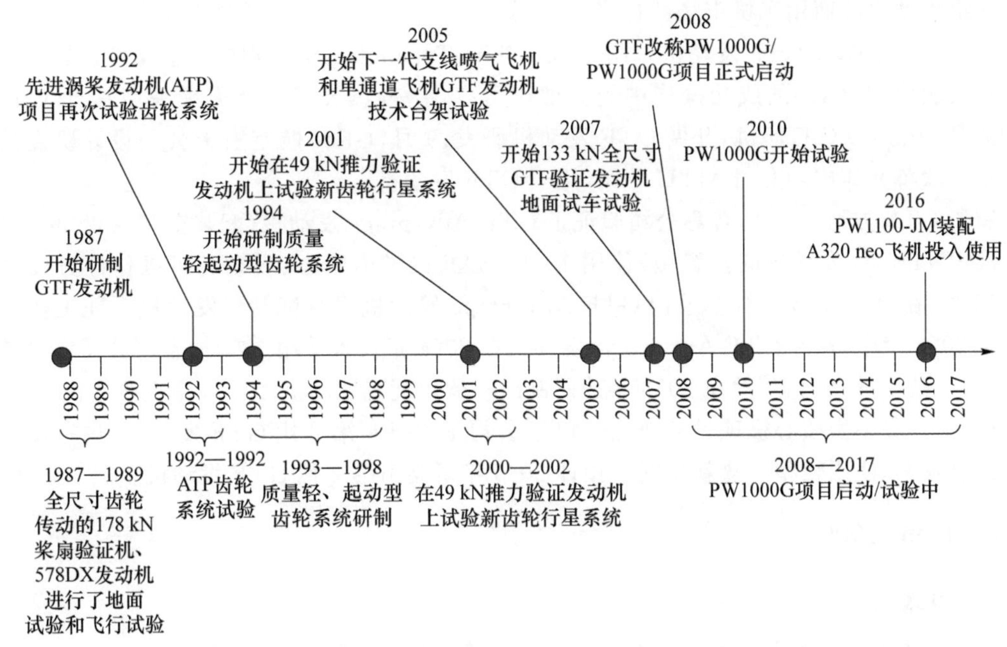

图 4-5　普惠公司 GTF 发动机的技术研究与产品研制的历程(1987—2017 年)

迪 C 系列飞机完成首次飞行试验。

2014—2018 年,适航取证阶段。2014 年 12 月,PW1100G-JM 发动机获得 EASA 认证;2016 年 5 月,PW1500G 获得 EASA 认证,包括 PW1519G、PW1520G、PW1524G 与 PW1525G 几款机型;2016 年 5 月,PW1400G-JM 获得 FAA 认证;2018 年 1 月,PW1900G 发动机获得巴西民航当局巴西国家民航局(ANAC)型号认证。

2016 年至今,运营阶段。2016 年 1 月,首架配装 PW1100G 发动机的 A320neo 飞机交付德国汉莎航空公司开始运营;2016 年 7 月,配装 PW1524G 发动机的 C 系列飞机进入运营;2019 年 2 月,PW 公司向 E195-E2 飞机交付 PW1900G 批产发动机,并于 2019 年下半年在巴西蔚蓝航空公司投入运营;2019 年底,配装 PW1400G-JM 的 MC-21-300 试验飞机首飞。2020 年 2 月,配装 PW1200G 的 MRJ 支线客机一号试飞机验型(FTA1 上)完成首次飞行试验。

自投入使用以来,PW1000G 系列发动机故障频发。2019 年,发生低压涡轮叶片和干面密封失效问题、油封问题、高周疲劳使主齿轮箱组件的零件断裂问题。2020 年,发生 4 起 PW1500G 发动机低压压气机 1 级转子分离故障,发生 59 起 PW1100 发动机低压涡轮第 3 级叶片断裂事件,其中 18 起发动机“空停”事件,单一故障空停率为 30.5%,成为影响 PW1100 发动机运行安全的首要因素。

(5) 2022 年度主要进展

2022 年,PW1000G 市场利用率进一步提高,以其为基础的齿轮传动风扇发动机和下一代 GTF 研制稳步进行。

市场方面。截至 2022 年,有 62 家航空公司运营超过 1 100 架配装 GTF 发动机的飞机。1 月,普惠公司 GTF 发动机在疫情中性能优势不断增强,利用率更高。公务包机服务商 Comlux 公司接收了第 1 架由普惠公司 GTF 发动机提供动力的 ACJ220 公务机,标志着由普惠公司提供动力的商用飞机市场的扩张。

技术方面。6月,GTF发动机采用S.S. White Technologies公司的一套柔性旋转轴在液压反推力装置(TRAS)的成功操作中起关键作用;7月,普惠公司期待未来采用具有Velo3D功能的Sapphire XC打印机,开展GTF发动机研发;9月,GKN航空航天公司设计研发的新涡轮排气段单元体成功交付MTU公司,用于GTF发动机。

新研GTF方面。3月,普惠公司验证了GTF Advantage发动机(配装空客A320neo飞机的基准PW1100G发动机的升级版)使用100% SAF的推力瞬态、启动和可操作性方面的性能。10月,在A320neo飞机上进行GTF Advantage发动机飞行试验。发动机取证工作也将进行至2023年中,预计GTF Advantage发动机在2024年投入使用。7月,普惠公司宣布其下一代GTF技术计划内容,旨在2030年前研制出一款比现有发动机燃油效率至少提高10%的发动机,并开展小型核心机项目的研究;MTU公司正在研制第2代GTF发动机,进一步改善核心机热效率,使用轻型耐热新材料。预计2035年研制出第2代GTF发动机。

3. Trent 1000

(1) 基本情况

Trent 1000发动机是英国罗罗公司为满足21世纪“绿色航空”的要求,为波音787飞机研制的一款三转子大涵道比涡扇发动机,是Trent系列发动机的第5个型号。

Trent 1000发动机是一个国际合作研制项目,全球共有6家公司参与了Trent 1000发动机的项目,卡尔顿锻造公司负责风扇机匣,古德里奇公司负责发动机控制系统,汉胜公司负责附件传动系统,ITP公司负责低压涡轮,川崎重工业株式会社负责中压压气机单元体,三菱重工业株式会社负责燃烧室和低压涡轮叶片,6个合作伙伴投入的资金占研制经费的35%。

Trent 1000采用罗罗公司独特的三转子设计理念,除了沿用前几型Trent系列发动机的设计特点,还采用了公司发展的最新技术,其涵道比和总压比不仅在各型Trent中是最大的,而且在当今所有在役发动机中名列前茅,其耗油率比Trent 900低4%,比Trent前身RB211 524G/H低12%。

Trent 1000发动机从2007年完成定型,已发展了Package A、Package B、Package C和1000-TEN等系列。A系列最初用于取证的型号,取证后不再生产;B系列是标准生产型;C系列在B系列基础上改进了风扇和高压压气机设计,是目前Trent 1000发动机中交付数量最多的。Trent 1000发动机系列的商业订单总数达1 068台,产量926台,其中Trent 1000-TEN发动机订单总数为142台,产量142台。

(2) 主要参数

Trent 1000发动机的推力为236～370 kN,相比现有的环保条例要求,噪声降低29 dB,氮氧化物的排放量降低40%,耗油率比Trent 900的降低4%。Trent 1000发动机涵道比为10.4～11.0,总压比为50∶1,巡航耗油率0.506 kg/(daN·h)。

(3) 部件与系统

Trent 1000发动机由单级风扇、8级中压压气机、6级高压压气机、单级高压涡轮、单级中压涡轮与6级低压涡轮等组成,见图4-6。

风扇:采用了小轮毂比(约0.25),在空气流量一定时,可减小风扇直径,增大涵道比,减轻质量，但轮盘直径较小。为了能安装 20 片转子叶片，叶片榫根采用了 Trent 系列发动机的独特设计，即榫根在长度方向是圆弧形的，这种设计使叶片的榫根与轮盘的榫槽加工均较复杂。

图 4－6　Trent 1000 发动机

中压压气机：沿用 Trent900 发动机的设计，转子叶片采用 3 维气动设计，前缘形状做了改进，风扇出口到中压压气机进口通道较陡，2～6 级转子叶片锁紧装置改成整圈的卡环锁紧装置。

高压压气机：由 66 片叶片组成，转速为 12 000 r/min，由 Trent900 发动机高压压气机衍生而来。其所有叶片均采用 3 维气动设计，轮盘与机匣热匹配较好，可以得到较小的叶尖间隙。第 1 级轮盘采用轴向燕尾槽，叶片用环形卡环锁紧（与中压压气机的类似）；第 2～6 级轮盘采用环形燕尾槽，叶片装在环形燕尾槽中。高压压气机后 3 级轮盘及后锥轴采用用于高压涡轮轮盘的 RR1000 新型高温合金，这种材料在 Trent 系列发动机中首次应用。

燃烧室：采用罗罗公司的第 5 阶段燃烧室。火焰筒采用可拆换瓦片（沿圆周 18 块）的浮壁式设计，整个火焰筒沿轴向分为 5 段，见图 4－7。火焰筒采用的材料：基体为 C263，瓦片为 C1023，连接瓦片与基体用的螺栓为 Inco718。

高压涡轮：单级（见图 4－8）。涡轮转子叶片采用罗罗公司惯用的带冠设计，叶冠上不仅有封严用的篦齿，而且还有 2 个收敛通道，以便使冷却叶片后的部分（低压）空气从叶冠上流出后，在收敛通道中膨胀，回收部分能量。高压涡轮转子叶片与导流叶片均应用了 Trent 系列发动机中通用的 CMSX4 单晶材料，采用全 3 维气动设计，导流叶片均采用复合倾斜设计。转子叶片共 66 片，比 Trent800 发动机（92 片）少 26 片。机匣外围有用于主动间隙控制的冷却空气异形导管。涡轮盘采用罗罗公司发展的新 1 代镍基高温超级粉末合金 RR1000。

图 4－7　火焰筒

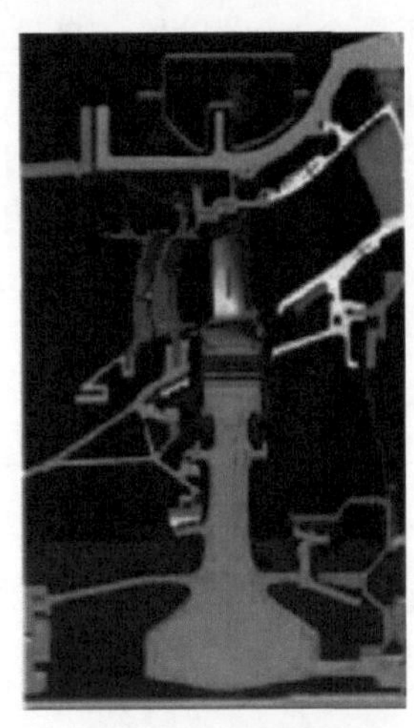

图 4－8　高压涡轮

中压涡轮：单级中压涡轮的转子叶片为带冠与空心冷却结构，由 CMSX4 单晶材料铸成，采用全 3 维气动设计，叶片数（114 片）比 Trent800 发动机（126 片）少 12 片；由 MarM002 精铸的导流叶片为空心的，以便通过轴承座（高压涡轮后轴承与中压涡轮轴承）的承力构件；机匣周围装有主动间隙控制的异形导管。

低压涡轮：6 级低压涡轮转子叶片采用大展弦比、高升力与实心的设计，带冠（用于解决叶片的振动问题）。气动设计中，采取了减小端壁损失的措施。镍基合金加工的整环机匣外围绕着冷却用的导管，用于主动间隙控制。涡轮后轴承机匣采用锻件机械加工而成。为了保证工作中有较均匀的叶尖间隙，机匣做成整环的，为此，轮盘与轮盘间通过轮盘上的鼓环用短螺栓连接，形成沿轴向分成 6 段的可分解的转子。第 5 级轮盘带有向前的锥形辐板，在中心处向后形成低压涡轮后轴，辐板通过圆弧端齿联轴器与低压涡轮轴连接，这一结构是遄达系列发动机所常用的。

控制系统：控制系统选用了卢卡斯公司的双通道、全权限数字式发动机控制系统（FADEC），采用 1 个具有机身接口的发动机电子控制器来进行数字总线通信，采用 1 个发动机监控装置为飞机提供振动信号，综合了健康监控与管理系统，可精确地进行自动气动控制、慢车控制、加速时间调节和起飞爬升的油门调节，还具备故障探测和状态监控的能力。

(4) 研制历程

2004—2005 年，技术开发与验证阶段。2004 年 10 月，Trent 1000 发动机完成初步设计，同年被波音公司选定为波音 787 客机的两型可选动力之一。2005 年春完成详细设计。

2006—2007 年，工程研制与验证阶段。2006 年 2 月，首台 Trent 1000 进行地面台架试验。2007 年 6 月，完成了飞行试验台（B747-200 改装）的飞行试验。

2007—2016 年，适航取证阶段。2007 年 Trent 1000-A、Trent 1000-C、Trent 1000-D、Trent 1000-E、Trent 1000-G、Trent 1000-H 发动机原始型号取得 FAA 和 EASA 许可证。2009 年 12 月，配装 Trent 1000 发动机的波音 787 飞机实现首飞。2011 年 10 月，Trent 1000 发动机开始在波音 787 飞机上投入使用。2011 年 3 月、11 月，2013 年 9 月和 2016 年 7 月，EASA 分别为 Trent 1000 系列发动机的 Package A、Package B、Package C 和 Trent 1000-TEN 发动机颁发了型号合格证。

2016 年至今，运营阶段。自投入使用后，Trent 1000 发动机的压气机和涡轮两大部件发生了一系列故障，如表 4-10 所列，致使包括日本全日空航空公司、新西兰航空公司、酷航航空公司和维珍大西洋航空公司等在内的多家航空公司受到不同程度的影响，同时也给罗罗公司造成了巨大的经济损失和声誉影响。

表 4-10　Trent 1000 发动机故障

型　号	部　件	故　障	原　因	解决措施	
				临时措施	永久措施
A 型	用于取证的型号				
B 型	中压涡轮叶片	腐蚀、裂纹	叶片涂层过早脱落，加之大气中的化学成分引起硫化物腐蚀	更换受损叶片	重新设计 中压涡轮叶片进行替换
	中压压气机叶片	裂纹	在特定工作条件下，叶片旋转产生尾流，刺激叶片产生共振，导致裂纹	加强检查，降低受影响飞机 ETOPS	重新设计中压压气机叶片进行替换

续表 4 - 10

型　号	部　件	故　障	原　因	解决措施	
				临时措施	永久措施
C 型	中压涡轮叶片	腐蚀、裂纹	叶片涂层过早脱落，加之大气中的化学成分引起硫化物腐蚀	启动早期维修程序，尽量模仿新叶片加工并进行替换	增加 1 种基底金属，重新设计采用改进保护涂层的新型叶片进行替换
	中压压气机叶片	裂纹	在特定工作条件下，叶片旋转产生尾流，刺激叶片产生共振，导致裂纹	开发超声探测设备检查裂纹，定期检查，降低受影响飞机 ETOPS	重新设计中压压气机第 1 级和第 2 级叶片进行替换
	中压压气机转子封严	裂纹	—	用孔探仪检查裂纹	对裂纹处进行了修复
TEN	高压涡轮叶片	腐蚀、开裂	叶片工作温度高于其熔点，转速快，导致腐蚀和开裂	加强检查	使用薄膜冷却技术，重新设计增强版的新型高压涡轮叶片进行替换

2019 年，罗罗公司 Trent 1000 发动机继续遭受故障的影响。1 月，由于 Trent 1000 发动机中压压气机叶片存在耐久性问题，重新设计的中压压气机叶片获得适航认证，其用于配装波音 787 飞机的 Trent 1000 C 发动机。同时，针对中压压气机叶片循环次数超过 1 000 次的 Trent 1000 B 型发动机，为了防止飞机在改航期间，中压压气机叶片因低周疲劳裂纹发生故障，对 B 型发动机的中压压气机叶片开展重新设计工作。4 月，在发现某些 Trent 1000TEN 发动机叶片过早出现性能衰减问题之后，EASA 发布适航指令，要求运营商在发动机运行 650 次循环之前就开始对其进行重复检查，并且禁止将发动机与运行超过 1 400 次循环的发动机进行配对使用。截至 2019 年 8 月，停飞并等待修复的 B 型和 C 型发动机总数不超过 25 台。

2020 年，Trent 系列发动机虽不断改进，仍故障频发。罗罗公司在解决耐用性问题上采取了积极的行动，为 Trent 1000 TEN 和 Package C 发动机安装了重新设计的中压压气机叶片，已为超过 50％的 Package B 和 Package C 发动机安装新升级的增强型高压涡轮叶片。7 月，对在役发动机进行评估后发现，涡轮盘与级间静态密封摩擦接触，前密封条可能出现裂纹甚至开裂，并可能导致低压涡轮盘故障和碎片高能释放。EASA 据此发布适航指令要求对 Trent 1000 发动机低压涡轮盘密封条进行一次性、超高灵敏度的荧光渗透检查，若在检查过程中发现裂纹，则需要更换零件。罗罗公司随后修订了关于 Trent 1000C 型发动机低压涡轮的检查规程，将涡轮盘密封条的检查纳入现有的大修维护规程中。8 月，例行大修时发现数台 TrentXWB-84 发动机的中压压气机存在过早异常磨损。同批次 100 余台该发动机中，少数发动机平均有 1～2 个中压压气机转子叶片出现了磨损，罗罗公司对此采取了预防措施；对部分运营时间较短的发动机进行了取样，未发现异常磨损。12 月，罗罗公司完成 TrentXWB-84 中压压气机叶片过早磨损的检查。

2020 年 12 月，澳大利亚运输安全局(ATSB)发布了关于 2018 年酷航波音 787 飞机发动机停机事件的调查结果。事故原因为第 2 级高压燃油泵磨损的轴承碎片堵塞进气过滤器，限制了燃油流动，最终导致发动机停机。罗罗公司检测了配装酷航波音 787 飞机机队的所有 Trent 1000 发动机，确定另外 5 起事件均与进气过滤器被燃油泵碎片堵塞有关。罗罗公司随即更新了 Trent 1000 发动机的故障隔离手册，指示运营商在收到有关燃油计量阀未处于指令位置的维护信息时，拆除燃油泵和液压机械装置。

2021 年 1 月，在英国德比首次成功利用 100% SAF 对 Trent 1000 发动机进行了地面试验，试验证明了公司现有民用发动机可将 100% SAF 作为可选燃料，不需要与其他燃料混合使用。10 月，与波音公司(提供飞机改装技术支持和监督)和世界能源公司(提供飞行燃料)合作，成功利用 100% SAF 对 Trent 1000 发动机进行了飞行试验。试验中使用的波音 747 飞行试验台配装 4 台发动机，其中 1 台为 Trent 1000 发动机，使用 100% SAF，其余 3 台为 RB211 发动机，使用标准航空燃油，试验时长 3 小时 54 分钟。初步迹象表明，不存在工程问题，进一步验证了 SAF 适合商业使用。罗罗公司预计，到 2023 年，所有遄达发动机将兼容 100% SAF。

(5) 2022 年度主要进展

5 月 13 日，由于 Trent 1000 发动机压气机和涡轮叶片的耐久性问题导致波音 787 停飞，公司声誉受到了严重影响。目前在验证和实施永久性修复措施方面已经取得了良好进展，发动机耐久性问题已经得到解决，但最终改进的认证要到 2023 年年中才能完成。这次改进的动因是发动机衍生型与 Trent 1000 TEN 的高压涡轮叶片过早退化有关，这也是针对波音 787 因发动机问题停飞后，对 Trent 1000 系列发动机实施的 9 次改进中的最后一次。

4. LEAP

(1) 基本情况

LEAP-X 发动机是 CFM 国际公司研制的一款大涵道比双转子涡扇发动机。在 LEAP-X 发动机研制项目中，GE 公司负责设计与研制核心机；SNECMA 公司负责设计与研制低压部分，包括风扇、低压压气机、低压涡轮和附件齿轮箱等。

LEAP-X 发动机除继承了成熟的 CFM56 发动机技术外，还引入了 GE 公司和 SNECMA 公司在先进气动、环保和材料技术方面的最新研究成果，包括第 3 代 3 维气动设计技术、先进复合材料、先进燃烧技术、主动热管理技术、可变面积外涵排气导向装置以及先进发动机控制技术等。

LEAP-X 发动机现已发展了 LEAP-1A、LEAP-1B 和 LEAP-1C 3 个型号(各型示意图见图 4-9～图 4-12)，分别为 A320neo、B737MAX 和 C919 单通道飞机提供动力。

图 4-9　LEAP-X 发动机

图 4-10　LEAP-1A 发动机

图 4-11 LEAP-1B 发动机

图 4-12 LEAP-1C 发动机

(2) 主要参数

LEAP-X 发动机的推力为 80～138.8 kN，涵道比为 11(LEAP-1B 发动机为 9)，总增压比为 40。与 CFM56 相比，其耗油率降低约 16%(其中，7%通过优化涵道比实现，7%通过革新压气机、燃烧室及 CFD(计算流体力学)等核心技术实现，2%通过改进发动机系统实现)，发动机的巡航耗油率为 0.48～0.49 kg/(kgf·h)。CO_2 排放量降低 16%，NO_x 排放量降低 40%(比 CAEP/6 的标准低 50%)，噪声相对于 FAR36 部第 3 阶段的水平降低 20 dB。

(3) 部件与系统

LEAP-X 发动机由 1 级风扇、3 级低压压气机、10 级高压压气机、第 2 代双环预混旋流燃烧室、2 级高压涡轮和 7 级低压涡轮(LEAP-1B 发动机为 5 级)组成。

风扇：1 级轴流式，转子叶片为宽弦弯掠式结构，数量为 18 片，直径为 1.8 m，总重为 76 kg。转子叶片采用 SNECMA 公司独创的 3D 编织树脂传递成型(3-DWovenResinTransferMolding，3-DWRTM)技术制造。风扇转子叶片见图 4-13。安装了可变面积风扇外涵排气导向装置，通过调节发动机外涵道的面积，控制外涵气流速度，在不同飞行状态下使发动机始终处于最佳工作状态，可有效降低噪声，并提高推进效率。

低压压气机：3 级轴流式，采用第 3 代 3 维气动设计技术，使发动机的喘振裕度提高 15%，叶片数量减少 10%。机匣采用刚性的双壁设计。低压压气机叶盘见图 4-14。

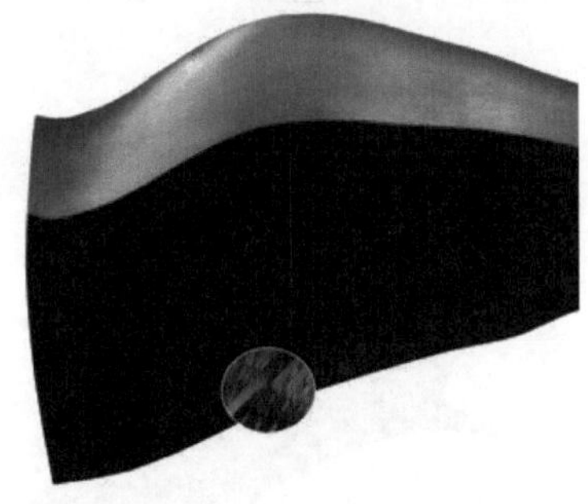

图 4-13 风扇叶片

图 4-14 低压压气机叶盘

高压压气机：10 级。首台核心机采用单级高压涡轮和 8 级高压压气机设计，压比为 16；第 2 台核心机采用 2 级高压涡轮和 10 级高压压气机设计，压比达 22。此外，高压压气机 1～5 级采用整体叶盘设计，以减轻核心机的重量，同时避免了在叶片和盘之间使用楔形连接，将流动损失减到最小。高压压气机叶盘见图 4-15。

燃烧室:采用第 2 代 TAPS 燃烧室(见图 4-16)。该燃烧室由 2 个同心的环形燃油/空气旋流器组成,内部旋流器产生“气旋”引导火焰低速平稳地燃烧,外部主旋流器内分级燃烧。在不同的工作条件下,TAPS 都会产生均匀的出口温度分布,有效降低高压涡轮的热应力。与传统的燃烧室相比,TAPS 燃烧室的燃烧效率更高,火焰温度更低,燃烧室出口温度场也更均匀,污染物排放更低。

图 4-15 高压压气机叶盘

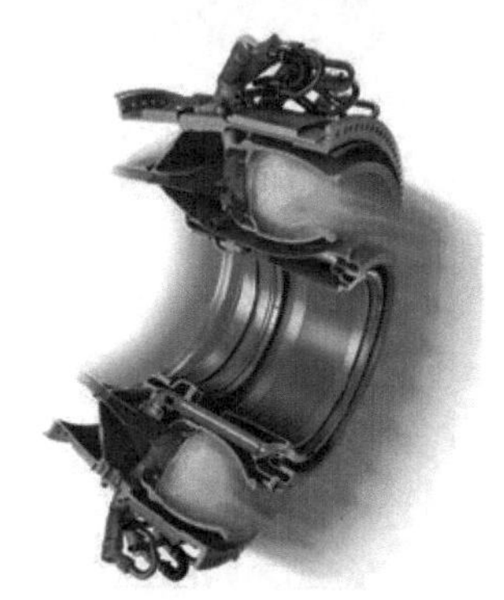

图 4-16 第 2 代 TAPS 燃烧室

高压涡轮:高压涡轮叶片结构如图 4-17 所示。高压涡轮为 2 级,采用第 3 代 3 维气动设计的低刚性高载荷叶型,由高性能的单晶材料制造,具有均匀性、抗腐蚀性与抗蠕变性等优点。高压涡轮还应用了经过验证的新涡轮导向器结构、新的气动设计技术和减振叶片,使高压涡轮的效率和耐久性大幅提高,重量明显减轻。

低压涡轮:低压涡轮为 7 级(LEAP-1B 发动机为 5 级),第 1 级低压涡轮叶片叶型采用 CFM 国际公司最新的 3 维气动设计,材料为钛铝合金,使叶片的抗热能力更强,重量更轻。这是 TiAl 合金在世界范围内首次在单通道飞机发动机低压涡轮转子叶片上应用。低压涡轮导向器叶片采用陶瓷基复合材料(CMC),重量仅为传统材料的 1/2 甚至更轻,可以耐 1 200 ℃以上高温而无需冷却,提高了发动机推力和效率。低压涡轮导向叶片见图 4-18。

图 4-17 高压涡轮叶片

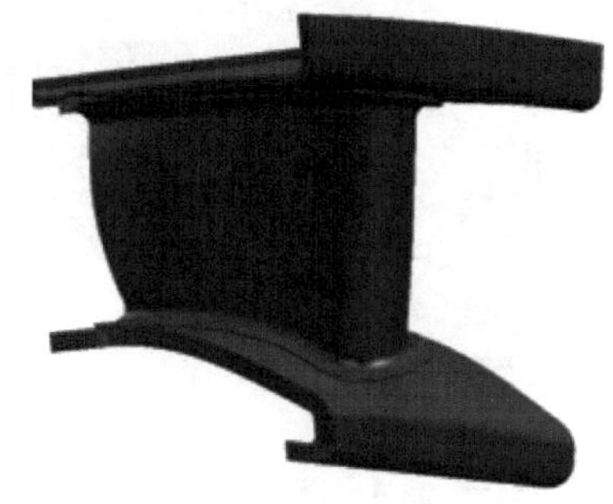

图 4-18 低压涡轮导向叶片

控制系统:采用 FADEC 国际公司设计和生产的第 4 代全权限数字发动机控制系统(FADEC),控制发动机燃油流量、可变几何形状,与发动机推力反向器接口,并执行先进的功能，如电子发动机超速保护，在整个飞行包线内能使发动机变几何达到最佳化。在冷却控制方面，FADEC 控制从发动机高压压气机（HPC）到高压涡轮转子叶片和静子叶片冷却回路的气流，根据不同飞行阶段为高压涡轮叶型表面准确提供尽可能多的冷却空气；在大推力、高工作温度状态下采用 FADEC 调节高压压气机，能够将更多的冷却空气引入高压涡轮叶型。该系统采用 2 个独立的冗余电子通道，提高了系统工作的可靠性，每个通道能完全控制整个动力装置，并且能够进行自检和故障隔离。LEAP-1A 发动机的控制系统包括以下部件、子系统：燃油计量单元（FMU）、分体控制单元（SCU）/集成伺服阀（SVA）、T12 探头、T25 探头、T3 探头、燃油温度传感器、燃油歧管压力传感器、识别插头、发动机电子控制器（EEC）、永磁发电机、FADEC 系统。

(4) 研制历程

2005 年 6 月，CFM 国际公司宣布启动 LEAP56 计划，为研制 LEAP-X 发动机开发和验证相关技术。2008 年 7 月，CFM 国际公司正式启动 LEAP-X 发动机项目。

2009—2012 年，完成了部件试验和核心机试验。2009 年 1 月，对复合材料风扇叶片进行基本气动性能试验；同年 6 月，对 LEAP-X 发动机的风扇和压气机进行了试验。2009 年 6 月，开始全尺寸工程核心机 eCore1 试验，同年 11 月完成。2010 年 12 月，完成 LEAP-X 发动机风扇叶片飞出包容性试验。2011 年 5 月，完成了全尺寸风扇叶片的飞出试验及大部分的全尺寸部件试验；同年 8 月，完成了先进 3D 编织树脂传递成型风扇及复合材料机匣的耐久性试验。2011 年 6 月，开始 eCore2 核心机试验。2012 年，开始核心机 eCore3 试验。

2012—2013 年，完成设计定型。2012 年 6 月，LEAP-1A/1C 发动机设计定型；2013 年 5 月，LEAP-1B 发动机设计定型。

2013—2015 年，完成整机试验。2013 年 9 月，第 1 台全尺寸 LEAP-1A/1C 发动机开始地面试验。2014 年 6 月，第 1 台 LEAP-1B 发动机开始地面试验。2014 年 10 月，LEAP-1A/1C 发动机进行了飞行试验。2015 年 1 月和 4 月，LEAP-1A 和 LEAP-1B 发动机分别进行了飞行试验。

2015—2017 年，完成了取证。LEAP-1A/1B/1C 发动机分别装配在空客 A320neo 飞机、空客 B737MAX9 飞机和中国商飞 C919 飞机于 2015 年 5 月、2017 年 4 月和 5 月进行了首次飞行试验。LEAP1A/1B/1C 发动机分别于 2015 年 11 月、2016 年 5 月和 2016 年 12 月取得美国联邦航空局（FAA）和欧洲航空安全局（EASA）的联合认证。LEAP-1A/1B 发动机分别于 2016 年和 2017 年投入运营。

2019 年 4 月，CFM 国际公司对 Leap-1A 发动机和 Leap-1B 发动机实施监控，发现约有 1%的发动机存在问题（均为 Leap-1B 发动机）。2019 年 6 月，Leap-1B 发动机在启动机油滤器旁路灯亮后停车。发生了 5 起发动机在飞行中停车的事故后，CFM 国际公司表示将重新设计 Leap-1B 发动机的径向传动轴的轴承。2019 年 12 月，第 6 架中国商飞 C919 试飞飞机首飞。

2020 年 4 月，GE 公司表示特朗普政府已向该企业发放许可证，允许其向中国商飞 C919 型客机供应 LEAP 发动机。

(5) 2022 年度主要进展

2022 年 2 月，CFM 国际公司已经确认个别 LEAP-1A 发动机可能存在部件缺陷，导致发动机出现非包容性故障,故障涉及 LEAP-1A 第 1 级高压涡轮盘和第 6～10 级压气机轮毂的制造缺陷,全球范围内共影响 12 台 LEAP-1A 发动机。同月,FAA 在《美国联邦公报》发布的适航指令中表示,Leap-1B 发动机存在潜在的制造缺陷问题,可能导致某些零件在制造过程中出现潜在异常。受影响的部件包括压气机轴、高压涡轮密封件、高压涡轮盘和低压涡轮盘。FAA 要求航空公司更新发动机维护计划,并修改 Leap-1B 发动机车间手册,纳入新的适航性限制。

5. “珍珠”15

(1) 基本情况

“珍珠”15 发动机是英国罗罗公司于 21 世纪 10 年代研制的珍珠系列双转子涡轮风扇发动机的首个型号,用于大客舱、高航速的远程公务机,如图 4－19 所示。该发动机已被选为加拿大庞巴迪公司最新超远程公务机“环球”5500/6500 唯一动力装置,2019 年 12 月底开始交付客户。截至 2021 年底,“珍珠”15 共生产 71 台,预计到 2030 年还将再生产 533 台。2020 年,每台发动机价格约为 720 万美元。

图 4－19 “珍珠”15 发动机

(2) 主要参数

“珍珠”15 发动机的主要参数如表 4－10 所列

表 4－10 “珍珠”15 发动机的主要参数

性能参数			
推力	4 450～8 900 kN((S/L,ISA＋15)	涵道比	4.8
		总增压比	43
		干重量	2 200 kg
几何参数			
长度	4 809 mm	最大直径(风扇)	1 219 mm

(3) 部件与系统

“珍珠”15 发动机融合了 BR700 发动机的成熟技术和 Advance 2 技术验证机的创新技术。

发动机采用了 Advance 2 的全新核心机，并采用了先进的镍基合金和特有的陶瓷涂层，以提高核心机的效率。相较于 BR700 发动机，“珍珠”15 发动机起飞推力提高约 9%，取证推力达 6 861 daN(ISA+15 ℃)，噪声降低 2 dB，燃料消耗率降低 7%，烟雾排放量降低 48%；相比 CAEP/6 标准，其 NO_x 排放量降低了 35%，与 BR700 具有相同的发动机短舱。

风扇：由 24 个钛合金后掠叶片组成，直径为 1 270 m，使用了重量更轻的密封系统。

高压压气机：10 级轴流式高压压气机，其中 6 级为钛合金整体叶盘，采用了先进的材料，能承受更高的温度，压比达到 24∶1。

燃烧室：全环形轴流超低 NO_x 排放燃烧室。瓦片式火焰筒是基于 Trent XWB 发动机研发经验重新设计的。

高压涡轮：全新设计的 2 级无冠气冷高压涡轮转子叶片，能提供增强的气动性能和冷却能力，包含 1 个整体可调的机匣冷却系统，可最大限度地提高效率，降低油耗。

低压涡轮：3 级轴流式。采用先进的高温材料制成，能够为风扇提供更高的功率，以增大发动机推力；应用先进的扇形段和封严结构，可实现更高的压力和温度，同时能减轻重量和降低燃油消耗。

反推力装置：采用靶式反推力装置，与 BR710 相似。

控制系统：采用先进的 FADEC。

滑油系统：赛峰集团传输系统公司提供附件齿轮箱。

(4) 研制历程

“珍珠”15 发动机是在严格保密情况下由位于德国达莱维茨的罗罗德国商用航空发动机卓越中心研发和生产的。2015 年，“珍珠”15 发动机完成了首台发动机地面试验，之后罗罗公司至少使用了 6 台试验型发动机和 14 个试验台，完成了 27 项试验活动。2016 年，“珍珠”15 发动机完成首次型号试验和第二次型号试验，2017 年完成发动机取证和飞行试验，并完成首飞。2018 年第 1 季度，以庞巴迪“环球”6500 为试验台进行了飞行试验，并于 2 月 28 日获得了欧洲航空安全局(EASA)的认证，5 月发动机和飞机在欧洲商务航展(EBACE)首次亮相。2019 年 9 月和 12 月，分别获得了加拿大民用航空局(TCCA)和美国联邦航空管理局(FAA)的认证，2019 年 12 月，“珍珠”15 配装“环球”6500 投入运营。2020 年 5 月，罗罗向庞巴迪交付首批“珍珠”15 量产发动机；2021 年 8 月，罗罗向庞巴迪交付第 100 台“珍珠”15 发动机。

(5) 2022 年度主要进展

2022 年 8 月，罗罗公司宣布启动新的氢燃料计划，将深入研究混合电推进技术，开拓可持续性航空新形式。在该计划下，罗罗公司计划近期分别在 AE2100 发动机和“珍珠”15 发动机上进行 2 次地面试验，之后将开展飞行试验，以证明氢燃料发动机可以安全有效地为 21 世纪 30 年代中期以后的中小型飞机提供动力。

6. “珍珠”700

(1) 基本情况

“珍珠”700 发动机是罗罗公司于 2019 年 10 月披露设计的双转子涡轮风扇发动机，用于湾流公司旗舰公务机 G700。2020 年 2 月 16 日完成了首次飞行试验，当时预计 2022 年交付用户。截至 2021 年底共生产 15 台“珍珠”700，预计到 2030 年还将再生产 808 台。产品价格约为 720 万美元(按 2020 年美元计)。“珍珠”700 发动机剖视图见图 4-20。

图 4-20 “珍珠”700 发动机剖视图

(2) 主要参数

相比 BR725 发动机,“珍珠”700 发动机保持了 BR700 发动机的外廓尺寸,涵道比为 5,起飞推力可提高 8%,达到 81.1 kN,推重比提高超过 12%;燃油消耗降低 3.5%,风扇直径为 1 315.72 mm,效率提高 5%。该发动机不仅可以使飞机接近声速运行,且能提供世界领先的低噪声和排放性能,满足或优于第 5 阶段的噪声标准,预计 NO_x 低于 CAEP/6 标准的 35%。

(3) 部件与系统

“珍珠”700 发动机不仅具有珍珠发动机的先进核心机、低噪声低排放设计、发动机健康管理系统和 CorporateCare© 服务保障等特点,而且采用了全新的低压系统。

风扇:风扇直径为 1.32 m,包括 24 个掠形叶片。叶片和盘采用线性摩擦焊等先进制造技术制成整体叶盘,以减轻重量、减少零件数,降低飞行阻力和提高发动机效率。

高压压气机:10 级轴流式高压压气机采用轻质设计,其中 6 级为钛合金整体叶盘,增压比达到 24。

燃烧室:超低排放燃烧室,采用了更环保的技术,噪声更低。

高压涡轮:2 级无冠高压涡轮。

低压涡轮:4 级低压涡轮采用先进的 3 维气动设计叶型,为风扇提供更高的功率,使发动机推力更大。

控制系统:采用先进的 FADEC。

滑油系统:赛峰集团传输系统提供附件齿轮箱。

(4) 研制历程

“珍珠”700 发动机由位于德国达莱维茨的罗罗公司商用航空发动机卓越中心设计研发。截至 2019 年已经完成了 1500 h 和 5000 次循环的试验,先进的设计和全面的试验将可满足 G700 取证飞行试验项目的需求。

2020 年 2 月 16 日,2 台“珍珠”700 发动机配装 G700 飞机成功完成了首次飞行试验,共历时 2 小时 32 分钟。G700 飞行试验机队包括 5 架传统试验飞机和 1 架装备齐全的试制飞机。

2021 年 2 月,罗罗公司首次利用 100%可持续航空燃料对“珍珠”700 进行测试,验证了公务机动力可选用 100%可持续航空燃料。同年 10 月,美国湾流公司推出了以罗罗公司“珍珠”

700 发动机为动力的 G800 公务机。

(5) 2022 年度主要进展

2022 年 5 月，罗罗公司表示即将完成“珍珠”700 发动机的试验工作，之后将工作重点转向生产。9 月，“珍珠”700 发动机配装 G700 和 G800 飞机取得 EASA 认证。

7. PD-14

PD-14 发动机是针对中短程干线客机 MS-21 研制的第五代民用大涵道比涡扇发动机。在基准型基础上还发展了 PD-14-A，配装 MS-21-200 飞机；加力改型 PD-14-M，配装 MS-21-400、伊尔-214、伊尔-76MD 和未来运输机伊尔-276。2022 年，PD-14 发动机先后完成了极冷条件(零下 30℃)飞行试验及第 100 次飞行。此外，研制方表示做好了批产准备。2022 年底，研制方宣布将增加 PD-14 项目资金投入，加快实现民用航空发动机国外产品的国产化替代。

(1) 基本情况

PD-14 发动机的研制由俄罗斯彼尔姆航空发动机公司牵头，联合发动机制造集团(UEC)下属的土星科研生产联合体、礼炮燃气涡轮制造科研生产联合体、乌法发动机制造生产联合企业(UMPO)、彼尔姆发动机制造厂等多家企业，以及俄罗斯中央航空发动机研究院(CIAM)、中央空气流体力学研究院(TsAGI)、全俄航空材料研究院(VIAM)和乌克兰“前进”设计局等共同参与。其中，CIAM 和 TsAGI 负责对 PD-14 发动机设计方案进行论证评审，VIAM 负责相关材料的研究。UMPO 负责低压部件、高压压气机和增压级的研制和生产，土星公司负责低压压气机的研制，礼炮公司负责所有齿轮和传动相关研制工作。

PD-14 发动机研制之前，俄罗斯各发动机设计单位均开展了先进技术储备工作，包括其技术验证机 PS-12 的研发和核心部件的基础预研。主要的关键技术有：低噪声风扇宽弦空心叶片加工工艺、复合材料风扇机匣、整体叶盘、低污染燃烧室、带先进冷却系统的高压涡轮单晶叶片、热端零件陶瓷基涂层、复合材料短舱、燃气涡轮发动机气路指尖封严、脉冲电化学处理工艺等。这些研究成果为 PD-14 发动机的研制奠定了技术基础。

(2) 主要参数

PD-14 发动机的研制采用了诸多先进技术，在可靠性、寿命、污染排放、经济性和可维护性等方面都达到了国际先进水平。PD-14 发动机的涵道比为 8.5，总压比为 37.2，爬升状态总压比为 41.0。涡轮进口温度为 1 450 K($H=11$，$Ma=0.8$)和 1 730 K(起飞状态)。发动机推力范围为 125～180 kN。同 CFM56 和 V2500 等商用发动机相比，巡航状态耗油率降低 12%～16%，全寿命周期费用降低 11%～24%。PD-14 发动机具有非常高的可靠性和生产工艺性，以及低的使用成本。发动机的噪声水平比 ICAO 第 4 阶段的标准要求低 10 dB 以上，NO_x 污染排放比第 4 阶段标准要求低 20%以上。表 4－12 所列为 PD-14 发动机及其改型的主要性能参数。

表 4－12　PD-14 发动机及其改型的主要参数

主要性能参数	型　号				
	PD-14	PD-14-A	PD-14-M	PD-10	PD-18-P
风扇直径/mm	1 900	1 900	1 900	1 677	—
发动机干重/kg	2 870	2 870	2 970	2 350	—

续表 4-12

主要性能参数	型号				
	PD-14	PD-14-A	PD-14-M	PD-10	PD-18-P
起飞推力/kgf	14 000	12 500	15 600	10 900	18 000～20 000
涵道比	8.5	8.6	7.2	—	—
压比	41	38	46	—	—
巡航状态耗油率	比同类发动机降低 12%～16%				比其他类型发动机低 3%～5%

(3) 部件与系统

PD-14 发动机为双转子结构，内外涵道气流不掺混、分开排气。该发动机由 1 级风扇、3 级增压级、8 级高压压气机、环形低污染燃烧室、2 级高压涡轮和 6 级低压涡轮等组成。PD-14 发动机结构如图 4-21 所示。

图 4-21 PD-14 发动机结构

风扇：有 18 片低噪声无凸肩宽弦空心钛合金叶片，内部填充物为凯夫拉复合材料，采用扩散连接工艺制成。材料选用微粒子尺寸为 100～500 nm 的纳米结构 BT6 钛合金，见图 4-22。叶根为镰刀型燕尾式，不是传统的直尾式。

低压压气机：共有 3 级，其设计由土星公司负责，充分利用了 SaM146 发动机低压压气机的研制经验，缩短了研制周期。PD-14 发动机低压压气机结构设计考虑了先进的加工能力，具有很好的工艺性。该低压压气机设计方案能够在整个换算转速范围内保证换算空气流量和绝热效率满足要求，并具有足够的裕度。

高压压气机：共有 8 级，增压比为 17，并且采用整体叶盘结构。彼尔姆航空发动机公司与 CIAM 合作研制了高压压气机级，是新一代高压压气机气动设计的基础。高压压气机级的工作轮盘如图 4-23 所示。

图 4-22 采用纳米结构的 BT6 合金制造的空心风扇叶片

图 4-23 高压压气机级 A-1 的工作轮盘

燃烧室：采用先进的环形低污染燃烧室，材料采用金属基化合物以大幅降低发动机污染排放水平。燃烧室设计要求：有害物排放水平比2008年ICAO标准低20%～30%；热端部件寿命不低于20 000个飞行循环；燃烧室出口燃气最大相对不均匀度为1.25；燃烧效率为0.995；总压恢复系数为0.95；点火高度为9 km。彼尔姆航空发动机公司根据自己的设计经验，采用了48个气动燃油喷嘴双排布置的多模态头部装置、3总管供油系统和带瓦片式冷却结构的火焰筒，可以降低燃烧室出口温度，从而降低成本。

高压涡轮：共2级，带有高效冷却系统，总落压比为4.7，效率达87.2%，损失小于5%。高压涡轮工作叶片和导向叶片采用了新一代单晶合金制造。工作叶片叶盆一侧经过几何优化后的叶片间流道出口有扩散段，可降低激波强度，减小工作轮盘气流损失，使效率提高0.5%。在工作叶片后部设置了多通道环绕冷却系统，使叶片的热状态得到明显改善，还可改善工作叶片的应力-形变和振动状态。

低压涡轮：共6级，涡轮盘采用了新型镍基粉末合金制造。

(4) 研制历程

2006—2008年为关键技术攻关和相关方案论证阶段。2008年，PD-14发动机项目开始启动。PD-14发动机第一轮设计工作对概念设计方案进行了论证评审，对技术和工艺可行性进行了评估，并对经济性进行了论证。2010年3月，进入第二轮设计。2010年11月开始核心机试验和调试。2011年末完成了核心机-工艺验证机组装，并于同年12月在室内试车台上完成了首次试验。

2012年，PD-14发动机项目转入技术验证机研制阶段。2012年6月验证机首台试验件在地面试车台上试验。2012年9月，PD-14技术验证机完成试验大纲规定的所有试验项目，对采用先进技术的多种零部件进行了验证。

2013年春，独联体航空注册局接受了彼尔姆航空发动机公司提交的PD-14发动机认证申请。2013年8月，首台PD-14发动机验证机首次亮相MAKS-2013航展。2015年1月，彼尔姆发动机公司完成了第1台PD-14发动机核心机的组装。2015年11月底顺利完成了地面试验。2015年11月3日，PD-14发动机进行了首次飞行试验。2017年PD-14发动机通过独联体适航局适航认证。2018年10月，获得俄罗斯适航证书。

2019年7月，乌法“闪电”科学生产企业完成了PD-14发动机点火系统的试验设计工作，采用独特的一体化综合设计方法。2019年9月，俄罗斯联合发动机制造集团透露已将“数字孪生”技术用于PD-14发动机的设计、制造和应用。此外，PD-14发动机研制方对外称其机匣采用激光增材制造技术制造，并指出该技术可在确保部件机械性能的同时，使重量减轻2/3，制造时间缩短到130 h。为了确保制造过程中的必要精度，采用了多种工艺流程，例如热变形预测和使用基底来避免开裂等。研究人员表示，这一经验不仅将应用于PD-14发动机，还打算应用于大推力PD-35发动机。2019年10月，PD-14发动机即将配装MC-21飞机开展飞行试验，2台PD-14发动机已经正式交付给伊尔库特公司。彼尔姆航空发动机公司表示，将对PD-14发动机进行一些额外装配，特别是将发动机安装在发动机短舱中，以及配装从其他制造商处获得的反推力装置。随后，PD-14将安装在MC-21飞机吊架上，使飞机能够转移到飞行试验部。在进行首次飞行前，首先将进行地面试验。

2020年12月15日，俄罗斯伊尔库特公司进行了首架选装俄制PD-14发动机的MS-21-310客机首飞。

2021 年 4 月，彼尔姆工程工业论坛上，彼尔姆航空发动机公司展出了其工业用 PD-14 发动机。该型发动机是根据俄罗斯天然气总公司需求，在 PD-14 基础上改型而来的，主要用于输气装置和发电站。其主要优点是：增加燃油效率 6%～8%，NO_x 排放小于 50 mg/m^3，寿命 20 万小时。并且采用高效结构方案及低排放燃烧室确保其符合俄罗斯和国际环保要求。

(5) 2022 年度主要进展

2022 年 1 月，PD-14 发动机配装 MC-21-300 飞机在雅库特完成了极冷条件(零下 30℃)飞行试验。此次飞行试验在型号认证拓展工作框架内进行。在雅库特各地区，包括北方地区，累计进行了约 6 h 的飞行，着陆基本在夜间完成。飞行试验过程中，MC-21-300 完成了一系列复杂状态，包括主发动机单发计划性断开和空中启动。

2022 年 8 月，PD-14 发动机在 MS-21-310 飞机飞行认证试验中完成了第 100 次飞行。

2022 年 11 月，彼尔姆航空发动机公司在国际发动机制造论坛上向各航空公司介绍了 PD-14 发动机的生产计划。俄罗斯工业贸易部副部长奥列佳・保查洛娃表示，PD-14 是俄罗斯近几年航空领域发展的旗舰项目。彼尔姆航空发动机公司执行董事谢尔盖・哈林表示，在西方制裁压力下，仍做好了批产 PD-14 的准备。计划 1 年生产 12 台，满足近 1 年半伊尔库特公司的需求。

2022 年 12 月，彼尔姆航空发动机公司对外宣布，因俄乌冲突和国际局势，公司将进行资金重组，增加对 PD-14、PD-8 等发动机项目的资金投入，同时推迟 PD-35 发动机的研制周期 2 年。

8. CF34

(1) 基本情况

CF34/TF34 发动机是 GE 公司于 20 世纪 60 年代后期开始研制的大涵道比涡轮风扇发动机，分别用于民用的公务喷气式飞机和军用飞机。CF34 发动机总体结构与 TF34 发动机基本相同。该发动机采用了单元体设计方法，共分 8 个单元体，使发动机便于维修。为满足美国 FAA 适航条例，CF34 发动机还增加了凯芙勒纤维加强风扇包容环和防火的陶瓷纤维绝缘罩。另外，涡轮采用了气膜冷却技术。该发动机具有大涵道比、高推重比和低耗油率的特点，且可靠性和维修性好，翻修间隔时间已达 6 000 h。

(2) 主要参数

① TF34 系列发动机。

起飞推力为 4 030～4 891 daN；

起飞耗油率为 0.37～0.377 kg/(daN•h)；

推重比为 6.18～6.37；

空气流量为 153 kg/s 左右；

涵道比为 6.2；

涡轮进口温度为 1 225 ℃。

② CF34 系列发动机。

海平面起飞推力为 3 880～8 226 daN；

起飞耗油率为 0.352～0.398 kg/(daN•h)；

巡航耗油率为0.662～0.725 kg/(daN·h)；

推重比为5.52～5.89；

空气流量为151～200 kg/s；

涵道比为4.8～6.2；

总增压比为21.1～28.5；

涡轮进口温度为1 204 ℃。

(3) 部件与系统

风扇：单级轴流式，有28片宽弦、无凸肩实心叶片，增压比1.5，最大转速为7300 r/min，叶片和盘的材料为钛合金。

增压级：CF34-10系列为3级轴流式，其他系列无增压级。

压气机：CF34-1A/3A系列/3B系列/8为14级轴流式。进口导流叶片和前5级整流叶片可调，第3～14级转子叶片装在轮盘环形燕尾槽内，可在外场单独更换。第1级转子叶片为合金钢，第2～9级转子叶片为钛合金，第10～14级为镍基合金。CF34-3B第1级采用整体叶盘，最大转速为17 710 r/min。CF34-8C系列为10级，具有更大的流量和压比，有5级静叶可调。CF34-10系列为9级。

燃烧室：环形燃烧室的火焰筒由Hastelloy X镍基合金锻件经机加工制成。火焰筒易于拆卸，可用孔探仪检查。低压燃油喷射系统设18个气动雾化喷嘴。CF34-8系列及CF34-10系列采用全新的源自GE90技术的环形机加工燃烧室，有采用激光打孔工艺制造的几千个小孔，可形成薄膜进行冷却和降低排放。

高压涡轮：2级轴流式。第1级导向器叶片为薄膜和冲击冷却；转子叶片第1级为气冷对流冷却，第2级不冷却。CF34-8C1的两级都冷却。CF34A1/3B的材料为DSR。CF34-8C的材料为DSR1421。

低压涡轮：4级轴流式，叶尖带冠，材料为Rene 77。机匣对开，便于单个转子叶片和导向器叶片扇形段更换。CF34-8系列和CF34-10系列改进了气动设计，减少了叶片数。涡轮盘成对由惯性焊接制成，由IHI制造。

反推力装置：TF34系列无此装置。CF34-3B系列有一个本身已成为飞机机身一部分的气压驱动的格栅式反推力装置，用于装配肖特兄弟公司的飞机。CF34-8系列有简化的移动整流罩格栅式反推力装置。装于机身上时，CF34-10A为上下蛤壳式反推力装置，由Smiths Aerospace制造。

附件：由高压转子轴前端径向驱动、附在压气机机匣下部的“香蕉“形齿轮箱。日本的KHI为CF34-8C/8D和CF34-10提供齿轮箱。

控制系统：CF34-1A/3A系列/3B系列/8的早期型别是带电子放大器的机械液压式控制系统，抗污染物的汽化燃料控制。CF34-8C1和CF34-10系列的所有型别是洛克希德·马丁控制系统公司的双通道全权限数字式发动机控制系统(FADEC)。

启动系统：空气涡轮启动机。

点火系统：高能点火系统，2个点火器。

燃油系统：TF34发动机采用JP-4或JP-5燃油系统。

滑油系统：回路增压综合式滑油系统。

(4) 研制历程

1965 年,GE 公司赢得海军的竞标,为拟议中的 VS(X)舰载反潜机提供较小尺寸的涡轮风扇发动机。在海军航空系统司令部的合同管理下,1968 年 4 月在位于麻省林恩(Lynn)的 GE 公司小型飞机发动机部开始该型发动机的全面研制。当时的条件是,要求预算在9 600万美元内。目标实现后,发动机被命名为 TF34,而 VS(X)飞机就是后来的洛克希德公司的 S-3A“海盗”。随后,TF34 又赢得了美国空军对地战术攻击机的竞争,使用者是 A-10。两项军用订单维持着发动机的适度生产。

1976 年,为满足美国海岸警卫队对新的中程海上巡逻机的需求,GE 公司开始研制由军用型 TF34 改型 CF34 发动机,但后来落选。1982 年 8 月 CF34-1 取得美国联邦航空局(FAA)适航证,随后又发展了 CF34-3A 和 CF34-3B 发动机,用于“挑战者”601-3A、RJ100 和 RJ100ER 行政机和小型客机。CF34-3A 于 1986 年 9 月取得 FAA 适航证。从此,民用型的 CF34 得到公务喷气机的青睐,并开始强势发展,现在 GE 公司新型别的 CF34 的推力几乎是 TF34 的 2 倍。

① TF34 军用型别发展历程:

TF34-GE-2:早期生产型,起飞推力为 4 130 daN,装配 S-3A 飞机。1972 年 8 月,完成型号合格试验(MQT)。S-3A 总产量是 187 架,1974 年 2 月开始在海军服役。GE 公司和海军规定该发动机的翻修间隔时间(TBO)为 4 000 h。1974 年,该型发动机的改型被选作 S-72 旋翼系统研究机的动力装置。

TF34-GE-100A:1970 年被选作 A-10A 的动力装置,起飞推力为 4 030 daN。为了单机价格最低,对发动机进行了重新设计。1972 年 5 月,A-10A 首飞,1974 年 10 月完成型号合格试验。A-10A 总产量 733 架,直到 1999 年还在科索沃前线参加战斗。而此时,GE 公司正在力促空军为 A-10 换装 CF34 推力更大的型别。

TF34-GE-100B:由于美国空军和国民警卫队希望 A-10 的存量保留到 2028 年,GE 公司称 CF34-8 的军用型别(降功率型,为 4 891 daN)的使用费用更低,将会节省 30～40 亿美元。2001 年 8 月,美国空军完成了一份需求文件,要求升级 271 架 A-10A 和 95 架 OA-10A 飞机使其继续服役到 2028 年。发动机升级到 TF34-100B 后,飞机的热天载荷至少增加 2 268 kg,从 3 050 m爬升到 6 100 m 的时间减少 30%,并极大地改善了高空性能,从而减少受地-空导弹攻击的易损性。到 2005 年春天,更换发动机的计划没有得到资金支持,相应的飞机数量也减少到 357 架。2004 年 12 月,A-10C 开始首飞。所用的发动机编号为 TF34-GE-100C,该型发动机只做稍微修改,不影响推力。

TF34-GE-400A:装配洛克希德·多尼尔公司 S-3B,US-3B。

② CF34 民用型别发展历程:

CF34-1A:早期生产型,起飞推力为 3 880 daN。1976 年 4 月宣告为商业型涡扇发动机,1982 年 8 月获得 FAA 适航证。

CF34-3A:推力增大型,起飞推力同 CF34-1A,但可保持到 21 ℃。1986 年 9 月获得 FAA 适航证。该型发动机为“挑战者”601-3A 的动力装置。

CF34-3A1:推力与 CF34-3A 大体相同,采用了一些新材料和寿命更长的部件。该型发动机为“挑战者”601-3R 的动力装置。

CF34-3A2:起飞功率与 CF34-1A 相同。“挑战者”604、605 的动力装置。

CF34-3B:CF34-3A1 的改进型,正常起飞推力与 CF34-3A 相同,但保持起飞推力的大气温度达到 30 ℃,爬升和巡航推力增加。为在不提高发动机温度的条件下提高推力,重新设计了压气机和进口可调导流叶片。另外,改善了高压和低压涡轮的叶尖间隙。比 CF34-3A1 型爬升推力提高 5%、巡航推力提高 2%,巡航耗油率下降 2%~3%。

CF34-3B1:CF34-3B 的改进型,与 CF34-3B 同时取证。该型发动机为"挑战者"604、CRJ-100/200/440的动力装置。该型发动机不具有自动功率储备能力时,起飞推力为3 880 daN;只有具备自动功率储备能力时,起飞推力为 4 100 daN。

CF34-8:CF34 的主要增长型,应用于 50~90 座级支线飞机。GE 公司与日本的 IHI 公司合作研制,IHI 公司占 30%股份,负责整个风扇、低压压气机和附件传动齿轮箱的研制。发动机初始计划起飞推力为 61.35 kN,试验推力达 64.5 kN。1997 年 12 月,首台核心机投入试验,同月,首批 15 台原型机中的第一台研制完成。该型发动机的配装机型包括俄罗斯苏霍伊的 RRJ、乌克兰安东诺夫的安-148。

CF34-8C1:CF34-8 的第一种改型,起飞推力为 56.4 kN(保持到标准大气 15 ℃),具备自动功率储备能力时起飞推力为 61.34 kN。1999 年 9 月取得 FAA 适航证,2000 年 5 月取得 JAA 适航证,2001 年 1 月正式投入使用。该型发动机的压气机基于 F414 压气机技术,只有 10 级(CF34-3A1 为 14 级),燃烧室基于 GE90/F414 技术的多孔燃烧室。CRJ700 飞机的动力装置。

CF34-8C5:2001 年 4 月装在 747 飞行试验台上进行飞行试验,同年 5 月配装在 CRJ-900 上进行飞行试验。2002 年第三季度取证,2003 年 4 月配装 CRJ-900 上正式投入使用。起飞推力 58.4 kN,具备自动功率储备能力时,起飞推力为 64.53 kN。

CF34-8C5A2:配装庞巴迪 CRJ1000,额定功率同 CF34-8C5。通过修改软件使起飞推力增加了 5%;通过改进涂层和增强冷却增加了耐久性,升级了低压涡轮。2009 年初取证。

CF34-8C5B1:CF34-8C5 的降推力型,起飞推力为 61.34 kN。2005 年 5 月取得欧洲联合航空局(JAA)适航证。

CF34-8D:CF34-8C 的翼下安装型,推力为 66.7 kN,计划配装多尼尔-费尔柴耳德 528JET、728JET 支线客机及改型的 Enovy7 公务机。然而,由于机体制造商经费方面的原因,致使研制进度拖延。

CF34-8D1:CF34-8D 的降功率型,起飞推力为 60.37 kN。计划配装多尼尔公司的短机身支线飞机 528JET。

CF34-8E:起飞推力为 64.55 kN,用于配装 70/78 座 ERJ-170 和 78/86 座 ERJ175。与 CF34-8D 一样,也是翼下安装。原计划于 2000 年进行首次试验,2001 年 9 月取证,但由于种种原因,计划一拖再拖,直至 2002 年 10 月发动机才取得适航证。

CF34-10A:起飞推力为 80.22 kN。装 Smiths Aerospace 公司生产的反推力装置,配装中国 AVIC 制造的 ARJ21 先进支线客机。

CF34-10D:推力与 CF34-10A 相同,安装在翼下,配装费尔柴耳德公司的 Aerospace 928JET 支线飞机。风扇直径 889 mm,采用宽弦叶片,出口整流叶片为后掠型;高压压气机、环形燃烧室和高压涡轮均以 CFM56-7 按比例缩小设计;低压涡轮则由 CF34-8 的低压涡轮改进而来。

CF34-10E:起飞推力为 82.66 kN,结构与 CF34-10D 类似。2005 年 3 月取证,配装 ERJ-190

和 ERJ-195 支线飞机。

(5) 2022 年度主要进展

2022 年 1 月初，GE 公司已授予日本航空公司技术许可，可在其 CF34-8E 发动机上使用 GE 的 360 泡沫清洗系统。这使日本航空公司成为全球首家获得该专利许可的 CF34 发动机运营商和首家喷气支线飞机运营商。日本航空公司的人员可以自己进行 360 泡沫清洗，维护其 CF34-8E 发动机机队，这些发动机是日本航空公司的子公司 J-Air 公司运营的 ERJ-170 支线飞机的动力装置。GE 公司的 360 泡沫清洗系统是水洗方法的替代，有助于恢复发动机性能，从而降低油耗并延长在翼时间。

7 月 16 日，GE 公司宣布，CF34 系列发动机运行已超过 2 亿飞行小时和 1.57 亿飞行循环。在 GE 公司和 CFM 公司历史上，只有 CF6 和 CFM56 发动机的飞行小时数超过 CF34，只有 CFM56 系列的飞行循环超过 CF34。

9. HF120

(1) 基本情况

HF120 发动机是通用电气(GE)/本田航空发动机公司在 HF118 基础上发展的双转子涡轮风扇发动机，应用对象为成本不高的轻型公务机。HF120 原型是本田公司的 HFX-01 和 HFX-20 发动机。与 HF120 发动机竞争的发动机包括普惠加拿大公司的 PW617F 系列发动机和威廉姆斯国际公司的 FJ33 系列和 FJ44 发动机。

HF120 发动机大量采用了 GEnX 发动机的新技术，比 HF118 发动机重量更轻，并且增加了 1 级压气机用以提高增压比、降低耗油率，同时能够满足美国联邦航空局(FAA)第 4 章噪声标准，设计翻修间隔时间(TBO)为 5 000 h。

2021 年，HF120 发动机预测产量为 460 台，总价值 828 000 美元，

(2) 主要参数

海平面最大起飞推力为 931 daN；

附件功率提取为 17.8 kW；

推重比为 4.5；

涵道比为 2.9；

巡航耗油率为 0.31 kg/(daN・h)；

大修间隔为 5 000 h。

(3) 部件与系统

风扇：1 级风扇，由 16 片钛合金宽弦叶片组成，具有抗外物打伤能力和低噪声特点。

压气机：2 级轴流加 1 级离心组合式。

燃烧室：回流环形，带有单级空气雾化燃油喷嘴，排放物少，耐久性强。

高压涡轮：1 级轴流式，单晶叶片，采用 3 维气动设计。

低压涡轮：2 级轴流式，反转设计，减少了零件数目。

控制系统：本田公司的双通道全权限数字式发动机控制系统(FADEC)。

(4) 研制历程

2003年2月，本田和GE公司合作开发了一种1 000～3 500磅(4.45～15.58 kN)级的新型涡扇发动机。两家公司于2004年10月成立了一家各占一半股权的合资企业——GE/本田航空发动机有限责任公司，在俄亥俄州辛辛那提市开发和生产这种新型发动机。该合资企业由通用电气运输-飞机发动机公司(马萨诸塞州林恩)和本田航空公司(弗吉尼亚州莱斯顿)共同拥有，后者是东京本田汽车有限公司的全资子公司。这种发动机后来被命名为HF118，之后来演变为HF120。GE/本田航空发动机公司提供整个HF120推进系统，包括吊架安装的短舱和发动机组装设备。2005年5月，GE/本田航空发动机公司完成部件和核心机试验，验证了HF120发动机采用的改进技术。这些新技术使得HF120发动机耗油率降低约4%，重量减轻约8%。2007年GE/本田航空发动机公司宣布开始在北卡罗来纳州建设生产厂房，取证试验工作从2009年中期开始。

本田对其最先进的高压压气机进行了改进，提高了效率。高压涡轮的改进包括使用通用电气先进单晶材料的新叶片，新型叶片采用3维气动设计技术开发。在需要进行首次大修之前，HF120可以运行5 000 h。HF120发动机于2013年12月获得了美国联邦航空管理局(FAA)的认证。

(5) 2022年度主要进展

3月初，GE本田航空发动机公司(GHAE)生产的HF120涡扇发动机已经累计飞行超过20万小时。HF120是本田公司“本田喷气”公务机的动力，于2015年投入市场。迄今，HF120发动机已在42个国家运营。

10. PD-8

(1) 基本情况

PD-8发动机是苏霍伊超级喷气100和别里耶夫Be200的动力装置，衍生自PD-14发动机，功率为78 kN。截至2022年中期，一架PD-8原型机已经成功地完成了地面试验，并在一架伊尔-76飞机上进行了首次飞行试验。

PD-8发动机的工作由UEC的5个结构部门同时进行，主要开发商和集成商是UEC土星公司。

与SAM146发动机相比，耗油率降低3%，与CF34-10E发动机(安装在巴西航空工业公司E-190上)相比，耗油率降低5%。随着每年2 400 h的飞行时间，这将使更新后的超级喷气飞机每年每架飞机节省150 t燃料。发动机的价格及其维护和维修费用降低了10%。基于前身PD-14的发展，PD-8发动机满足所有未来的国际民航组织对噪声和有害物质排放的要求。

(2) 主要参数

最大起飞推力为7 894 daN；

正常起飞推力为7 327 daN；

涵道比为4.4；

总压比为28；

巡航耗油率为 0.62 kg/(daN·h)；

风扇直径为 1 228 mm；

长度为 3 589 mm；

重量(含短舱)为 2 300 kg。

(3) 部件与系统

相较于 PD-14 发动机，PD-8 发动机高压压气机增加了第七级。燃烧室尽可能与 PD-14 发动机统一，可以在不增加不必要成本的情况下确保发动机符合未来 ICAO 的环保要求。高压涡轮经过优化以提高发动机效率。

(4) 研制历程

苏霍伊于 2000 年 5 月启动 SSJ100 项目。苏霍伊在研究俄罗斯支线飞机市场后，决定研发一款航程在 3 000～4 500 km，座位在 70～90 座之间的支线客机。座位采用"2～3"排列。苏霍伊当时估计大约有 800 架飞机的需求，其中有 250～300 架来自俄罗斯和独联体国家。

2001 年 10 月 15 日，俄罗斯政府拨款 4 500 万美元用来开发新支线客机，希望在 2006 年首飞。苏霍伊的 SSJ 项目在和米亚谢夫 M-60、图波列夫 Tu-414 的竞争中获胜。波音公司还向苏霍伊提供了项目管理、工程、营销、产品开发、认证、供应商管理和客户支持等方面的建议。

之前，SSJ100 客机的动力装置为 PowerJet 公司的 SaM-146 发动机，PowerJet 公司是俄罗斯和法国的合资公司，其中法国赛峰集团生产该发动机的核心机，俄罗斯制造冷端部件。新的 PD-8 发动机将使用 PD-14 涡扇发动机上开发和验证技术。PD-8 发动机将保留 SaM-146 的俄罗斯制造部分，并且可能会产生更大的推力，因为新核心机的压比和涡轮进口温度将提高 20%。

PD-8 的研制始于 2019 年，与 SSJ-New 项目同时开始。2021 年 10 月，第二台 PD-8 发动机完成核心机试验，第一台 PD-8 原型机正在制造。2022 年年中，发动机成功完成台架试验。该公司计划在 2023 年完成发动机的研制，与此同时，升级后的超级喷气式飞机将进行首次飞行，配备 PD-8 发动机的 SSJ-New 将于 2024 年开始批量生产。

(5) 2022 年度主要进展

2022 年 2 月初，俄罗斯 UEC 已经成功进行了 PD-8 发动机核心机的第 1 阶段取证试验，在高空模拟试验台上模拟了发动机在 12 km 高空工作的典型环境。高空模拟试验是在中央航空发动机研究院(CIAM)进行的，验证了高压压气机的热力模型。PD-8 核心机还要经过若干认证试验阶段，将一直持续到 2023 年 3 月。这些试验将与发动机试制样机的试验同时进行。PD-8 将作为 SSJ-New 客机和别-200 水陆两栖飞机动力装置的进口替代动力。该发动机的开发利用了 PD-14 发动机的技术，其制造过程采用了俄罗斯最新材料及 3D 打印等先进制造技术。

2022 年 3 月初，俄罗斯中央航空流体动力研究院(TsAGI)进行了 PD-8 涡扇发动机独立短舱试验。试验目的是确定巡航飞行模式下的短舱模型的气动特性——力和力矩。测试模型由 TsAGI 研制。试验在 T-128 跨声速风洞中进行，马赫数为 0.7～0.82，迎角为 3.4°～4.9°。研究结果将用于对 PD-8 发动机的认证，以及 SSJ-NEW 和别-200ChS 飞机主推进系统的优化。早些时候，在 TsAGI 研究了 PD-8 发动机进气道的气动特性。下一步是在 T-104 风洞中进行带反推装置模拟器的短舱试验。

2022 年 4 月初，俄罗斯联合飞机制造集团（UAC）表示，装配俄罗斯国产 PD-8 发动机的苏霍伊 SSJ-100 支线飞机预计将于 2023 年初进行首飞。

2022 年 5 月初，UEC 完成了首台 PD-8 试制发动机的台架试车，确认了发动机及其系统的工作性能，验证了技术任务书中规定的主要参数及设计方案的正确性。接下来，计划在独立设备上进行单个部件试验，并将发动机安装于伊尔-76LL 飞行试验台进行飞行试验。

2022 年 8 月，PD-8 的试验已持续近一年。其中，已经开展了核心机、部件与系统的试验，也已经通过了两次全尺寸发动机台架试验。UEC 需要在设计-试制工作框架下制造 9 台试验发动机，完成 4 次装配。发动机试验计划在近一年内开展。所有的工作应在 2023 年结束。要通过试验来检验设计结果，确认发动机是否满足取证基线要求。

2022 年 10 月，沃罗涅日飞机制造公司发运了 PD-8 发动机首套短舱，该短舱按彼尔姆公司订单加工。短舱成套产品包括包括整流罩、机匣和调节片。目前，沃罗涅日飞机制造公司正在加工 PD-8 发动机第二套短舱，用于进一步开展发动机台架试验。

11 月，PD-8 的核心机继续进行国家认证试验，发动机自动控制系统调试已经完成，发动机启动非常稳定，之后准备在伊尔-76 飞行试验台上开展飞行试验。

4.2　涡轴/涡桨发动机

2022 年，国外军民用涡轴/涡桨新一代在研发动机的研发工作持续推进，在役发动机系列化发展、拓展应用和减排探索研究取得进展。

一方面，新研涡轴/涡桨发动机试验、集成和配装等工作持续推进。

① 美国 GE 公司开始 T901 发动机工程研制（EMD）阶段的试验工作，已完成首台发动机点火试验。同时，美国陆军与西科斯基公司签署合同以支持在黑鹰直升机上集成 T901 开展相关数据收集和测试工作。

② 赛峰集团将为法国武装部队首批 30 架 H160M 直升机提供“阿拉诺”发动机。

③ 赛峰集团推动“阿内托”发动机竞争英国新型中型直升机（NMH）计划。

④ GE 公司“催化剂”发动机型号认证试验达 50%，同时，该发动机成为欧洲中空长航时“欧洲”无人机动力装置。

另一方面，在役系列化涡轴/涡桨发动机产量稳定、配装动力需求增长，在系列化衍生产品推新、可靠性改进、海上适应性试飞、MRO 服务支持、可持续航空燃料（SAF）和氢燃料试验，以及在无人机上开展发动机全功率试验等方面取得进展。

① GE 公司的 CT7-2E1 发动机产量稳步增长，已交付使用第 250 台。波兰将为其 32 架 AW149 直升机采购 64 台 CT7-2E1 发动机及备用发动机。

② 配装 T408 发动机的美国新型重型直升机 CH-53K 进入大批量生产和部署阶段。

③ 霍尼韦尔公司制造的 34 台 T55-GA-714A 发动机将为英国国防部新型 CH-47“支奴干”直升机队提供动力。

④ 配装 VK-2500PS-03 发动机的米-171A3 海上直升机成功进行了飞行试验。

⑤ 赛峰集团为美国陆军 UH-72 系列拉科塔(Lakota)直升机队配装的超 900 台阿赫耶 1E2 和阿赫耶 2E 发动机提供维护、修理和大修服务。

⑥ T64 发动机可靠性改进。

⑦ VK-650V 发动机改进以适合“安萨特”(Ansat)直升机改装。

⑧ AE1107F 发动机将为 V-280“勇士”倾转旋翼机(已中标未来远程攻击直升机)提供动力。

⑨ PT6 E 系列新产品 PT6E-66XT 专为配装 Daher 公司最新款超高速单发涡桨飞机 TBM 960 设计。同时,PT6E 系列发动机在美国通用原子公司的 MQ-9B 无人机上进行了多项发动机全功率试验。

⑩ TV7-117ST 发动机进入新一阶段台架试验。

⑪ PW127M 发动机成功进行了 100% SAF 飞行试验,PW127XT-M 已获加拿大交通部民航发动机认证和 EASA 发动机认证。

⑫ AE2100 发动机氢燃料首次试验。

4.2.1 涡轴发动机

1. T901

(1) 基本情况

美军“黑鹰”和“阿帕奇”直升机在伊拉克和阿富汗战争中显示出作战能力不足,且其配装的 T700 发动机继续提升性能的潜力有限,需要研制全新动力装置。随着现代战争的升级,军用直升机需要携带更多的军事装备和作战人员,美国陆军呼吁尽快为“阿帕奇”和“黑鹰”直升机更换发动机以提高直升机的作战灵活性及维持未来三十年“黑鹰”和“阿帕奇”直升机的作战能力,甚至为“未来垂直起降飞行器”(FVL)动力系统提供技术储备。因此,美国陆军在 VAATE 计划大框架下分两个阶段先后启动涡轴专项计划——先进经济可承受涡轮发动机(AATE)计划和改进涡轮发动机(ITEP)计划以寻求研制一款全新涡轴发动机。GE 公司分别以 GE3000 验证机和 T901 发动机与 ATEC 公司(霍尼韦尔和普惠的合资公司)的 HPW3000 验证机和 T900 发动机在 AATE 和 ITEP 专项计划下展开竞争。2019 年,GE 公司的 T901 发动机击败 ATEC 公司的 T900 赢得 ITEP 合同,成功进入工程研制阶段。同时,T901 也是美国陆军未来攻击侦察机(FARA)选定的发动机。

T901 将使 UH-60“黑鹰”通用直升机搭载 9 名武装人员时航程延长 161%,达到 261 km (141 海里);飞行 56 km(30 海里),UH-60M 有效载荷提高 150%,达到 2683 kg(5 916 lb)。

(2) 主要参数

美国中型军用直升机换发目标是研发一型尺寸与 T700 发动机相同,质量为 204 kg 的 2 237 kW(3 000 shp)发动机,在保持 T700 发动机质量和良好的可靠性、可维护性、耐久性与可生产性的基础上,新型发动机与现役基准发动机相比,功率提高 50%、油耗降低 25%、功重比提高 65%、寿命延长 20%及生产和维护成本降低 20%～35%。T901 发动机在高空(6 000 ft,

1 829 m)和高温(95 ℉/35 ℃)条件下仍然保持其大部分性能。T901 发动机见图 4 - 24。

图 4 - 24 GE T901 发动机

(3) 部件与系统

GE公司为使 T901 发动机达到甚至超过美国军方的研制目标,采用了以下先进技术:①先进 3 维气动设计。T901 发动机采用单转子结构布局,使用了在 LEAP、GEnX 大型发动机及在 AATE、FATE 和 ITEP 发动机计划下经过验证的行业领先的 3 维气动设计工具,具有更好的部件效率,更高的压比和更平衡的级间载荷。②增材制造技术。T901 发动机采用了大量的 3D 打印件,可将 51 个装配零件打印成一个部件,以此减重 20%,增材制造零件质量更轻、性能更高、构型更复杂且更加耐用。③陶瓷基复合材料。T901 发动机热端部件采用了陶瓷基复合材料(CMC),以提高性能并减轻重量。这些材料能够降低热端部件对冷却空气的需求,耐损伤和耐高温能力更强,以不同于增材制造部件的方式提高效率。④先进冷却技术。T901 发动机采用先进冷却技术有助于实现更低的金属温度,较少的冷却气流,更好的耐久性,以及提高燃油效率。⑤先进防沙技术。T901 发动机采用了更加先进的新型粒子分离器以减少沙尘吸入、压力损失和涡轮机械部件磨损,可大幅延长发动机在翼时间。

(4) 研制历程

2007 年,美国"黑鹰"和"阿帕奇"中型军用直升机换发项目启动,GE3000 和 HPW3000 每台验证机合同经费为 1.09 亿美元。

2015 年,GE 公司和 ATEC 公司完成第一阶段 AATE 计划的设定目标,同年,美国陆军发布 ITEP 项目邀标书。

2016 年,GE 和 ATEC 公司分别获得 1.02 亿美元和 1.54 亿美元的 ITEP 项目初步设计阶段评审合同。

2017 年,美国陆军授予 T901(原 GE3000)和 T900(原 HPW3000)发动机军方编号。同年,GE 公司宣布完成 T901 发动机原型机试验。

2018 年,两型竞争发动机 T901 和 T900 通过初步设计评审。

2019 年,美国陆军与 GE 公司签署 5.17 亿美元的合同用于 T901 发动机开展改进涡轮发动机计划(ITEP)工程研制(EMD)阶段的工作。预计周期为 5 年,到 2024 年提供小批量样机。

2020 年 10 月,T901 发动机完成关键设计评审,并计划于 2021 年财年进入"首台全尺寸发动机试验"阶段。

2021 年 3 月,美国陆军按"成本+固定费用"的价格与西科斯基公司签署独家合同,自

2022 财年将 T901 发动机集成到 UH-60M“黑鹰”多用途直升机并取证。

(5) 2022 年度主要进展

T901 是 GE 公司的下一代旋翼机发动机,将为美国陆军的 UH-60“黑鹰”、AH-64“阿帕奇”及“未来攻击侦察机”(FARA)提供动力。发动机试验是美国陆军“改进涡轮发动机”(ITE)计划的工程研制(EMD)阶段的一部分。

2022 年 3 月,T901 发动机进入初步试验阶段,美国陆军表示,首台发动机点火试验是一个“关键里程碑”,并在试验过程中为其配备了 700 多个传感器用于测量数据。

2022 年 7 月,GE 公司完成 T901 发动机第一阶段试验。GE 公司透露,下一步工作将进行飞行前评定试验(PFR),为期一年,将评估 T901 是否符合军用适航认证标准,并评估对“未来攻击侦察机”(FARA)项目的影响。如果 PFR 试验延迟,美国陆军可以使用功率较小的 YT706 涡轴发动机进行 360“不屈”和 Raider X 竞争机型的飞行评估,但还是更愿意采用 T901。疫情造成了发动机交付延迟 9 个月,导致美国陆军与 FARA 签署的合同的最后期限延长了近两年,但美国陆军 21 世纪 30 年代中期部署第 1 支 FARA 机队的计划没有变化。

2022 年 8 月,美国陆军开始为“黑鹰”直升机换发 T901 涡轴发动机,美国陆军与西科斯基公司签署了一份 800 万美元的合同,用于资助该公司将 GE 航空公司的 T901 集成到美国陆军长期服役的 UH-60“黑鹰”直升机机队中。

2022 年 10 月, GE 公司宣布正在为 2023 年试验第二台 T901 发动机做准备。第一台 T901 发动机的试验非常成功,发动机累计运行时间超过 100 h,GE 表示,对发动机压气机、燃烧室和涡轮三大部件及 3D 打印部件和陶瓷基复合材料(CMC)部件均进行了试验,得到的性能结果非常优异。第二台 T901 发动机将在 GE 的升级试验单元中进行性能控制试验。GE 为 T901 发动机试验项目升级了三个试验单元,优化之处包括提升发动机功率,允许空载运行,改善仪表能力等。随后,第二台发动机将进行高空试验。8 台 T901 发动机可为陆军军事适航认证标准提供数据保障,从而确保其符合陆军对设计、生产和适航性的要求。T901 发动机将历经近 1 500 h 的全尺寸地面试验,以获得初始飞行许可,然后再经过近 5 000 h 的试验以完成全部发动机资格认证工作。

2. T700

(1) 基本情况

T700 发动机是 20 世纪 70 年代由 GE 公司研制的世界上最成功的发动机之一,在 1 470 kW 级涡轴发动机中占主导地位,T700 发动机的设计基于越南战争的经验,要求直升机能够经受严苛的战争环境。T700 从 1972 年正式开始研制,1979 年开始投入使用,整个项目共耗资 5.35 亿美元。T700 发动机共发展了 T700-GE-700/701/401/701C/701D/701K/401C、T700－T6A/T6A1/T6E1 等型号。

T700 发动机主要应用于中大型军用直升机,可在 15 种不同类型的旋翼机和固定翼飞机上应用。如美国西科斯基 UH-60“黑鹰”系列直升机、波音公司 AH-64“阿帕奇”直升机、阿古斯塔·韦斯兰特 EH101、贝尔 AH-1 系列直升机、NH 工业集团 NH90 以及美国西科斯基海军 SH-60“海鹰”系列直升机。

T700 发动机自 1978 年投产 40 多年来,已有 2.5 万多台服役,已超过 1 亿飞行小时。世界上有 50 多个国家和 130 多个客户的直升机选择了 T700 发动机作为动力，用于运输、医疗运送、空中救援、特种作战以及海上巡逻等任务。T700-701D 发动机见图 4 - 25。

图 4 - 25　T700-701D 发动机

（2）主要参数

T700-GE-700 发动机主要参数见表 4 - 13。

表 4 - 13　T700-GE-700 发动机主要参数

性能参数			
功率/kW	1 146	压比	17
耗油率/[kg/(kW·h)]	0.29	涡轮进口温度/℃	1 199
功重比/(kW/kg)	6.33	重量/kg	181
几何参数			
进口直径/mm	385	宽度/mm	660.4
长度/mm	1 194	高度/mm	584

（3）部件与系统

T700 采用了单元体设计，减少了零部件数目，与 GE 公司早期的 T58-16 发动机相比，T700 发动机零部件数减少 32%，压气机叶片数量减少，级数减少了 40%，而增压比几乎增加两倍。T700 采用了视情维修、状态监控与故障探测等措施，无须定期维修与翻修，发动机发生故障后只须更换单元体。外场维修只需要用陆军航空机械工具包中的 10 件工具就能完成。4 个单元体的更换时间如下：冷端部件需 81 min，控制系统与附件单元体需 21 min，热端部件需 56 min，自由涡轮需 33 min。T700 的设计寿命为 5000 h，包括 750 h 的 100%起飞功率。

T700 发动机由 5 级轴流和 1 级离心组合式压气机、短环燃烧室、2 级燃气发生器涡轮和2 级动力涡轮等组成。

进气装置：环形进气口与防冰粒子分离器整体设计，分离效率可达 95%。

压气机：为轴流加离心组合形式。5 级轴流式压气机采用整体锻造后机械加工的整体叶盘，1 级离心式压气机采用 Inco718 材料锻造后经机械加工而成。进口导流叶片与前 2 级轴流式压气机导流叶片可调。

燃烧室：短环形燃烧室共采用 12 个燃油喷嘴，中心燃油喷射系统允许采用被污染的燃油。

燃气发生器涡轮：2 级轴流式燃气发生器涡轮，气体冷却。

动力涡轮：2 级轴流式动力涡轮，转子叶片带冠。

控制系统:机械液压与电子控制综合控制系统。其功能包括燃油供油、计量及可调静子叶片的调节、超温和超速保护等。

(4) 研制历程

1967年,美国陆军启动先进技术验证发动机项目,为“通用战术运输机系统”(UTTAS)和先进攻击直升机(AAH)招标一种新型涡轴发动机,以满足以最小的维修费用、在各种环境下能满足适用性、安全性和可靠性的要求。美国GE公司与普惠公司分别以GE12和ST9先进技术验证机参与投标。

1971年,GE公司的GE12中标。随后,GE公司对GE12进行小改进,并加上整体粒子分离器后,将其改名为T700发动机。

1972年,正式开始研制;1973年,首次台架试验;1974年,首次飞行试验;1978年,正式投产并投入使用。1982年,交付第一台生产型T700-GE-401发动机,这是西科斯基飞机公司专为美国海军SH-60B“海鹰”直升机而设计。为适应海上环境工作,将燃气通道改用耐腐蚀材料,封严系统与冷却系统也做了改进。

1983年,T700-GE-701发动机交付,装配该发动机的AH-64高原与高温性能明显提高。

1988年,第1台海军型的第2代T700-GE-401C发动机配装HH-60H直升机交付美国空军。

1989年,T700-GE-701C发动机开始配装“黑鹰”直升机和AH-64“阿帕奇”,并配装出口的S-70“黑鹰”直升机。该发动机连续功率为1 239 kW,离心式压气机与高压涡轮采用了改进的气动设计和冷却技术。

2004年,T700-GE-701D获得美国陆军合格证,开始正式生产。该发动机为T700发动机的改进型,与T700-GE-701C发动机相比,改进了热端部件,其耐久性提高1倍,功率提高5%。

2019年12月,美国陆军宣布与GE公司签署超过10亿美元持续生产T700发动机的合同,以满足美国陆军、海军、空军、海军陆战队、海军警卫队、海外军事装备销售和其他政府机构至2024年的项目要求。预计到2024年,GE公司将交付1 700台发动机,均价为58万美元/台。

2020年6月,GE公司与美国海军签署为期5年、价值1.8亿美元的T700发动机维护合同,为美海军MH-60“海鹰”、美海军陆战队AH-1Z“毒蛇”和贝尔UH-1Y毒液/休伊等直升机上的T700发动机提供维修和大修服务。

2021年,GE公司针对T700发动机的改型CT7-2E1发动机开发了一种新的控制软件,该软件集成了基于预测性诊断的发动机监测(PDBM)和限时调度功能。此外,CT7-2E1发动机可以使用经批准的可持续航空燃料(SAF)混合物,以减少全生命周期的二氧化碳排放。

2021年8月,GE公司与Transend Air Corp达成协议,开发并认证CT7-8改型,为Vy400型高速垂直起降(HSVTOL)飞机提供动力。CT7-8发动机见图4-26。

2021年11月,一架贝尔AW189直升机配装CT7-2E1发动机已经超过5 000 EFH。自2014年11月服役以来,配装AW189的CT7-2E1还未返厂维修过。

(5) 2022年度主要进展

2022年9月,GE公司第250台CT7-2E1发动机交付莱昂纳多公司。CT7-2E1发动机的产量一直在稳步增长,由于其出色的性能,预计该生产线将持续数十年,以支持AW149和AW189直升机项目。

图 4-26 CT7-8 发动机

2022 年 10 月，波兰将为其 32 架 AW149 直升机采购 64 台 CT7-2E1 发动机及备用发动机，而 AW149 直升机将于 2023 年开始交付。

3. T408

(1) 基本情况

T408 发动机是应用于美国海军陆战队由西科斯基公司研制的 CH-53K“种马王”重型直升机(最大起飞重量为 38 t)的动力装置，是 GE 公司最大功率涡轴发动机，其最大功率可达到 5 600 kW。

T408 发动机是根据 2006 年 GE 公司与西科斯基公司签订的系统研制与验证(SDD)合同，在其 GE27 发动机成熟技术及配装 20 世纪 90 年代洛马公司 P-3 海上巡逻机的 T407 涡桨发动机基础上，重新设计热端部件并采用更为先进的材料发展而来。在其发展和验证阶段为 CH-53K 项目交付了 3 台核心机、5 台试验型发动机和 20 台飞行试验型发动机。截至 2022 年，T408 发动机在飞机上的运转时间已接近 11 000 h。

(2) 主要参数

T408 发动机轴功率为 5 600 kW，与 CH-53E 上使用的 T64 发动机(轴功率为 2 867～3 161 kW)相比，功率提高 57%，耗油率降低 18%，零件数量减少 63%，且压气机设计更强健耐用，增强了耐久性、抗风沙侵袭和盐水腐蚀的能力，能够适应美国海军陆战队严酷的作战环境。发动机功率的大幅提升将使 CH-53K 双发直升机具有更优的性能、更远的航程及更大的运载能力。

3 台额定功率为 5 600 kW 的 T408 发动机为 CH-53K 重型直升机提供动力。该发动机在高温/高原环境下，可携带 14 000 kg 外挂载荷执行超过 203 km(约 110 nm)作战半径任务，其外挂载荷携带能力为现役配装 T64 发动机的 CH-53E“超种马”直升机的 3 倍。

(3) 部件与系统

T408 发动机由 5 级轴流加 1 级离心组合压气机、环形燃烧室、2 级和3 级动力涡轮组成。

该发动机采用了 GE27 核心机的总体结构、单元体结构和高压比单转子压气机气动设计及其冷却方案、润滑系统和支承方案，其 3 级动力涡轮是根据 T407 发动机设计的，第 1 级涡轮采用气冷方式，以提高耐久性和功率增长能力。该发动机有一个独立的封闭单元体以防止轴承和油槽污染，并配有先进健康监测的双通道全权限数字控制系统。

T408 发动机采用新的 3 维气动设计、冷却方案和先进材料，与 T407 发动机相比，功率提高约 45%。热端部件的冷却设计可防沙尘堵塞，压气机叶片采用 T64 耐磨涂层，叶片前缘设计更坚固以提高耐久性。由于采用压气机整体叶盘、无螺栓转子、低稠度/高功率涡轮，减少了零件数目。T408 发动机见图 4－27。

图 4－27　T408 发动机

(4) 研制历程

2006 年，GE 公司与西科斯基公司签订系统研制和验证(SDD)合同。

2008 年，完成部件试验。

2009 年，完成关键设计评审。

2010 年，完成首台发动机试验。

2011 年，交付首台发动机用于 CH-53K 试验。

2013 年，完成 300 h 的耐久性试验。

2014 年，美国海军与 GE 公司签署一项 6.85 亿美元的系统级验证试验发动机(SDTA)合同，以支持交付 16 台发动机，用于西科斯基 CH-53K 重型直升机研制项目的作战评估。

2015 年，被美国海军陆战队选为配装西科斯基 CH-53K 舰载直升机的动力装置，随 CH-53K 首飞。

2016 年，发动机在经过一系列严酷的试验后通过合格鉴定。

2017 年，洛克希德·马丁公司宣布，配装 GE 公司 T408 发动机的西科斯基公司的 CH-53K 直升机项目成功通过美国国防采办委员会(DAB)评审，并达到里程碑 C 阶段。同年，美国海军航空系统司令部与 GE 公司签署小批量初始生产(LRIP)第 1 和第 2 批次合同，制造 22 台 T408 发动机，价值超过 1.43 亿美元。

2019 年，签署第 3 批次生产合同。GE 公司还在其位于马萨诸塞州林恩的工厂开设了一个新的 T408 发动机总装和备货区，以支持发动机交付。同年 9 月，GE 公司正式向美国海军陆战队交付首批量产 T408 发动机，以支持海军陆战队建立第一支 CH-53K 重型直升机中队。美国海军陆战队将采购 200 架 CH-53K 直升机，总成本预估为 250 亿美元。

2020 年 4 月，波音公司、GE 公司和美国作战能力发展司令部与导弹中心联合团队完成了 T408 发动机地面试验，进一步证明 CH-47“支奴干”运输直升机使用更高功率的 T408 发动机的可行性，试验中进行了双发空转和带转运行，同时还验证了发动机空中故障模式和备用停机程序。

2021 年 1 月，美国海军与 GE 公司签署了购买第 4 批次 T408 发动机的合同(合同金额为 1.119 亿美元)，为美国海军陆战队重型直升机 CH-53K 提供动力。

2021 年 5 月，美国陆军、波音公司和 GE 完成 NCH-47D“支奴干”直升机配装 T408 试验，

美陆军认为 T408 升级“支奴干”直升机机队可行。

(5) 2022 年度主要进展

2022 年 12 月，美国新型重型直升机 CH-53K 获准进入大批量生产和部署阶段，每年可生产 24 架。美海军陆战队计划接收 200 架直升机，总成本为 250 亿美元。

4. T55

(1) 基本情况

T55 发动机是美国霍尼韦尔国际公司在 20 世纪 50 年代末和 60 年代初根据与美国空军和陆军签订的合同研制的自由涡轮式单转子涡轴发动机。早期的 T55 发动机作为北美航空公司 AT-28 的动力装置。T55 发动机在大型直升机市场有广泛的应用，如用于波音直升机公司的 CH-47“支奴干”系列。随着“支奴干”直升机的重量和有效载荷的增加，T55 发动机也在不断地发展，其中 T55-L-714 用于美国陆军 MH-47E 远程特种作战直升机，并被选用于 CH-47F 改进型货运直升机计划。T55 发动机发展了 T55-L-5/-7/-11/-712/-712E/-712F/-712S/SB/-714、T55-GA-714A 和 T55-GA-714C 等型号。

T55 系列发动机一直在为美国陆军“支奴干”直升机提供动力，而它的最新改型也将能够用于美国陆军下一代未来垂直起降飞行平台。自 1961 年以来，T55 发动机功率提高了 133%。截至 2018 年，T56 共生产 6 211 台，2019 年依据价目表的单台价格为 190 万美元。

(2) 主要参数

T55-L-7C/T55-L-712/T55-L-714 发动机主要参数见表 4－14。

表 4－14　T55-L-7C /T55-L-712/T55-L-714 发动机主要参数

性能参数			
型　号	起飞功率/kW	起飞耗油率/[kg/(kW·h)]	功重比/(kW·kg^{-1})
T55-L-7C	2125	0.365	7.96
T55-L-712	2796	0.323	9.46
T55-L-714	3643	0.306	9.74
几何参数			
型　号	直径/mm	长度/mm	—
T55-L-7C	617	1118	—
T55-L-712		1181	—
T55-L-714		1181	—

(3) 部件与系统

T55 发动机由 7 级轴流加 1 级离心组合压气机、回流燃烧室、单级/2 级燃气发生器涡轮和 2 级动力涡轮组成，如图 4－28 所示。

压气机：压气机为 7 级轴流加 1 级离心组合形式。其转子由 7 级钢盘、钢制转子叶片和 1 个钛合金叶轮组成。

燃烧室：回流环形燃烧室有 28 个双油路雾化喷嘴、4 个火花塞点火器。

燃气发生器涡轮:T55-L-7、T55-L-7C 和 T55-L-9 为单级轴流式,之后的型别为 2 级轴流式。早期型号的第 1 级和第 2 级转子叶片为失蜡铸造,后期型号的 2 级均为气冷。盘以螺栓固定在主轴上。

动力涡轮:2 级轴流式涡轮,实心带冠钢叶片。其功率通过内部的同心轴传输到前面的齿轮箱。

控制系统:T55-L-11 控制系统为机械液压式,T55-L-714 为 FADEC 系统。

图 4-28 T55 发动机

(4) 研制历程

1954 年,T55 开始研发。

1957 年,首台发动机交付。

1961 年,T55-L-5 首次交付使用。

1978 年,T55-L-712 获得军用合格证。

1992 年,生产型 T55-GA-714 发动机交付,以用于 MH-47E。

1995 年,T55-GA-714A 型发动机开始投入使用。

1999 年,T55-L-712 升级为 T55-GA-714,以用于 CH-47F。

2001 年,T55-GA-714 配装 CH-47F 原型机首飞。

2002 年,美国陆军与霍尼韦尔公司签署了一份价值 11 亿美元,为其 CH-47 机队提供 GA-714A 型发动机合同。

2004 年,霍尼韦尔公司开始对 T55 系列发动机进行改进,包括 T55-GA-714B 和 T55-715 型。

2014 年,西科斯基-波音公司选择 T55 发动机配装 SB-1"挑战者"验证机。

2018 年,霍尼韦尔公司获得 2020 万美元 T55-GA-714A 发动机合同,包括发动机物流和支持服务。

2019 年,2 台 T55 发动机配装西科斯基-波音公司联合研制的中型垂直起降 SB-1"挑战者"验证机完成首飞。

2020 年 6 月,霍尼韦尔公司与美国陆军达成一项协议,将在"支奴干"重型直升机上验证和展示升级后的 T55 发动机——T55-GA-714C。2020 年 10 月,霍尼韦尔获得为期 5 年 T55-GA-714A 发动机维护、修理和大修(MRO)合同,确保美国陆军"支奴干"直升机机队拥有备用发动机,以维持其未来任务和整体备战状态。

2021 年 12 月，霍尼韦尔公司开始“支奴干”直升机新型 T55 发动机试验。作为 CH-47“支奴干”直升机发动机合作研发协议(CRADA)的一部分，霍尼韦尔公司向美国陆军交付首台试验用发动机——T55-GA-714C。CRADA 项目和 T55-GA-714C 发动机的试验计划将在两年内进行，以验证新发动机在“支奴干”平台上的优势和集成难度。

(5) 2022 年度主要进展

2022 年 3 月，霍尼韦尔为“支奴干”武装直升机装备新型 T55 发动机。霍尼韦尔已与美国陆军达成协议，在重型双发“支奴干”直升机上验证和飞行其升级后的 T55 发动机。与当前的 T55 相比，新的 4 410 kW 发动机的功率提高了 25%，燃料消耗减少了 10%。新的修改还使下一代 T55 更易于维护，同时降低了运营成本，并提高了作战人员的准备程度。

新型 T55-GA-714C 发动机将提高“支奴干”直升机为美国陆军和国民警卫队运送部队和重型货物的能力。由于该发动机与当前使用的 T55 版本密切相关，因此几乎不需要更改机身——使用相同的进气、排气和发动机机身支架。这为陆军和国民警卫队提供了重大的发动机改进，而且无须重新培训维护人员和操作人员。

2022 年 10 月，霍尼韦尔公司与美国陆军签署了一份为英国国防部新型 CH-47“支奴干”直升机队提供 34 台 T55-GA-714A 发动机的合同。

5. TV7-117V

(1) 基本情况

TV7-117V 发动机是俄罗斯克里莫夫公司于 21 世纪初在 TV7-117S 涡桨发动机核心机基础上发展而来的自由涡轮式单转子涡轴发动机，是俄罗斯第四代自由涡轮式单转子涡轮轴发动机，与 TV7-117S 涡桨发动机的通用性高达 90%，是 TV7-117 系列发动机中功率最大的轴驱动发动机。TV7-117V 系列发动机有两种型别：TV7-117VM，功率轴前输出式，用于米-38 和米-38Z；TV7-117VK，功率轴后输出式，用于直升机卡-50 和卡-52。

2009 年，由于普惠公司未获国家批准，暂停向俄罗斯提供用于装备米-38 直升机的 PW127T/S 发动机，TV7-117V 的研制工作再次提上日程。2009—2013 年，克里莫夫公司编制了一整套工程设计资料加工发动机，进行了试验件生产准备工作，加工了试验台架、研制了发动机全新电子控制系统 БАРК-6В(FADEC)。2012—2013 年，为了确保直升机发动机和减速器的匹配工作及米-38-2 飞行试验工作的正常进行，对 TV7-117V 发动机进行了一系列补充改进工作。2015 年 8 月，该发动机取得俄罗斯适航证。

(2) 主要参数

TV7-117V 系列发动机主要参数见表 4－14。

表 4－14　TV7-117V 系列发动机主要参数

参数名称	型　号	
	TV7-117VM	TV7-1117VK
功率轴输出形式	前输出	后输出
起飞功率/kW	2 088	1 866
应急功率/kW	2 237(30 s)	2 098(30 s)

续表 4-14

参数名称	型号	
	TV7-117VM	TV7-1117VK
巡航功率/kW	1 491	1 342
最大连续耗油率/[kg/(kW·h)]	0.267	0.267
巡航耗油率/[kg/(kW·h)]	0.302	0.362
功重比/(kW·kg^{-1})	5.80	4.91
空气流量/(kg·s^{-1})	9.2	9.2
总增压比	17.0	17.0
涡轮进口温度/℃	1 237(1 515 K)	1 237(1 515 K)
宽度/mm	640	685
高度/mm	820	820
长度/mm	1 614	2 077
寿命/h	12 000	1 500
干重量/kg	360	380

(3) 部件与系统

TV7-117V 发动机由 5 级轴流加 1 级离心组合式压气机、折流环形燃烧室、2 级燃气发生器涡轮和 2 级轴流式动力涡轮等组成。

进气装置:围绕锥形减速齿轮箱的环形冲压进气道,带可调进口导流叶片。

压气机:为 5 级轴流加 1 级离心组合式,进口导叶及前 2 级导叶可调。

燃烧室:折流环形燃烧室可采用多种燃料,包括液化天然气和液化石油气,污染很小。

燃气发生器涡轮:2 级轴流式涡轮,叶片带冷却。

动力涡轮:2 级轴流式涡轮,有前输出和后输出两种形式,分别用于不同型别 TV7-117VM 和 TV7-117VK。

控制系统:带自动控制和监视的全权限数字发动机控制系统(FADEC),型号为 BARK-12 或 BARK-57,在地面和飞行中可单独进行自动控制。

TV7-117V 发动机的实物图和结构图见图 4-29 和图 4-30。

图 4-29 TV7-117V 发动机实物

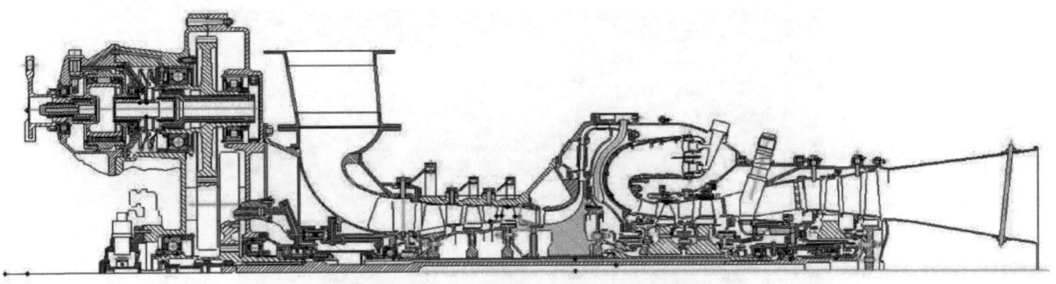

图 4 - 30　TV7-117V 发动机结构

(4) 研制历程

2000 年,开始研制 TV7-117V 涡轴发动机。

2002 年,TV7-117VM 涡轴发动机开始地面台架试验。

2015 年,TV7-117V 发动机获得国际航空委员会航空登记处颁发的适航合格证。

2018 年,TV7-117V 发动机获得了俄联邦航空运输局颁发的主要更改许可证,允许该发动机使用范围扩大至－60℃～＋50℃。2019 年,TV7-117V 发动机助力米-38 直升机成功完成了极限低温试验,完成鸟撞、吞雨和吞冰雹条件下的可靠性试验。在冰雹试验程序中,连续射击了直径为 50 mm(重量为 0.059 kg)和 25 mm(重量为 0.008 kg)的冰雹,并以 83 m/s 的飞行速度和发动机轴向成 27°角进入防护罩区域,和以 300 km/h 的速度发射重达 1.850 kg 的大鸟。

2020 年 10 月,俄罗斯 UEC 公司宣布创建 TV7-117 发动机的第二级数字孪生模型,目标是对工厂级零件进行虚拟试验,最终实现发动机生产的现代化。UEC 已经确定 TV7-117 发动机轴流压气机的 13 个主要零件,将为其创建虚拟数学模型,从而完全重复大规模生产的技术过程。第二级数字孪生模型是"智能工厂"概念的前提,这意味着不仅要针对单个产品,而且要作为整个生产系统的一部分来形成和使用数字孪生模型。

6. 阿拉诺

(1) 基本情况

阿拉诺发动机是法国赛峰直升机发动机公司正在研制的一款新型涡轴发动机,主要配 4～6 t级双发直升机或 2～3 t 级单发直升机。其首款发动机阿拉诺 1A 被选为空客 H160 双发直升机的唯一动力装置。目前,阿拉诺发动机已累计试验 10 000 h,其中包括 2 000 h 的飞行试验。

(2) 主要参数

阿拉诺发动机功率等级为 808.5～956 kW(1 100～1 300 shp),与现役发动机相比耗油率可降低 10%～15%,且可在高温高空条件下满足比同类发动机功率增加 10%的要求。大修前,发动机可飞行 5 000 h,且维护工作量仅为同量级发动机的 1/5。阿拉诺 1A 功率为 956 kW。阿拉诺发动机见图 4 - 31。

图 4-31 阿拉诺发动机

(3) 部件与系统

阿拉诺 1A 由环形进气道、整体进口导叶、2 级离心压气机、回流燃烧室、1 级燃气涡轮和 1 级动力涡轮等组成。

发动机关键部件采用增材制造,例如使用激光熔融工艺生产燃油喷嘴,快速生产复杂形状零件,大幅减少零件数量。同时,该发动机还采用赛峰集团目前最先进的健康监测、自动故障诊断和预测维护技术,并与赛峰集团发动机运行监控服务系统 BOOST 完全兼容。

压气机:2 级离心压气机。新设计进口导向叶片系统。该系统由位于压气机上方的小型可调叶片机构组成,能够改进巡航时发动机热力循环,有助于降低油耗。

燃烧室:回流燃烧室,具有更好的可操作性和更简单的布局,采用油气混合旋流稳定火焰,以达到均匀温度以保护部件免损坏。采用增材制造技术制造燃油喷嘴。新燃烧室仅保留主燃油喷嘴,省去了通常用于启动的喷嘴,将燃油喷嘴的数量减少到 9 个,简化了设计,而与之量级相似的阿蒂丹发动机的燃烧室喷嘴多达 20 个。这些设计可以提高各种天气和海拔高度下发动机的启动性能,并有助于减少排放。

涡轮:单级动力涡轮。

控制系统:采用了新一代数字控制系统,可提供更好的飞行响应能力,增强了安全性和飞行员的操控性。自行开发的控制系统 G4 软件程序,包括需求管理,基于模型的设计、仿真、自动化测试和合格代码生成等,并将高效模型检查器 SCADE Suite 整合到该程序中以便在控制系统早期设计阶段能模拟测试案例并发现问题,同时 Suite 中的符号也可以在同一软件项目内部及不同软件项目之间重复使用,以保持设计的一致性,控制系统的开发时间缩短了 30%。

(4) 研制历程

2013 年,完成 Tech 800 验证机的首次运行。

2014 年,发动机开始首次地面试验。

2015 年,赛峰交付空客直升机公司 2 台阿拉诺发动机,用于 H160 动力直升机 0 号机的装机台架试验。当时预计 10 台发动机交付空客直升机进行飞行试验,另 10 台发动机交付空客用于型号认证。

2016 年,配装阿拉诺发动机的 H160 直升机首次飞行试验,同年,完成高空模拟试验和发动机断油试验。

2017 年，完成耐久性试验，并向空客交付第一批初始生产型发动机。

2019 年 6 月，阿拉诺 1A 发动机获得欧洲航空安全局(EASA)型号合格证。

2021 年 6 月，阿拉诺 1A H160 双发直升机获得美国联邦航空管理局(FAA)型号合格证。

2021 年 7 月，阿拉诺发动机首次使用 38%的可持续航空燃料(SAF)进行地面试验。

(5) 2022 年度主要进展

2022 年 1 月，为支持法国航空航天工业产业，法国武器装备总署(DGA)批准赛峰集团与空客公司签订合同，为法国武装部队首批 32 架 H160M 直升机提供所需发动机，H160M 直升机将取代法国部队目前在役的五种不同类型直升机。赛峰集团将为这些直升机提供阿拉诺新一代涡轴发动机。

7. 阿内托

(1) 基本情况

阿内托发动机是赛峰直升机发动机公司于 2017 年 10 月正式发布的面向中型和大型直升机市场的新一代大功率直升机发动机，主要用于 8～15 吨级的下一代旋翼机，同时也可用于替换现有直升机动力装置。该发动机能适应近海海上搜索救援、灭火及军事运输等高功率的严苛条件，可提升超中型直升机的高温、高原性能和通用性。

阿内托-1K 专为民用和军用直升机设计，以 RTM322 发动机在要求苛刻的军事任务中超过 200 万飞行小时的使用经验为基础，结合最新一代技术，提供更大推力和更高可靠性。截至 2021 年 11 月，该发动机完成超过 5 000 h 的地面和飞行试验验证。阿内托-1K 发动机见图 4－32。

图 4－32 阿内托-1K 发动机

(2) 主要参数

阿内托系列发动机功率为 1 860～2 237 kW(2 500～3 000 shp)，与同量级的发动机相比，功率提高 25%，油耗降低 15%。首款发动机阿内托-1K 功率为 1 860 kW(2 500 shp)，目前是莱昂纳多公司的 AW149 和 AW189K 双发直升机。

(3) 部件与系统

阿内托发动机采用紧凑结构、新材料和制造技术研制，具有出色的功重比，特别是在执行海上运输、搜救、消防或军事运输等任务时，以及在高温和高空条件下具有更高的性能。压气机为4级，压气机静子叶片、部分燃烧室组件、进口导向叶片均采用3D打印制造。该发动机与赛峰集团新开发的混合动力系统完全兼容，2019年在一台验证机上验证了环保模式。该系统允许在巡航状态下，双发中的一台发动机停车或慢车；当要求提高功率时，在电机的作用下发动机可在10 s内快速启动，并自动恢复至最大功率。

(4) 研制历程

2013年，发动机项目启动，首款阿内托-1 K发动机推出。

2015年，发动机开始地面试验。

2016年，推出阿内托-1X发动机。

2017年，阿内托-1K配装莱昂纳多AW189K首次飞行试验。发动机经过5000余小时严苛地面与飞行试验，已具备配装AW189K投入使用的条件。

2018年，空客Racer高速旋翼验证机选取2台阿内托-1X作为动力装置。

2019年，阿内托-1K发动机获得欧洲航空安全局(EASA)型号认证。

2020年6月，莱昂纳多AW189直升机换发申请获得EASA批准，阿内托-1K替换目前安装的GE公司CT7-2E1发动机。

2021年11月，阿内托-1K发动机配装莱昂纳多AW149直升机使用可持续航空燃料完成首次飞行试验。

(5) 2022年度主要进展

2022年3月，赛峰集团推动阿内托涡轴发动机竞争英国NMH计划。赛峰集团表示，若配装阿内托-1K发动机的莱昂纳多AW149获得NMH最终合同，公司将在其英国南部法勒姆的工厂为英国制造和大修阿内托-1K发动机和eAPU60辅助动力装置(配装AW149)。

2022年11月，空客透露，由于部件延迟交付，“高速低成本旋翼机”(Racer)首飞时间已从之前的2022年目标推迟到2023年。Racer旋翼机由两台1 860 kW的阿内托-1X发动机提供动力，其功率比类似尺寸的发动机高25%。在巡航飞行期间，当其中一台发动机处于待机模式时，可减少15%燃油消耗，赛峰集团称其为“eco模式”。赛峰集团计划于明年进行混合电动怠速停止和启动系统的飞行试验活动，用于验证Racer是否符合“洁净天空”2计划的环境和声学目标，即二氧化碳和氮氧化物排放量降低20%，噪声降低20%。

8. VK-2500PS

(1) 基本情况

俄制直升机上广泛使用的TV3-117系列发动机一直由乌克兰马达西奇公司生产，为摆脱对乌克兰的依赖，俄罗斯仅用几年的时间就实现了国内量产。2019年，俄罗斯共生产了约230台VK-2500/TV3-117发动机，解决了直升机发动机国产化问题，而且还继续对发动机进行研发。

VK-2500系列为TV3-117发动机的改型，用作多用途双发直升机的动力。VK-2500P专为米-28NM“超级暗夜猎手”武装直升机设计，也可配装其他“米”“卡”系列军用直升机。截至2021年6月，发动机已通过所有国家试验，UEC正在进行使用寿命延长至12 000 h的研发工作。2020年底开始为卡-32多用途直升机研发新型VK-2500PS-02发动机。目前，UEC共生产了 600 多台 VK-2500 发动机。

VK-2500PS-03 是 VK-2500 发动机的最新改型，其基本装机对象为莫斯科米里直升机公司(俄罗斯直升机控股公司的一部分)开发的米-171A2 民用多用途直升机。为了摆脱对乌克兰供应链的依赖，该发动机采用了俄罗斯国内生产的组件、零件和材料。VK-2500PS-03 发动机研制时，考虑到在潮湿的海洋和热带地区使用的需求，因此，使用的设计方案、材料和涂层都显著提高了工作性能，特别是发动机叶片采用了先进的防腐蚀材料。俄罗斯航空科技企业全力推动俄罗斯直升机产品获得在印度和哥伦比亚民航管理机构的认证，并计划在中国、印度、韩国、巴西、墨西哥、秘鲁等国家和地区办理 VK-2500PS-03 发动机型号的认证。

(2) 主要参数

VK-2500PS-03 发动机的起飞高度增加到 6 000 m(青藏高原平均海拔为 4 500 m)。这款发动机具有三种起飞功率，紧急模式下功率有所增加，可以在 1 986 kW(2 700 shp)下持续工作 2.5 min 或在 1 765 kW(2 400 shp)下持续工作 30 min，并在上述紧急状态工作后无须拆卸发动机。VK-2500PS-03 发动机的寿命为 9 000 h，并有望增加到 12 000 h，大修间隔为3 000 h。

(3) 部件及系统

VK-2500PS-03 发动机由 12 级轴流压气机、环形燃烧室、2 级轴流燃气涡轮和 2 级轴流动力涡轮等组成。

压气机：12 级轴流压气机，带进口可调导流叶片，第 1～4 级采用可调导流叶片和放气活门。相比 TV3-117，空气流量有所增加，总增压比有所增加。

燃烧室：环形燃烧室在 TV2-117 基础上改进。通过在燃烧室内设置燃油歧管，使燃烧室长度比 TV2-117 的显著缩短，重量减轻 40%。

燃气涡轮：2 级轴流式涡轮。整体铸造导向器叶片，转子叶片采用 ZhS-26 合金。

动力涡轮：2 级轴流涡轮，效率为 93.4%。

控制系统：BARK-78 型 FADEC 系统，与早期 TV3-117 发动机的控制系统可互换。状态监测系统可使得该发动机的操控性能显著提高，尤其是在燃烧室熄火后可以实现发动机的自动重新启动。状态监测系统可对发动机主要参数进行监控，并考虑主变速箱的工作时间，进一步延长发动机寿命。VK-2500PS-03 发动机见图 4 - 33。

图 4 - 33　VK-2500PS-03

(4) 研制历程

2000 年，VK-2500 发动机的装卡-50 型直升机首飞。

2003 年，VK-2500 发动机开始小批量生产。

2014 年，VK-2500PS-03 发动机配装米-171A2 首架原型机完成飞行试验。

2015 年，VK-2500PS-03 发动机配装米-171A2 第 2 架原型机完成飞行试验。

2016 年，VK-2500PS-03 发动机获得型号认证。

2017 年，VK-2500PS-03 发动机配装米-171 获得中国民航局适航证。

2019 年，VK-2500PS-03 发动机获得中国民航局和哥伦比亚民航管理机构的适航证。

2020 年，俄罗斯 UEC 公司完成 VK-2500P 和 VK-2500PS 发动机零件制造的技术准备工作。VK-2500P 发动机已通过国家台架试验。2020 年 9 月，俄罗斯米-17A2 直升机获得韩国适航合格证，米-17A2 选用了 VK-2500PS-03 发动机。2020 年 11 月，VK-2500P 开始批量生产。

(5) 2022 年度主要进展

2022 年 7 月，VK-2500PS-03 发动机配装米-171A3 海上直升机成功进行了飞行试验。由克里莫夫公司(UEC-Klimov)为新型米-171A3 海上直升机研制和制造的 VK-2500PS-03 发动机将使该飞机能够在任何条件下运行。该发动机的自动控制和监控系统能自动适应环境的任何变化。

VK-2500PS-03 发动机采用 BARK-6V-7S 全权限数字式发动机自动控制系统，集成了大量传感器和测量系统，可监控发动机在各个状态下的工作并自主适应使用条件。发动机结构考虑了在各种地理条件(陆地、海上、热带、严寒霜冻和海盐、海雾等)下使用的可能性。发动机工作温度范围为－50～＋60℃，可靠启动高度达到 6 000 m。

克里莫夫公司是 VK-2500PS-03 发动机的研制商和生产商，也是该发动机在印度、韩国、哥伦比亚、中国型号合格证的持有者。由于米-171A3 用于海上长期飞行，因此对其动力装置的可靠性和安全性提出了特别高的要求。VK-2500PS-03 发动机满足其严格的要求，采用了经过数字技术优化和可靠性验证的技术方案，发动机可靠性进一步提高，使用状态范围进一步拓宽。

2022 年 10 月，配装 VK-2500PS-02 发动机的改进型直升机卡-32A11VS 完成首次飞行试验。俄罗斯国家技术集团旗下的俄罗斯直升机公司进行了改进型直升机卡-32A11VS 主要阶段试验，持续飞行 37 min。VK-2500PS-02 发动机由克里莫夫公司研制和生产，新动力装置的使用可改善卡-32 A11VS 的飞行技术性能，将提高直升机强侧风(包括高原)条件下的稳定性及控制安全性，从而拓宽森林灭火和紧急救援时的应用环境。所有取证试验计划在 2023 年第 3 季度完成。

9. 阿赫耶

(1) 基本情况

阿赫耶发动机是法国透博梅卡公司(现赛峰直升机公司)在 20 世纪 70 年代初开始生产的一种单转子自由涡轮式涡轴发动机，用来满足当时迅速扩大的轻型直升机市场的需求。该系列发动机功率范围为 434～736 kW (590～1000 shp)，为 2～5 t 单发和双发直升机设计，可为 40 多种不同的旋翼机提供动力。从 1977 年最初的两种型号到目前已开发出 30 多种改型，配装在 40 种不同类型直升机上。阿赫耶发动机的主要型别有阿赫耶 1/1A/1A1/1A2/1C/1C1/1C2、阿赫耶 1B/1B2、阿赫耶 1D/1D1、阿赫耶 1E、阿赫耶 1K、阿赫耶 1K、阿赫耶 1S/1S1 和阿赫耶 2 系列等。截至 2019 年，阿赫耶共生产 15 079 台，2019 年预估的单台价格为 59.5～97.5 万美元。

(2) 主要参数

阿赫耶 1C 发动机主要参数见表 4-15。

图 4-15　阿赫耶 1C 发动机主要参数

性能参数			
功率/kW	492(起飞)	总增压比	9
耗油率/kW	350	涡轮进口温度/℃	1 057
干重量/kg	112～125	—	—
几何参数			
长度/mm	1 122～1 254	高度/mm	597～696
宽度/mm	411～495	—	—

(3) 部件与系统

阿赫耶发动机由 1 级低压轴流式压气机、1 级超声速高压离心压气机、折流环形燃烧室、2 级燃气发生器涡轮和 1 级动力涡轮等组成。

压气机：1 级低压轴流式压气机由钛合金锻造，其后的 1 级超声速高压离心式压气机也采用钛合金材料。

燃烧室：折流环形燃烧室，带 1 个设有中心管的双离心燃油喷射系统。该燃烧室用离心甩油盘喷油，带 2 个起动喷嘴和 2 个点火器。

燃气发生器涡轮：2 级轴流式。阿赫耶 1A 和 1B 为整体铸造转子，其余型别的叶片用榫头与盘连接，非冷却实心叶片。

动力涡轮：1 级轴流式，叶片通过燕尾型榫头与盘连接。

控制系统：机械液压式控制系统，带有燃气涡轮发生器比例积分调节器和自由涡轮静态补偿比例调节器，2 个调节器与燃油泵构成一体。阿赫耶 2E 发动机见图 4-34。

图 4-34　阿赫耶 2E 发动机

(4) 研制历程

1973 年,燃气发生器开始台架试验。

1974 年,阿赫耶配装“小羚羊”直升机首次飞行试验。

1975 年,阿赫耶配装“海豚”直升机首次飞行试验。

1977 年,阿赫耶获得法国和美国适航证。

1978 年,阿赫耶取得英国适航证。

1980 年,中国与法国签订购买阿赫耶发动机生产许可证协议。

1982 年,阿赫耶 1C1 获得法国民航总局认证。

1983 年,阿赫耶 1M 取得适航证。

1988 年,阿赫耶 1S 配装 S-76A 获得由 FAA 颁发的适航证。

1990 年,阿赫耶 1E 装在 EC145 飞机上首次飞行试验。

1994 年,阿赫耶 2 系列开始生产。

2002 年,阿赫耶 2C 获得适航证。

2006 年,阿赫耶 2S2 获得适航证。

2011 年,阿赫耶 2D 获得适航证。

2012 年,阿赫耶 2E 获得 EASA 适航证。

2014 年,阿赫耶 2B1A 首次飞行试验。

2014 年,阿赫耶 2N 获得适航证。

2016 年,阿赫耶 2H 首次飞行试验。

2018 年,阿赫耶 2H 获得 EASA 适航证。

2019 年,阿赫耶 2H 发动机获得欧洲航空安全局(EASA)适航认证。

2020 年 7 月,阿赫耶 2 系列发动机排气阀门组件维护手册更新,由于受疫情影响,用于阿赫耶 2 上的排气阀门产能不足,且提升其可靠性的研究计划进展缓慢,赛峰针对渗漏检查标准进行修订。

2021 年 10 月,赛峰开始在美国组装阿赫耶 2E 发动机,并在美国为阿赫耶 2E 发动机开设了第二条装配线。第一批组装和试验的阿赫耶 2E 已交付空客公司,这些发动机将为交付美国陆军的 UH-72B“拉科塔”直升机提供动力,这也是空客公司“拉科塔”系列直升机最新的型号。

(5) 2022 年度主要进展

2022 年 9 月赛峰直升机发动机公司与空客直升机公司签署了一项协议,继续为美国陆军 UH-72 系列拉科塔(Lakota)直升机队配装阿赫耶发动机提供支持。该合同正式确定了超 900 台阿赫耶 1E2 和阿赫耶 2E 发动机的维护、修理和大修(MRO)的服务协议,这些发动机配装于美国陆军的 UH-72A 和 UH-72B 直升机。阿赫耶发动机在美国享有可靠的声誉,超过 3 000 台发动机正在服役。美国陆军阿赫耶机队已经飞行超过 250 万发动机飞行小时。

10. 阿蒂丹

(1) 基本情况

阿蒂丹发动机是法国透博梅卡公司(现赛峰直升机发动机公司)2001 年在 TM322-2B2 发

动机基础上发展而来的自由涡轮式单转子涡轴发动机，用于 5～6 吨级直升机。阿蒂丹发动机主要用于欧洲直升机公司的 EC135 直升机、阿古斯塔公司/贝尔直升机公司 AB139 直升机、阿古斯塔·韦斯兰特公司 AW149 直升机和中航直升机公司 AC352 直升机。阿蒂丹发动机的主要型别有阿蒂丹 1A/1H1，阿蒂丹 2K、阿蒂丹 3C/3G 等。

阿蒂丹 3C/WZ16 发动机由赛峰集团和中国航空发动机集团（AECC）共同开发，中方命名为 WZ16，法方命名为阿蒂丹 3C，是新一代涡轴发动机，与同级别发动机相比，可省燃油 10%。阿蒂丹 3C/WZ16 成为首款同时获得 CAAC 和 EASA 认证的直升机发动机，自两型发动机开始首次地面试验以来，其成熟度和取证试验已累计超过 10 000 h，并将在投入市场时呈现出较高的产品成熟度。

阿蒂丹 3G 是阿蒂丹 1 的放大型，配装中型单发到中型双发直升机的新一代涡轴发动机。2011 年 4 月，俄罗斯和法国透博梅卡公司签署了关于为卡-62 直升机研制提供 308 台阿蒂丹 3G 发动机的框架协议，5 月在莫斯科举行 HeliRussia-2011 直升机展会期间，俄罗斯直升机公司第一次向法国透博梅卡公司订购了 40 台阿蒂丹 3G 发动机。

截至 2018 年，阿蒂丹共生产 295 台（包括原型机和生产型发动机），2017 年预估的单台价格为 149 万美元。

（2）主要参数

阿蒂丹 3C/WZ16 发动机功率范围为 1 250～1 471 kW（1 700～2 000 shp）。其采用极其紧凑的模块化构造，能提供同级别产品中最佳的功重比，并为运营者带来较低的运行成本。与同功率等级的发动机相比，其燃油油耗要低 10%。

阿蒂丹发动机主要参数见表 4－16。

表 4－16　阿蒂丹发动机主要参数

参数名称	型　号	
	阿蒂丹 1H1	阿蒂丹 2K
起飞热力功率/kW	1 053	1 165
起飞机械功率/kW	899	899
最大连续机械功率/kW	880	899
功重比（$kW \cdot kg^{-1}$）	4.89	4.73
干重量/kg	180	190

（3）部件与系统

阿蒂丹发动机由 2 级离心压气机、回流环形燃烧室、1 级燃气发生器涡轮和 2 级动力涡轮等组成，如图 4－35 所示。

压气机：2 级离心式。

燃烧室：回流环形。

燃气发生器涡轮：1 级轴流式，高负荷，叶片为 AM3 材料的单晶叶片，不冷却，涡轮盘材料为 Inco738。

动力涡轮：2 级轴流式，可在外场更换，叶片材料为 Inco738，盘材料为 Inco718。

控制系统：双通道 FADEC 系统，可带备份。

图 4 - 35　阿蒂丹 3G 发动机

(4) 研制历程

2001 年,阿蒂丹开始研制。

2003 年,阿蒂丹 1A 通过设计评审。

2006 年,阿蒂丹 1A 取得欧洲联合航空局(JAA)适航证。

2007 年,阿蒂丹 1H1 首次飞行试验,并获得 EASA 适航证。

2016 年,俄罗斯 Ka-62 直升机装阿蒂丹 3G 首次飞行试验。

2016 年,印度斯坦航空公司轻型通用直升机配装阿蒂丹 1H 首次飞行试验。

2017 年,为卡-62 首次飞行试验提供动力。

2018 年,阿蒂丹 3C 获得 EASA 型号合格证。

2019 年,WZ16 获得中国民用航空局(CAAC)适航证。

2021 年,赛峰直升机发动机公司与意大利比亚乔航空公司合作开发阿蒂丹 3 型发动机系列产品,以能够与普惠 PT6 发动机和 GE 公司 Catalyst 发动机相竞争。双方签订的合作意向涵盖了阿蒂丹 3 型系列航空发动机关键部件制造,包括涡轮推进器(阿蒂丹 3TP)和直升机应用。

11. T64

(1) 基本情况

T64 发动机是美国 GE 公司按美国海军要求,从 20 世纪 50 年代后期为对地支援和战术飞机设计的一种自由涡轮式单转子涡轴/涡桨发动机。在 T64 发动机的设计中,GE 公司将降低油耗放在首位。为此,采用了静子叶片可调的单转子结构和较高的涡轮进口温度。另外,对维修也做了充分考虑,如减速器可从发动机上整体分解下来进行检查与维修等。

T64 发动机初始试验型发动机为涡桨发动机,1961 年,美国海军和海岸警卫队均选择了 T64 作为 S-65 系列重型直升机的动力。T64 发动机于 1962 年完成首次飞行试验。到 1962 年末,试验时间已达到 1.4 万小时(其中 5 700 h 是针对涡桨发动机的),于 1963 年投入使用。之后随着订货和要求变化,T64 发动机不断改进和升级。

T64 系统发动机主要型别有 T64-GE-1/3/7/7A/16/100/413/413A/415/419 等,主要用于西科斯基公司 CH-53 系列。T64 发动机见图 4 - 36。

图 4-36　T64 发动机

(2) 主要参数

T64 发动机主要参数见表 4-17。

表 4-17　阿赫耶 1C 发动机主要参数

性能参数			
功率/kW	2 215～3 542(起飞)	总增压比	12.5～14
耗油率/[kg·(kW·h)$^{-1}$]	0.286～0.302	涡轮进口温度/℃	743
干重量/kg	327～538	功重比/(kW/kg)	4.71～10.33
结构参数			
长度/mm	327～538	高度/mm	825～1 167
宽度/mm	660～683	—	—

(3) 部件与系统

T64 发动机由 14 级轴流压气机、环形燃烧室、2 级燃气发生器涡轮和 2 级动力涡轮等组成。

压气机:14 级轴流式。前 4 级静子叶片可调,转子叶片材料为钛和钢。压气机转子材料为钢、钛合金和铬镍合金。对开机匣,只要分解安装边就可分解全部叶片,转子叶片也可单独更换。

燃烧室:环形燃烧室,整体铜焊机匣,12 个双油路喷嘴安装在扩压段壁上。

燃气发生器涡轮:2 级轴流式。第 1 级导向器叶片气膜冷却,转子叶片对流冷却。所有叶片组成若干扇形段,可在外场单独更换。

动力涡轮:2 级轴流式,转子叶片采用 Sel1 镍基合金铸造。

控制系统:机械液压式控制系统,综合控制器控制燃油和可调进口导流叶片。

减速器:1 级正齿轮减速器,偏置传动轴,减速比为 0.0744。

(4) 研制历程

1964 年,2 台 T64 发动机为 CH-53A 原型机首飞提供动力。

1970 年,德国 MTU 公司开始专利生产 T64 发动机。

1980 年，首台生产型 CH-53E 交付美国海军。

1986 年，装配 T64 的 MH-53E 交付美国海军。

1990 年，首架装配 T64 的 S-80 交付日本海上自卫队。

2020 年 4 月，GE 公司签署 960 万美元的 T64 发动机合同，继续为美国海军陆战队的 CH-53E 直升机动力提供支持。该合同重新开始发动机核心部件的生产，以支持海军 CH-53E 发动机可靠性计划。

(5) 2022 年度主要进展

2022 年 2 月，作为发动机可靠性提高计划的一部分，GE 公司为 CH-53E 飞机提供 10 台 T64 发动机。预计 2024 年完成，2022 年财政年度采购费用(海军)约 3 910 万美元在授标时承付。

12. VK-650V

(1) 基本情况

俄罗斯为摆脱对国外动力的依赖，解决直升机发动机和军舰动力系统等“卡脖子”问题，建立了专门研制压气机和涡轮部件和直升机发动机的制造中心。该中心正在研制 VK-650V 发动机，目的是取代目前俄罗斯直升机上安装的美国普惠公司同类发动机，VK-650V 发动机对俄罗斯非常重要，是卡-226 直升机实现全面国产化的希望。

VK-650V 发动机是为俄罗斯轻型直升机设计开发，可配装 2～8 吨的旋翼/固定翼平台，计划安装到卡-226T 轻型直升机，同时也计划安装到具有相同有效载荷的“安萨特-U”、VRT-500 超轻型直升机和其他起飞重量不超过 4 吨的单发直升机上，可成为阿赫尤斯(Arrius)2G 发动机可选替代产品。VK-650V 现有认证基础可确保充分考虑对发动机适航性和环境保护的要求。预计 2023 年完成型号认证，2024 年开始批量生产。

(2) 主要参数

VK-650V 起飞功率为 485 kW(650 shp)。

(3) 部件与系统

VK-650V 发动机采用模块化设计和增材制造技术，发动机的 3D 打印比例为 12%。压气机零组件、密封箱和轴承箱、涡轮导向器和机匣、燃烧室旋流器采用增材制造技术制造。目前正在开发全权限数字发动机控制系统 BARK-5V。

VK-650V 涡轴发动机自动控制系统采用新技术和新材料以提高飞行的安全性，其中包括辐射吸收材料。通过计算和试验证明，这种方法能将 VK-650V 发动机的自动控制系统抗高强度电磁场的稳定性提高很多倍。对 Bark-5B 自动控制检测模块与机载设备 IDC 5B 信息-诊断系统的电磁兼容性进行了研究，直升机的结构中拆除了重型屏蔽模块。单项技术解决方案已经在经过认证的机型上进行了试验，并使米-8 直升机的重量降低了 40 kg。

(4) 研制历程

2019 年，开始研制 VK-650V 发动机，完成发动机验证机和自动控制系统概念设计。

2020 年 9 月，VK-650V 发动机实际尺寸模型通过设计委员会评审。2020 年 12 月，第一台发动机验证机完成制造和组装。VK-650V 现有认证基础可确保充分考虑对发动机适航性和环境保护的要求。在准备好的试验台架中，克里莫夫公司安装了新的动力保持架和液压制动器，并安装了专门针对VK-650V尺寸设计的燃油系统，配备了现代化的控制台和发动机控制系统。

2021年5月，UEC正在研究以最新的VK-650V发动机为基础研制混合动力装置的方案。计划于2023年年底进行验证机试验，验证其性能，2024年开始飞行试验。

(5) 2022年度主要进展

2022年5月，俄罗斯技术集团计划于2024年起为“安萨特”直升机量产VK-650V发动机。克里莫夫股份公司调整了VK-650V发动机方案。基于全新的概念，VK-650V的近期任务如下：对改进后的发动机验证机进行试验台试验，2022年内为直升机提供系统布局的模拟图，2023年交付用于飞行试验的发动机，2024年底取得认证并开始投入批量生产。VK-650V发动机见图4-37。

图4-37　VK-650V发动机

13. T406/ AE1107

(1) 基本情况

T406/AE1107是艾利逊公司(现罗罗北美公司)在T56涡桨发动机基础上为V-22“鱼鹰”倾转旋翼机衍生研制的涡轴发动机。20世纪80年代初，美国政府提出“多军种先进垂直起降飞机”计划，1985年正式将这种飞机编号为V-22“鱼鹰”，该计划发展一种功率范围为3 680～4 420 kW，可靠性高、维修性好、使用费用低和油耗低的涡轴发动机。经过全面分析和评估，艾利逊公司最后选择了T56改型发动机的方案。T406/AE1107主要用于V-22“鱼鹰”系列，AE1107C(T406)发动机为美国海军、海军陆战队和空军CV/MV-22提供动力。

2014年，V-22在美国西海岸进行了飞行试验，验证了最新型号AE1107C发动机在高度1 830 m和35 ℃条件下的高温高原性能。罗罗公司不断在发动机上使用新技术，使发动机功率提高17%，每飞行小时维修成本降低了34%。

截至2018年，T406/AE1107共生产871台，根据2019年合同授予价格，单台价格为210万美元。AE1107F发动机见图4-38。

图 4-38　AE1107F 发动机

(2) 主要参数

T406/AE1107 发动机主要参数见表 4-19。

表 4-19　T406/AE1107 发动机主要参数

性能参数			
功率/kW	4 586(海平面)	总增压比	16.7
耗油率/[kg·(kW·h)$^{-1}$]	0.259	涡轮进口温度/℃	1 209
干重量/kg	112～125	功重比/(kW·kg^{-1})	10.41
结构参数			
长度/mm	1 980(不带减速器)	高度/mm	890
宽度/mm	671	—	—

(3) 部件与结构

T406/AE1107 发动机由 14 级轴流压气机、环形燃烧室、2 级燃气发生器涡轮和 2 级动力涡轮组成。

压气机:14 级轴流式,进口导流叶片和前 5 级整流叶片可调。前 5 级可调导流叶片材料为耐腐蚀和耐热的 450 号锻造钢,第 10～12 级转子叶片材料为 Inco 718,其余为钢。

燃烧室:环形燃烧室,火焰筒为对流冷却,配备 16 个气动雾化燃油喷嘴和双电容放电点火器。

燃气发生器涡轮:2 级轴流式,带突扩形扩压器。该涡轮采用先进的对流气膜冷却。2 级空气冷却的单晶转子叶片。

动力涡轮:2 级轴流式,实心转子叶片,带 Z 形叶冠。

控制系统:2 套 FADEC 系统,带模拟备份系统。

(4) 研制历程

1986 年,第 1 台 T406 发动机压气机和燃气发生器开始台架试验。

1987 年,供飞行鉴定用的发动机交付。

1989 年,配装 V-22 首次飞行试验。

1998 年，发动机开始小批量初始生产。

2002 年，第 100 台 AE1107 交付。

2007 年，授予 7 亿美元的生产合同。

2019 年 11 月，罗罗公司获得美海军 12 亿美元 V-22"鱼鹰"军用运输机发动机维修保障合同，包括 AE1107C(T406)发动机项目管理、保养、维修、构型管理、可靠性改进、现场支持、工程和综合后勤保障。

(5) 2022 年度主要进展

2022 年 8 月，美国空军停飞"鱼鹰"飞机，寻找动力失控的原因。由于涉及离合器故障的安全事故数量增加，美国空军已停飞所有 CV-22"鱼鹰"飞机。CV-22 由 2 台 AE1107C(T406)涡轴发动机提供动力。飞行员发现部分离合器易打滑，发生打滑情况时，CV-22 立即将动力传递给另一台发动机，但该过程中动力传输可能不平衡，导致飞行员无法控制。自 2017 年以来，已经发生了 4 起此类事件，其中包括近期发生的 2 起。

2022 年 12 月，贝尔公司研制的 V-280"勇士"倾转旋翼机中标未来远程攻击机(FLRAA)，转入工程研制阶段，其动力装制为罗罗公司的 AE1107F 发动机。V-280 采用的两台 AE1107F 涡轴发动机是 V-22"鱼鹰"倾转旋翼机所配装的 AE1107C 的改进型，单台功率 5 149 kW。

14. 马基拉

(1) 基本情况

马基拉是由法国透博梅卡公司于 1974 年开始研制的自由涡轮式单转子涡轴发动机，目的是满足 20 世纪 80 年代直升机对效率更高和功率更大发动机的需求。马基拉发动机与阿赫耶发动机同时研发。马基拉发动机的功率范围填补了功率较小的阿赫耶发动机和较新的 TM333 发动机之间的空缺。马基拉系列型号包括：马基拉 1A、1A1、1A2、1A4、2A、2A1、2B 等，主要为 AS532、EC225、EC725、SA330、H125、阿特拉斯羚羊、IAR330 等直升机提供动力。

马基拉在设计时吸取了透默和阿赫耶等发动机成功的经验。为提高可靠性，马基拉没有采用气冷式涡轮转子叶片，选用耐高温材料和适当的涡轮进口温度相结合的方式来保证使用寿命。马基拉发动机燃气发生器的首次翻修时间为 3 000 h，其他各单元体的首次翻修时间最长为 4 000 h。马基拉发动机见图 4－39。

图 4－39　马基拉发动机

(2) 主要参数

马基拉 2A 发动机主要参数见表 4－20。

表 4－20 马基拉 2A 发动机主要参数

性能参数			
功率/kW	1 567	总增压比	11.0
耗油率/[kg·(kW·h)$^{-1}$]	0.355	涡轮进口温度/℃	1 180
干重量/kg	279	功重比/(kW·kg^{-1})	5.62
结构参数			
长度/mm	1 836	高度/mm	673
宽度/mm	498	—	—

(3) 部件与结构

马基拉发动机由 3 级轴流加 1 级离心组合式压气机、环形燃烧室、2 级燃气发生器涡轮和 2 级动力涡轮等组成。

压气机:3 级轴流加 1 级离心组合式,轴流级采用锻造的钛合金,离心级采用钢锻件机械加工制造,第 3 级压气机整体铸造。

燃烧室:环形燃烧室。燃油通过一个主轴上单独的离心喷射器喷入燃烧室,全气膜冷却。

燃气发生器涡轮:2 级轴流式。单晶叶片,进口燃气温度 1 180 ℃。马基拉 1A1 发动机的起飞转速为 33 350 r/min,马基拉 1A2 的起飞转速为 33 245 r/min。第 1 和第 2 级涡轮转子叶片用 MAR-M002 镍基超级合金精密铸造而成,可单独拆换,第 1 级导向器叶片气冷。

动力涡轮:2 级轴流式。功率轴向后伸出与主传动轴连接,转子叶片用 Inco713LC＋Hf 合金精密铸造而成,2 级导向器叶片用 X-40 合金制成。

控制系统:机械液压式燃油控制器。马基拉 1A 和 1A1 使用一台电子控制箱,马基拉 1A2 和 1K2 使用一台数字式发动机控制器(DECU),马基拉 2A 使用双余度 FADEC 系统。

(4) 研制历程

1976 年,燃气发生器首次运转。

1978 年,首次飞行试验。

1980 年,获得法国民航总局的适航证。

1981 年,获得美国联邦航空局的适航证。

1983 年,马基拉发动机的翻修间隔时间达到 2 500 h。

1985 年,马基拉 1A1 发动机取得适航证。

1992 年,马基拉 1A2 发动机取得适航证。

2004 年,马基拉 2A 获得欧洲航空安全局的适航证。

2021 年,赛峰集团使用 100%废弃食用油成功运行马基拉 2 型直升机发动机。

(5) 2022 年度主要进展

2022 年 6 月,空客公司一架配装赛峰集团马基拉 2 发动机的 H225 直升机使用 100% SAF 完成了首次飞行试验,目的是分析 SAF 的使用对直升机及其机载系统的影响。

4.2.2　涡桨发动机

1. "催化剂"发动机

(1) "催化剂"发动机基本情况

"催化剂"(Catalyst)涡桨发动机是美国GE公司针对通用航空市场近30多年来推出的首款全新研制的涡桨发动机(见图4-40),意在打造融入创新技术和新价值体现的发动机,以推动小型涡桨发动机市场快速发展。美国德事隆航空公司选择了"催化剂"发动机作为其下一代新型8～11座比奇迪纳利(原塞纳斯迪纳利(Denali)多用途单发涡桨飞机的动力装置。GE公司将投入超过4亿美元的研发成本,其中10亿美元用来提升增材制造能力。

图4-40　"催化剂"发动机

(2) 主要参数

"催化剂"涡桨发动机首个用户为德事隆航空的Beechcraft Denali,发动机功率为956 kW(1300 shp),使用可持续航空燃料运行。与同等功率等级的普惠加拿大公司的PT6发动机相比,"催化剂"油耗将降低20%,总压比提高50%(达到16∶1),巡航功率提高10%,大修间隔时间提高33%,达到4 000 h,其高温/高海拔飞行环境的性能保持力也处于同级别发动机中的领先地位。

(3) 部件与系统

"催化剂"发动机均采用2010年以后的技术,该发动机拥有98项专利技术,采用了数字孪生和增材制造等技术。GE公司将多项用于商用和支线大型发动机的成熟先进技术和结构集成到该发动机平台上,例如,可提高性能的可变几何压气机静子叶片;采用高压比(16∶1)来提高效率;采用允许更高内部温度的单晶叶片等,以低风险提高发动机的性能。大幅采用3D打印技术,通过12个增材制造件取代了855个传统制造的零件(占发动机总零件数的35%),使零件数减少30%,整机重量降低5%,且油耗降低1%。而且,在小型涡桨发动机领域突破性实现螺旋桨和发动机一体化控制技术。发动机和螺旋桨使用了具有集成螺旋桨单杆控制的全权限数字发动机控制系统(FADEC)操纵变桨系统,极大地减少了飞行员的工作量。FADEC系统提供工况监测,可以在不需要中期热检的情况下进行维护。

"催化剂"发动机还大幅提升了飞行员和维护人员捕获发动机数据的能力,一般典型的涡桨发动机只能捕获大约8～12个数据点,而"催化剂"发动机每8 ms就可以捕获大约70个发动机参数。收集的数据包括位置和环境条件,如有关空气中灰尘和天气条件的信息;当飞机停在机场时,可自动进行数据上传和下载。通过这种方式,GE 公司可以实现发动机的“数字孪生”,将该发动机与机队中其他发动机的性能进行比较,随着时间的推移,它将帮助公司预测发动机的状态,有助于维护发动机,防止事故发生。

(4) 研制历程

2015 年,启动先进涡桨发动机(ATP)项目。

2016 年,GE 公司与捷克政府合作,投资 3.5 亿欧元(约 25.8 亿元人民币)开始在捷克建立先进涡桨发动机研发卓越中心,同年完成采用 35%增材制造件的验证机试验。

2017 年,GE 公司公布发动机三维模型,完成发动机首次点火试验。

2018 年,ATP 发动机正式命名为“催化剂”发动机。

2019 年,“催化剂”发动机装备了最先进的 2.67 米复合 McCauley 螺旋桨,在捷克试验台上进行了全功率和最大转速运行。同年,GE 公司展示了涡桨发动机全尺寸 3D 打印模型。并进行了首次认证试验:模拟在 12.5 km(41000 ft)高度进行了约 3 100 h 和 850 次启停。9 月,GE 公司宣布与 XTI 飞机公司签署协议助力混合动力飞机,发动机最高功率可达 1 MW。

2020 年 11 月,发动机安装在“空中国王”350 飞机为基础的试验台上为地面试验做准备,已完成 10 台试验型发动机制造。

2021 年 10 月,“催化剂”在德国完成首次飞行试验,这是“催化剂”发动机的重要里程碑。12 月,GE 航空捷克公司和布拉格技术大学(CVUT)宣布在 SAF 测试方面进行合作,具体目的是展示“催化剂”发动机使用 SAF 和 Jet-A1 混合燃料的能力。首批使用的混合燃料将含有 40%的 SAF,在未来 18 个月内将用 100%的 SAF 为催化剂提供动力,并对使用 Jet-A1 普通燃料的发动机和使用 SAF 混合燃料的发动机进行二氧化碳和氮氧化物排放的真实对比。根据初步评估,“催化剂”发动机能够产生超过 1 MW 的电能。

(5) 2022 年度主要进展

2022 年 3 月,GE“催化剂”发动机在欧洲中空长航时“欧洲”无人机动力竞标中击败了赛峰集团的“阿蒂丹”(阿蒂丹)TP 发动机。5 月,“催化剂”型号认证试验达 50%,试验时间超过 800 h。该发动机总共实现了 3 000 h 的联合运行。公司组装了 19 台发动机,向德事隆航空公司交付了 3 台飞行试验型发动机,用于新的比奇-德纳里(Beechcraft Denali)单发涡桨飞机。

2. TV7-117ST 系列

(1) 基本情况

TV7-117ST 发动机是俄罗斯联合发动机制造集团克里莫夫公司以通用核心机为基础研制的。该发动机是伊尔-112V 军用运输机动力装置的原型机,其民用改进型 TV7-117ST-01 发动机将配装伊尔-114-300 民用支线客机,还将配装乌拉尔民航正在研发的全新支线涡桨飞机 TVR-44。TV7-117ST 系列军民两用发动机有助于降低生产成本,是军用转民用的范例。TV7-117ST 全部采用俄罗斯零、部件及配件装配,完全由俄罗斯企业配套生产,包括莫斯科车尔尼雪夫机械制造厂和礼炮燃气涡轮制造企业等。TV7-117ST 整个发动机的批量生产准备、试验台、原型机制造、发动机首飞准备和性能试验都由俄罗斯自主完成,这对俄罗斯航空发动机工业来说是一个重要里程碑。

俄罗斯克里莫夫公司使用数字孪生技术对其民用型 TV7-117ST-01 发动机进行了优化。数字孪生技术开发项目的目的是实现零件的优化，同时保证零件强度和耐用性，并使某些静子零件的质量降低 50%。这是俄罗斯国产发动机制造业使用数字孪生技术进行发动机设计的第一个范例。

(2) 主要参数

TV7-117ST 是 TV7-117 系列发动机的改进型号，最大起飞功率为 2 237 kW(3 000 shp)，应急功率为 2 666 kW(3 600 shp)，在净重不超过 500 kg 时，发动机每小时每马力燃油消耗小于 200 g。当发动机设置为双发配置时，可满足最低起飞重量为 18～20 t 的多用途飞机的水陆两用。

TV7-117ST-02 起飞功率为 1 765 kW(2 400 shp)。

(3) 部件与系统

TV7-117ST 发动机由 5 级轴流加 1 级离心组合式压气机、折流环形燃烧室、2 级燃气发生器涡轮和 2 级轴流式动力涡轮等组成。

压气机：5 级轴流加 1 级离心组合式，进口导流叶片及前 2 级导流叶片可调。

燃烧室：折流环形，可采用多种燃料，包括液化天然气和液化石油气，污染很小。

燃气发生器涡轮：2 级轴流式，叶片带冷却。

动力涡轮：2 级轴流式，有前输出和后输出两种形式。

控制系统：带机械液压备份的 FADEC 系统，型号为 BARK-12 或 BARK-57，在地面和飞行中可单独进行自动控制。发动机和螺旋桨自动控制系统不仅能监控发动机的工作，还能监控螺旋桨的工作，即可监控飞机整个动力装置的工作。这种桨发控制一体化可完全发挥发动机和螺旋桨的潜在性能，整体提升动力装置的效率。基于 ACS 的双通道全权限数字发动机控制系统，可以很好地提高发动机的可靠性和无故障运行时间，并可以根据发动机的技术状态延长发动机使用寿命，简单和模块化的结构将减少维护时间和降低成本，其优异的热力学参数也将带来显著的燃料经济性。

TV7-117ST-02 采用先进的电启动系统。TV7-117-01 发动机见图 4-41。

图 4-41　TV7-117-01 发动机

(4) 研制历程

2016 年，在克里莫夫公司的改进试验台开始台架试验。

2017 年，在伊尔-76LL 飞行试验台上进行第一阶段发动机飞行试验，累计飞行 20 次，飞行范围包括伊尔-112V 运输机的整个飞行包线。

2018 年,俄罗斯联合发动机公司首次展示 TV7-117 发动机实物。

2019 年,TV7-117ST 涡桨发动机助力新的轻型军用运输飞机伊尔-112V 完成首次飞行试验。2019 年 12 月,发动机完成第三阶段飞行试验,包括 9 次飞行试验和 14 次地面试验,旨在检查螺旋桨、控制系统软件及其他组件的运行情况。

2020 年 8 月,实现桨发一体的 TV7-117ST 发动机在伊尔-76LL 飞行试验台上成功完成所有飞行试验。2020 年 10 月,TV7-117ST-01 配装伊尔-114-300 原型机开始地面试验。

2021 年 7 月,俄罗斯为 50 座 TVRS-44 螺桨短程飞机研发 TV7-117ST-02 发动机。

(5) 2022 年度主要进展

2022 年 6 月,俄罗斯 TV7-117ST 发动机进入新一阶段台架试验。该发动机安装在轻型军用运输机伊尔-112V 和支线飞机伊尔-114-300(TV7-117ST-01 型号)上。UEC 目前共建造了 3 个试验台用于对 TV7-117 发动机进行试验。UEC 下一阶段将开放该系列第三款 TV7-117ST 发动机,起飞功率为 2 611 kW(3 500 shp)。

2022 年 12 月,TV7-117ST-01 涡桨发动机获得俄罗斯联邦航空运输局的型号证书。

3. PT6A/6E 发动机

(1) 基本情况

PT6A 是普惠加拿大公司于 1957 年开始研制的一种自由涡轮式单转子涡桨发动机。20 世纪 50 年代,涡轮喷气发动机已开始广泛作为军用、商用和公务飞机的动力装置,但普惠加拿大公司当时还在生产和维护老式活塞发动机,业务日益下滑。为改变这种局面,1958 年,公司研究团队在研究 330.75～1470 kW 的涡轮发动机可行性的过程中发现涡桨发动机是最有前景的发动机,于是,在公司资金和技术支持下,研究团队集中力量攻关 367.5 kW 涡桨发动机。PT6A 系列发动机是目前世界上应用最广泛的涡桨发动机,所应用的飞机类型和型号比其他任何一种功率级别的发动机都多。PT6A 发动机在航空市场有近 100 多种不同的用途,包括通勤机、支线运输机、通用飞机、公务机、农用机。PT6E-67XP 发动机是通用航空公司第一种采用双通道集成螺旋桨和发动机控制系统的发动机,是 PT6 发动机系列又一标志性产品。截至 2022 年,PT6 系列发动机已累计交付 5 万多台,其中 2.5 万台仍在役飞行,为 180 多个国家的 7 500 多家运营商提供服务。

(2) 主要参数

PT6A 系列发动机主要参数见表 4-21。

表 4-21　PT6A 系列发动机主要参数

参　数	型　号			
	PT6A-41	PT6A-64	PT6A-65AG	PT6A-65R
起飞功率/kW	634	1178	969	917
起飞耗油率[kg·(kW·h)$^{-1}$]	0.360	0.428	0.314	0.311
功重比/(kW·kg^{-1})	4.47	5.69	4.4	4.2
长度/mm	1 701	1 778	1 905	1 905
干重量/mm	182.8	207	220.4	218.2

(3) 部件与系统

PT6A 发动机由 3 级轴流加 1 级离心组合压气机(PT6A-65 有 4 级轴流压气机)、回流环形燃烧室、1 级燃气发生器涡轮和 1 级动力涡轮等组成。

压气机:3 级轴流加 1 级离心组合式压气机(PT6A-65 有 4 级轴流压气机)。离心压气机的 26 片整流叶片为钛合金锻造的单面结构。轴流压气机为盘鼓式结构,转子叶片和整流叶片均为不锈钢制造。3 级静子叶片焊接在压气机机匣上,转子叶片榫接在压气机轮盘上。机匣和扩压器为整体不锈钢焊接件。

燃烧室:回流环形燃烧室,有 14 个单油路离心燃油喷嘴。

燃气发生器涡轮:1 级轴流式,有 58 片转子叶片。

动力涡轮:大多数 PT6A 型别发动机的动力涡轮为 1 级轴流式(PT6A-65 系列为 2 级轴流式),第 1 级为 41 片转子叶片,转子叶片带冠。

控制系统:气压/电子燃油控制系统和液压式机械系统。

PT6A 和 PT6A-25C 涡桨发动机见图 4-42 和图 4-43。

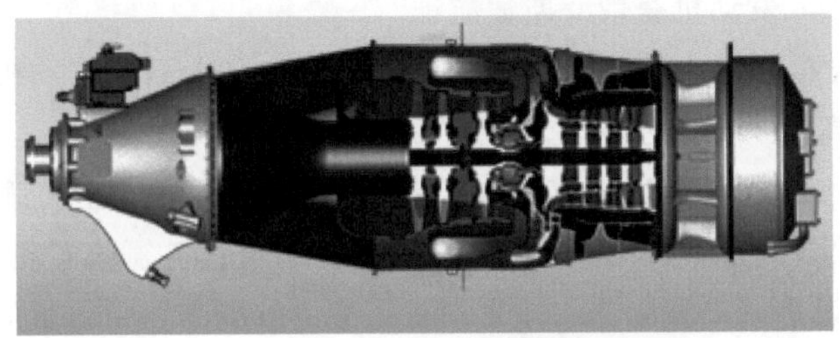

图 4-42　PT6A 涡桨发动机

图 4-43　PT6A-25C 发动机

(4) 研制历程

在 PT6 发动机系列化发展过程中,曾使用 100 多台试验发动机进行地面和高空试验,累计试验时间超过 30 万小时。目前的 PT6 发动机功重比提高了 50%,耗油率降低了 20%。

1959 年,开始 PT6A 发动机的详细设计,试验型发动机首次运转。

1961 年,配装比奇飞机公司 18 型飞机开展飞行试验。

1963 年,PT6A-6 发动机取得适航证。

1965 年,PT6A-6A 发动机配装 DHC-6 飞机首次飞行试验。

1966 年,PT6A 投入使用。

1969 年,PT6A-28 发动机取得适航证。

1973 年,PT6A-41 发动机取得适航证。

1977 年,PT6A-135 发动机取得适航证。

1979 年,PT6A-42 发动机取得适航证。

1979 年,PT6A-15AG 发动机取得适航证。

1982 年,PT6A-60/61 发动机取得适航证。

1987 年,PT6A-67A 发动机取得适航证。

1991 年,PT6A-67B/67D 发动机取得适航证。

1994 年,PT6A-67AG 发动机取得适航证。

1998 年,PT6A-42 发动机取得适航证。

2001 年,PT6A-68 发动机配装 PC-21 飞机首次飞行试验。

2007 年,PT6A-52 发动机取得加拿大运输部适航证。

2013 年,PT6A-140 发动机获俄罗斯适航证。

2015 年 12 月,普惠公司推出 PT6A-140A 和 PT6A-140AG,新发动机为性能与燃油效率设定了标杆,功率提高 15%,油耗降低 5%。

2019 年,PC-12 飞机配装的新型 PT6E 发动机获得欧洲航空安全局适航证。

2020 年 12 月,第 5 万台 PT6 涡桨发动机下线,在通用航空领域实现了又一重要里程碑。PT6E 系列™发动机已进入批量生产。该发动机是通用航空市场中首款应用双通道一体化电子螺旋桨与发动机控制的发动机,目前已选为皮拉图斯 PC-12NGX 飞机的动力。

2021 年 3 月,普惠加拿大公司 PT6E 系列发动机,达到百台生产里程碑。2021 年 12 月,普惠加拿大公司的 PT6A-67F 涡桨发动机被选为双发两栖飞机 G-111T 的动力,该飞机是目前市场唯一一款用于客运、货运和公用事业的大型运输类两栖飞机。

(5) 2022 年度主要进展

2022 年 2 月,PT6A-25C 涡桨发动机为“钻石”DART-750 教练机提供动力。2022 年 4 月,普惠加拿大公司推出 PT6E 系列新产品——PT6E-66XT,专为配装 Daher 公司最新款超高速单发涡桨飞机 TBM960。该发动机由 100 多项数字化数据输入驱动,在精度、性能和效率上实现了最佳匹配。2022 年 8 月,美国通用原子公司在 MQ-9B 无人机上测试 PT6E 系列发动机,进行了多项发动机全功率试验。配装 PT6E 系列发动机的 MQ-9B 无人机功率可提高 33%,续航飞行时间长达 40 h,并获得双通道电子螺旋桨和发动机控制系统等。

4. T56 发动机

(1) 基本情况

T56 发动机是美国艾利逊公司(现属罗罗北美公司)研制的涡轮螺旋桨发动机,如图 4 - 44 所示。该系列发动机于 1948 年开始研制,到 1956 年完成全面研制,美国政府共投资 2.22 亿美元。首架使用 T56 发动机的飞机是 1956 年底开始服役的美国军用运输机 C-130,之后广泛应用于 L-100、P3-C、E2 鹰眼和 C-2A 等机型。

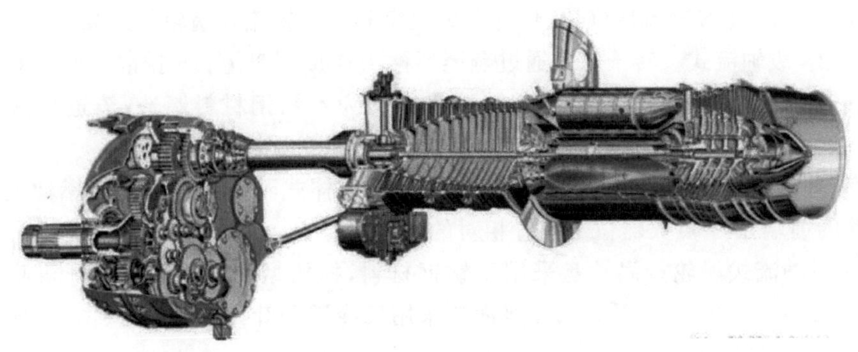

图 4-44　T56 发动机

T56 自 20 世纪 50 年代投入使用以来，进行了不断改进发展，已发展出 4 个军用系列和 4 个民用系列，广泛应用于约 50 个国家和地区的军民用运输机。军用系列，如 T56-A-7/-7A，T56-A-7B/-8B/-10W，T56-A-14/-15/-16/-422/-423/-425/-427/-427；民用系列，如 501-D13/-D22/-D22A/-D22C/-D22G 等。

T56 很适合低马赫数飞机使用，如以 $Ma=0.6$ 巡航时，第 3 军用系列的巡航耗油率比大涵道比涡扇发动机在 $Ma=0.8$ 巡航时的耗油低约 17%，推进效率也相对较高。T56 的最新改进型是第 4 军用系列，有 90%的零件与第 3 系列通用，但第 4 军用系列的减速器选用了新的轴承，延长了寿命；压气机采用了新的叶型，使压比提高 23%，效率提高 3%；燃烧室采用了新的燃油喷嘴，减少了冒烟；涡轮采用气冷叶片取代了早期 T56 各系列的非冷却结构，使用涡轮进口温度比 T56 第 3 军用系列提高 60℃，效率提高 1.7%；此外，T56IV 还可根据飞行功率要求以 95%的额定转速工作，也可以 103.5%的转速工作来适应高温、高原起飞的要求。T56 的翻修寿命是在 2 000～2 200 h 范围内，随着型别的不同而不同。截至 2018 年，T56 共生产 18 014 台，2019 年的单台价格约为 320 万美元(T56-A-427)。

(2) 主要参数

T56 系列发动机主要参数见表 4-22。

表 4-22　T56 系列发动机主要参数

性能参数	机　型	
	T56-A-15	T56-A-427
起飞功率/kW	3424	3910
起飞耗油率/[kg·(kW·h)$^{-1}$]	0.305	0.286
功重比/(kW·kg^{-1})	4.09	4.44
总压比	9.6	12
长度/mm	3 716	3 711
直径/mm(动力部分)	686	
干重量/mm	838	880

(3) 部件与系统

T56发动机由14级轴流压气机、环管形燃烧室和4级轴流式涡轮等组成。

压气机:14级轴流式。转子叶片通过燕尾形榫头连接到盘上;15排静子叶片焊在机匣内环上;盘、转子叶片、静子叶片及4片式铸造机匣均为不锈钢材料制造;流道形式为等外径设计。

燃烧室:环管形燃烧室,包含6个不锈钢火焰筒,整体式不锈钢外机匣。燃油喷嘴安装在每个火焰筒的前端,2个点火器位于位置相对的2个燃烧室内。

涡轮:4级轴流式涡轮。涡轮盘采用不锈钢材料,枞树型榫头。钢制对开机匣用螺栓连接。从T56-A-14和501-D22开始第1级涡轮采用气冷转子叶片和导流叶片。涡轮转子叶片用MAR-M247材料制成。

控制系统:机械液压式控制系统采用高压燃油控制器,能自动控制启动和加速,并同时协调燃油流量、螺旋桨角度和涡轮进口温度。

(4) 研制历程

1954年,配装T56发动机的C-130飞机首次飞行试验。

1958年,配装T56发动机的P-3A飞机首次飞行试验。

1960年,配装T56发动机的E-2A飞机首次飞行试验。

1981年,XT56-A-100首次试验。

1985—1986年,T56-A-427/E-2C完成飞行试验。

2009年,交付首台生产型T56-427A发动机。

2004年,实施T56发动机改进计划,

2013年,T56 3.5系列增强版发动机获得FAA的适航证。

2016年,美国空军配备T56 3.5系列发动机的C-130H完成首次飞行试验。

2019年,罗罗公司赢得空军T56发动机升级合同,价值6 700万美元,用于将配装C-130大力神军用运输机的T56发动机从3.0系列升级到3.5系列,将发动机平均机上寿命在当时1 400小时的基础上提高20%以上。

(5) 2022年度主要进展

2022年5月,罗罗公司获得一份价值2 080万美元的T56发动机维修改造合同,为E-2鹰眼飞机上使用T56-A-427发动机提供工厂修理选择权,包括根据海军工厂手册和批准的修理惯例修理动力部分、扭矩计、齿轮箱和附件,预计2023年完工。

5. PW100

(1) PW100发动机基本情况

PW100发动机是普惠加拿大公司于20世纪70年底末开始研制的双转子涡桨发动机,主要用于支线飞机,如图4-45所示。PW127系列用于支线运输ATR72系列飞机。PW150A配装庞巴迪宇航集团的“冲锋”8-400。

(2) 主要参数

PW100系列发动机主要参数见表4-23。

图 4-45 PW100 发动机

表 4-23 PW100 系列发动机主要参数

参 数	数 值
起飞功率/kW	1 342～3 781
起飞耗油率[kg·(kW·h)$^{-1}$]	0.264～0.307
功重比/(kW·kg^{-1})	3.41～5.48
总压比	10.9～14.7
长度/mm	2 057～2 423

(3) 部件与系统

PW100 发动机由 1 级低压压气机、1 级高压压气机、回流环形燃烧室、1 级低压涡轮和 2 级动力涡轮等组成。

低压压气机：1 级离心式低压压气机；PW150 采用 3 级轴流式低压压气机。

高压压气机：1 级轴流式高压压气机，空气从低压压气机的扩压器出口进入高压压气机。

燃烧室：环管形燃烧室，有 14 个气动雾化喷嘴，PW150 有 12 个气动雾化喷嘴。

低压涡轮：1 级轴流式低压涡轮，非冷却。

动力涡轮：2 级轴流式动力涡轮。

控制系统：机械液压与电子燃油控制系统联合使用。

(4) 研制历程

1976 年，普惠公司开始 PW100 系列发动机的预先研究和验证机设计。

1981 年，PW100 的第 1 个型别 PW100 首次运转，1982 年首次飞行试验。

1983 年，PW115 和 PW120 取得适航证，1984 年投入使用。

1985—1993 年，PW124、PW118/A、PW126A 和 PW124B 均取得适航证。随后配装 PW123AF 和 PW127 系列的飞机完成首次飞行试验。

1996 年，PW150 发动机开始试验。

1999 年，配装 PW150 的 DHC-8-400 获得 FAA 适航证。

2000 年，PW150A 投入使用。

(5) 2022 年度主要进展

2022 年 2 月,ATR 公司透露其支线涡桨发动机未来路线图。ATR 公司的脱碳重点是推出 PW127XT 发动机,将燃油效率提高 3%,同时认证涡桨发动机使用 100%可持续航空燃料(SAF)的可行性。为此,ATR 完成了一系列飞行试验,其中包括 ATR72-600 飞机两台发动机中的一台采用了 100%SAF 进行飞行试验,目标是到 2025 年实现完全使用 SAF 的认证。

2022 年 6 月,PW127XT-S 发动机为 D328ECO 支线涡桨飞机提供动力。该发动机将是 XT 系列的另一款机型,为支线航空树立了新的标杆,可显著降低运营成本,提高可持续性。PW127XT-S 将根据 D328eco 时间表进行开发。现代支线涡桨飞机在 740.8 km 以内的航程比大多数现役支线飞机耗油量减少 40%,二氧化碳排放量降低 40%。普惠公司和德国飞机公司同意继续合作,在 D328eco 项目中共同推进普惠加拿大公司创新推进技术。该路线图将关注最有前途的净零/零二氧化碳燃料的运行能力:PtL(液态碳氢化合物)和氢气。

2022 年 6 月,普惠加拿大公司使用其 PW127M 发动机成功进行了 100%SAF 飞行试验。普惠加拿大公司已在 ATR72-600 飞机上实现双发均采用 100% SAF 的首次飞行试验。2 台 PW127M 发动机使用 Neste MY 100%可持续航空燃料,总共飞行了 2 h。截至 2022 年,商用飞机已获得 50%SAF 混合燃料飞行认证。这是普惠发动机第一次采用 100%SAF 的飞行试验,也是世界上第一个达到这一关键里程碑的涡桨飞机。

2022 年 10 月,选装新型 PW127XT-M 发动机的 ART72 和 ART42 飞机获得欧洲航空安全局(EASA)适航证。

6. AE2100

(1) AE2100 发动机基本情况

AE2100 是美国艾利逊公司(现罗罗北美公司)于 1988 年开始为大型支线飞机和军用运输机、海上巡逻机研制的单转子涡桨发动机,如图 4-46。AE2100 发动机是在功率为 4530 kW 的 T406 涡轴发动机基础上设计的,具有良好的可靠性和耐久性。AE2100 系列发动机型号有 AE2100A/C/D2/D3/J/P 等,用于配装萨伯集团和洛克希德·马丁公司等飞机。

图 4-46 AE2100 发动机

(2) 主要参数

AE2100 系列发动机主要参数见表 4 - 24。

表 4 - 24　AE2100 发动机主要参数

参　数	数　值
起飞功率/kW	2 439～3 458
起飞耗油率[kg・(kW・h)$^{-1}$]	0.250～0.269
功重比/(kW・kg^{-1})	3.67～4.64
总压比	16.6
长度/mm	2 616～3 150

(3) 部件与结构

AE2100 发动机由 14 级轴流压气机、环形燃烧室、2 级燃气发生器涡轮和 2 级动力涡轮等组成。

压气机：14 级轴流式压气机，进口导流叶片和前 5 级静子叶片可调。

燃烧室：环形燃烧室，对流气膜冷却，有 16 个气动雾化喷嘴和 2 个高能点火电嘴。采用双重电容器放电点火，燃烧室无冒烟。

燃气发生器涡轮：2 级轴流式。采用气冷导流叶片，第 1 级转子采用气冷单晶叶片，第 2 级转子叶片为实心。

自由涡轮：2 级轴流式。非冷却，第 1 级导流叶片处安装热电偶。

控制系统：FADEC 系统，带模拟控制备份，发动机和螺旋桨用单杆控制。

(4) 研制历程

1993 年，取得 FAA 适航证。

1994 年，AE2100C 取得适航证。

1995 年，AE2100C 装在 N-250 上首次飞行。

1997 年，配装在 C-130J 上的 AE2100D3 取得 FAA 适航证。

1999 年，AE2100D3 配装在 C-27J 上首次飞行。

(5) 2022 年度主要进展

2022 年 11 月，罗罗公司联合易捷航空公司成功进行了氢燃料 AE2100 发动机的首次试验。此次试验是 H2ZERO 计划的一部分，是现役航空发动机首次在低速下使用氢燃料获得成功，达到重要里程碑节点。

4.3　涡喷发动机

4.3.1　KTJ-3200 涡喷发动机

KTJ-3200 是土耳其发动机制造商 Kale R&D 研制的涡喷发动机，如图 4 - 47 所示。所有部件均由土耳其自主生产,2021 年 9 月完成首批交付。KTJ-3200 由 4 级轴流式压气机、环形燃烧室、单级涡轮组成,推力最大为 3.2 kN,长 63 cm,直径约 30 cm,重 50 kg。其结构与法国 TR40 发动机类似,目前仅能支持巡航导弹飞行 15～20 min。

2022 年 7 月,由完全本土化 KTJ-3200 涡喷发动机提供动力的 Atmaca 反舰导弹在土耳其试射成功。

图 4-47　KTJ-3200 涡喷发动机

4.3.2　KR-17A 涡喷发动机

2022 年 12 月,距离俄乌边境 700 km 的俄军萨拉托夫恩格斯空军基地遭到乌军图-141 远程侦察机突袭,尽管俄军基地防空系统成功拦截了无人机,但是无人机爆炸后坠毁的残骸仍旧对两架停留的轰炸机造成损伤。图-141“雨燕”战术无人侦察机于 20 世纪 70 年代末开始研制,1983 年服役,共生产 152 架。苏联解体后,图-141 的全部文件和资料都留给了乌克兰。2014 年,乌克兰空军重启图-141,安装了现代化控制系统和导航系统,具备低空突防能力。图-141 配装 1 台 KR-17A 涡喷发动机,如图 4-48 所示,起飞重量 5 370 kg,飞行速度为 950～1 110 km/h,飞行高度根据任务和条件的不同可以在 50～6 000 m 范围内选择,航程 1 000 km。

图 4-48　KR-17A 涡喷发动机

4.4　活塞发动机

4.4.1　Thielert Centurion 2.0 活塞发动机

2022 年 3 月，空客直升机公司宣布已经开始在海上测试 VSR700 无人机的自主起降能力。VSR700 是空客直升机公司根据法国武器装备总署(DGA)实施的“舰载无人机系统”(SDAM，systèmededrone adrien de la Marine)计划开发的，未来主要为法国海军服务。VSR700 是一种轻型军用战术无人直升机系统，如图 4 - 49 所示，能够搭载多个有效载荷，最大起飞重量为700 kg，185.2 km 以外的续航能力约 8 h，巡航速度为 220 km/h。VSR700 动力装置为 1 台功率 116 kW(155 hp)的 Thielert Centurion 2.0 柴油发动机。

图 4 - 49　VSR700 无人直升机

Thielert Centurion 是 Thielert 为通用航空制造的一系列柴油活塞发动机。发动机为水冷、涡轮增压，并采用单杆数字发动机管理系统(FADEC)。发动机配备恒速螺旋桨，通过减速齿轮箱驱动。恒速螺旋桨和减速齿轮使螺旋桨叶尖速度比同等的传统 avgas 发动机低 10%～15%，从而降低了螺旋桨噪声。与传统的飞机活塞发动机相比，柴油发动机的高压缩比带来了更高的燃油效率，而 Centurion 发动机的更高工作转速使得更小的排量可以产生更高的功率。Centurion 2.0 于 2006 年末推出，采用了新的梅赛德斯-奔驰 OM640 发动机气缸体，排量为 1 991 cm^3(ϕ83 mm×92 mm)。其他改进包括一个更紧凑的 FADEC，一个更轻的铸造变速箱外壳，玻璃驾驶舱的接口和一个新的保障工具，允许 FADEC 在现场编程。额定输出功率为 101 kW，但 EASA 和美国联邦航空局认证为 116 kW。Centurion 2.0 活塞发动机见图 4 - 50。

图 4-50　Centurion 2.0 活塞发动机

4.4.2　APD-115T 活塞发动机

2022 年 8 月,俄罗斯喀琅施塔特公司在国际军事技术论坛"军队-2022"上表示,正在对安装机载雷达的"猎户座"无人机进行飞行试验。"猎户座"无人机可携带 4 枚空地导弹,巡航速度 200 km/h,最大飞行高度为 7.5 km,滞空时间可达 24 h,最大有效载荷 250 kg。"猎户座"无人机动力为单台 APD-115T 活塞发动机,见图 4.51。

图 4-51　APD-115T 活塞发动机

从一开始,"猎户座"无人机研发中最大的问题就是动力系统。苏联很少关注低功率活塞航空发动机的研制,而俄罗斯根本就没有进行过该类发动机的研制工作。因此,俄罗斯国防部认为解决这种情况的最佳方法是复制外国发动机,然后对其进行改装。2013 年俄罗斯国防部决定研制国产 APD-115T 发动机,并将工作分配给了加福利洛夫-雅姆斯基机器制造厂。

由于缺少监控测量仪器,长期以来无法准确诊断和消除动力装置控制单元中的许多缺陷。到 2018 年才收到相应的测量设备,而到 2020 年 5 月,直接参与无人机发动机研制的 Itlan 工程中心仍然缺少消除已发现缺陷所需的完整组件。此外，仍未完成用于电子控制单元的软件研发工作。

2020年春季，前3架“猎户座”无人机开始在俄罗斯军队服役，验收书由国防部代表签署。3架无人机都装配了2019年Itlan工程中心研制的APD-115T发动机(初始编号为APD-110/120，该发动机的具体技术参数对外保密)。

4.4.3　Liquid Piston 转子活塞发动机

2022年10月，总部位于康涅狄格州布卢姆菲尔德的LiquidPiston公司获得了一份价值900万美元的美国陆军合同，以开发XTS-210转子活塞发动机，计划于2024年交付给美国陆军。

液冷二冲程XTS-21采用X发动机架构，它不是椭圆形外壳内的三角形转子，而是三角形外壳内的椭圆形转子。X发动机顶点密封和面密封都安装在固定外壳上，直接润滑，提高了发动机的耐用性和可靠性。

LiquidPiston表示，这种设计比火花塞式汽油发动机体积减小30%，燃油效率提高50%；比压燃式柴油发动机体积减小80%，燃油效率提高30%。在尺寸和重量上与小型涡轮发动机相当，但燃油效率是其2～4倍。XTS-210转子活塞发动机见图4-52。

图4-52　XTS-210转子活塞发动机

第 5 篇 产业发展

本篇概述了世界主要航空发动机制造商 2022 年度发展情况,涵盖总体发展现状、产业进展、经济指标、重点产品、售后服务、研发投入、前沿技术开发等方面。

2022 年民航运输市场逐步从新冠肺炎疫情中恢复并走上正轨。国际旅行的恢复是渐进的和不平衡的,全面的复苏还需要一个过程。相对于国际航班,国内航班的恢复更快,2022 年上半年已经超过了新冠疫情前 2019 年的水平,这反映出人们对航空旅行的潜在需求。据行业预测,至 2024 年末,全球国际航空客运量预计将恢复到 2019 年的水平。民航业的复苏有利于航空发动机产业走出低谷,多家发动机制造商年度产品订单总额持续走高,年度主营收入出现了较大幅度的增长,营业利润也呈现了 V 字形反转,开始扭亏为盈。

从产业发展方向看,民用航空发动机的主要投资方向为低碳、零碳方向,包括全电推进、可持续航空燃料(SAF)发动机、核能发动机以及氢能发动机等前沿技术的产业探索和产业布局已逐步展开,大量资金注入多型发动机研制项目,如 GE 公司和赛峰集团的 CFM RISE、普惠公司的 GTF Advantage 发动机、MTU 公司的 WET(水增强涡轮风扇)发动机等。在新冠疫情对产业严重影响的情况下,各大制造商仍未放松对发动机前沿技术的投资和布局,从侧面印证了航空发动机产业中长期向好的基本面没有发生实质性改变。军用航空发动机的投资在 NGAD(美国)、FCAS NGF(法国主导)以及 Tempest(英国主导)的第六代战斗机计划下稳步推进。

数十年来航空发动机市场已经形成了高度垄断局面,全世界范围内重要的航空发动机(整机)制造商数量屈指可数。其中美国的 GE 公司、普惠公司和英国的罗罗公司一起被誉为航空发动机制造商中的"三巨头",法国的赛峰集团排名第四。下面按照制造商分别介绍其公司概况、经营总体情况和发动机产业经营情况等。

5.1 罗罗公司

5.1.1 公司概况

罗罗公司是英国的重要发动机及燃气轮机研制企业,是一家专为陆基、海基、空中交通提供动力的全球性顶尖公司,业务覆盖民用航空、防务航空、舰船动力和能源系统四大领域,产品种类、性能以及市场占有率均处于世界领先地位。罗罗公司在航空发动机领域已经有近百年的发展经验，在全世界享有崇高声誉。罗罗公司通过采用先进设计方法，研制出了大量性能优异的航空发动机，在军民用航空发动机全球市场占有重要地位。

英国罗罗公司的遄达系列涡扇发动机推力范围为56 000～95 000磅，应用于波音和空客的宽体飞机。遄达发动机的最新型别包括遄达XWB，是空客A350XWB的唯一动力；遄达7000推力范围为68 000～72 000磅，于2018年底投入市场，应用于空客A330neo，是A330neo的唯一动力。遄达7000与XWB两型发动机技术共享。

罗罗公司BR710系列涡扇发动机为庞巴迪“全球5000/6000”系列远程公务机提供动力。在此基础上，罗罗公司为湾流公司超远程客机G650开发了该系列的第二个改型BR725。为了在与湾流G650的竞争中取胜，庞巴迪公司新研了“全球7500/8000”客机，选用GE公司的新产品“护照”涡扇发动机。

BR700系列的军用改型F130已被选作美国空军B-52H轰炸机机队换发后的新动力。

罗罗公司新开发的涡扇发动机“珍珠”将为庞巴迪公司的“全球5500/6500”系列公务机提供动力。

此外，罗罗公司的AE 3007涡扇发动机用于两型喷气式商务机，即巴西航空工业公司的Legacy 650和塞斯纳公司的“奖状X+”。诺斯罗普·格鲁曼公司的RQ-4/MQ-4“全球鹰”系列无人机也采用AE3007作为动力，只是需求量不大。

罗罗公司正在开发的超级齿轮风扇发动机，目前尚无具体应用，但可能代表该公司未来的技术方向。预计该型发动机与第一代遄达系列相比，可降低25%的油耗。罗罗公司认为该型发动机具有足够的可扩展性，可以同时适用于宽体和窄体客机。

罗罗公司还与赛峰集团航空发动机部合资成立了罗罗·透博梅卡公司，为BAE系统公司的“鹰”式喷气教练机生产“阿杜尔”涡扇发动机。

罗罗公司的涡轴发动机产品包括RR300、M250和AE1107C，以及通过合资企业“轻型直升机燃气涡轮发动机公司”(LHTEC)与霍尼韦尔公司合作生产的CTS800涡轴发动机。

除AE1107C(额定功率为6 000马力，即4 474 kW)之外，罗罗公司涡轴发动机产品的功率范围为300～1 700马力(223～1 267 kW)。其最新研制的RR300发动机配装罗宾逊(Robinson)公司的R66轻型飞机；而老产品M250是轻型直升机市场的支柱动力，当前的新应用包括列奥纳多(Leonardo)公司、麦道(MD)直升机公司和贝尔(Bell)直升机公司的轻型直升机产品。

罗罗公司的AE1107C涡轴发动机是贝尔波音(Bell/Boeing)公司V-22倾转旋翼机的唯一动力。

罗罗公司之前还曾与赛峰集团一起合作过RTM322涡轴发动机项目，但后来退出了。

罗罗公司有多型航空涡桨发动机产品，其中的支柱是配装军用运输机的AE2100，用于洛克希德·马丁公司的四发C-130J和莱昂纳多公司的双发C-27J。此外还有少量的250系列涡桨发动机用于两座军用教练机G120TP。

近年来，罗罗公司以增材制造、先进材料工艺等技术为基础，以数字化技术、虚拟技术为纽带打造未来综合产业价值链，罗罗公司发展战略如图5-1所示。

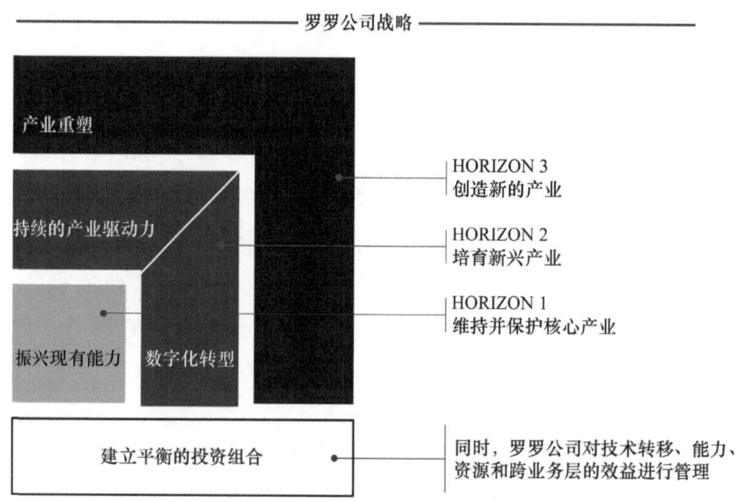

图 5-1　罗罗公司发展战略

5.1.2　公司经营总体情况

2022 年罗罗公司的收入、利润和现金均出现增长，展现出后疫情时代的良好发展势头，公司经营指标情况如图 5-2 所示。其中，受民用航空业务收入增长的推动，主营收入实现 14% 的增长，达 127 亿英镑(161 亿美元)。主营利润为 6.52 亿英镑(8.27 亿美元)，相比 2021 年增长 2.38 亿英镑(3.02 亿美元)，利润增长率达 57.4%，利润增长主要由民用航空和电力系统业务推动。由于民航市场发动机飞行小时数大幅增长 35%，罗罗公司长期运营业务的自由现金流为 5.05 亿英镑(6.4 亿美元)流入，相比 2021 年增长了 20 亿英镑(25.36 亿美元)。公司负债方面，由于资产出让和现金流的改善，罗罗公司的净负债从 2021 年的 52 亿英镑(66 亿美元)缩减至 30 亿英镑(38 亿美元)。

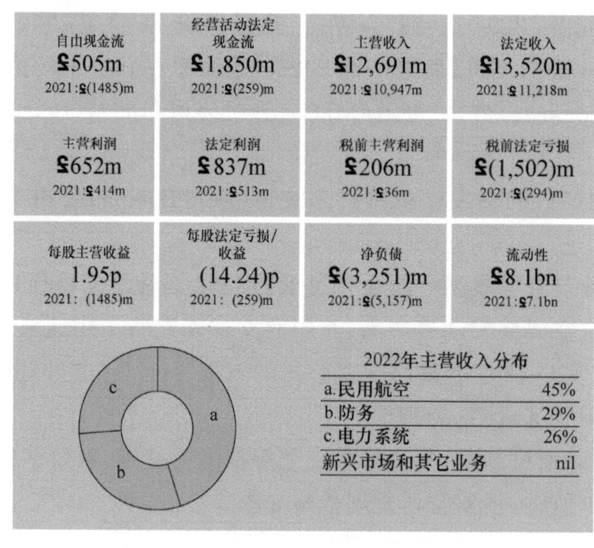

图 5-2　2022 年度罗罗公司产业发展

2022 年度，由于发动机产品长期服务协议合同利润率的改善以及民用航空发动机零部件利润的增长，罗罗公司民用航空和电力系统业务的经营利润实现正增长，但防务业务的利润下降以及新兴市场投资成本影响了整体利润的年度增长幅度。

5.1.3 航空发动机产业经营进展

(1) 民用航空动力

如图 5－3 所示，2022 年度，民用航空板块取得 50 亿英镑(63 亿美元)的营业收入，同比增长 25%。其中，产品销售收入为 20 亿英镑(25 亿美元)，增长 23%，反映出发动机产品交付量逐步增长；得益于大型民用发动机返厂维修业务的增长，以及公务机发动机、支线客机发动机和 V2500 的售后服务收入增长，产品售后收入较 2021 年增长 26%，达到 37 亿英镑(47 亿美元)。同时，LTSA 收入持续增加，同比增长 68%，为 3.6 亿英镑(4.69 亿美元)(2021 年：2.14 亿英镑即 2.7 亿美元)。

2022 年，民用航空板块主营利润实现扭亏，盈利 1.43 亿英镑(1.81 亿美元)(2021 年：亏损 1.72 亿英镑即 2.18 亿美元)，利润率为 2.5%，利润增长主要是由 LTSA 合同利润的增长推动的。

交易现金流为 2.26 亿英镑(2.87 亿美元)流入(2021 年：1.67 亿英镑即 2.12 亿美元流出)，现金流改善的原因是发动机飞行小时数收入的增加，增加了 LTSA 飞行小时数交易现金流的流入。

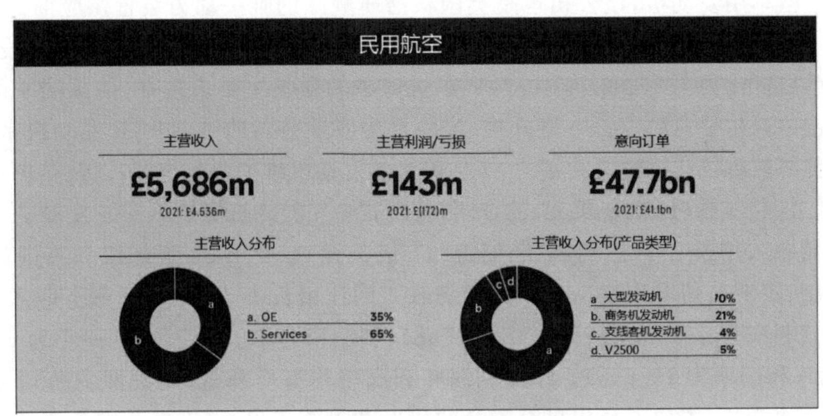

图 5－3 罗罗公司民用航空动力产业进展

罗罗公司在全球多地设立了数个大型发动机总装基地，为全球客户生产了 4 100 多台干线客机发动机以及 8 600 多台支线客机和公务机发动机。其中约三分之二的产品都被 LTSA 协议覆盖，为公司提供了长期稳定的收入。未来几年，罗罗公司还将交付 1 300 台以上的干线客机发动机。

2022 年，罗罗公司的客机发动机产品订单在疫情之后迎来了大幅增长，其中包括马来西亚航空集团、北大西洋航空公司、Qantas 航空公司以及印度航空公司的大量订单。这些发动机产品订单中包括 TotalCare 售后服务协议，未来将为罗罗公司创造持续稳定利润。

2022 年，空客公司推出了 A350 货运飞机，该机采用了罗罗公司的发动机 Trent XWB。

另外，A330 客机改装货机的规模逐步增大，有助于提升罗罗公司发动机的运行小时数，从而增加产品的售后服务收入。同时，罗罗公司继续扩大其发动机 MRO 网络规模，与中国国航建立了新的 MRO 合作关系，以支撑未来发动机返厂维修业务的增长。罗罗公司继续与第三方合作，探索可持续航空燃料(SAF)和绿色推进系统。罗罗公司计划在 2023 年底之前验证其所有的 Trent 发动机以及公务机发动机能与 100%的 SAF 兼容。目前，罗罗公司的 Trent 发动机和公务机发动机都已获得认证，并准备使用 50%的 SAF 的混合燃料。罗罗公司与 Air bp 公司达成的协议，将确保罗罗公司在英国德比和德国达勒维茨的工厂为发动机试验提供的所有燃料含 10%SAF。此外，Air bp 公司还将为罗罗公司的超扇发动机(UltraFan)提供燃料，该发动机将完全采用 SAF 燃料运行。

在公务机发动机方面，罗罗公司的珍珠 10X 发展计划取得进一步进展。珍珠 10X 是最先进的珍珠系列发动机的最新型号，配装达索公司生产的公务机。珍珠 10X 在第一次试运行中即超过了推力目标，使其成为罗罗公司产品组合中最具竞争力的公务机发动机。此外，该发展计划还包括对新型超低排放增材制造燃烧室进行严格测试，该燃烧室与 100%SAF 兼容。为新型湾流 700/800 公务机开发的珍珠 700 发动机于 2022 年 9 月完成 EASA 取证。

根据民航业预测，2023 年国际航空旅行将持续复苏，罗罗公司预计民航客机发动机飞行小时数(EFH)将大幅恢复至 2019 年 80%～90%的水平(2022 年 EFH：64%)；而公务机发动机和支线客机发动机 EFH 将超过 2019 年的水平。

(2) 军用航空动力

罗罗公司是军用飞机发动机以及海军舰船用燃气轮机的优秀供应商，至今已生产了超过 1.6 万台各类型军用发动机，该公司也是英国核潜艇舰队的唯一动力装置供应商。

2022 年，罗罗公司防务板块的订单总额为 54 亿英镑(68 亿美元)(2021 年：23 亿英镑即 29 亿美元)，订单出货比为 1.5(2021 年：0.7)。军机订单的增长主要表现在：美国陆军的未来远程攻击机计划选中贝尔公司的 V-280 直升机，该项目为罗罗公司的 AE1107F 发动机带来了订单；未来五年为美军教练机和运输机续签的 18 亿美元的发动机维护服务合同；以及英国国防部为期 11 年，价值 1.05 亿英镑(1.33 亿美元)的合同，为鹰式喷气教练机提供 Adour 发动机。

年度主营收入增长 2%，达到 37 亿英镑(47 亿美元)。受 B-52 轰炸机和英国第六代战斗机项目的推动，罗罗公司军用发动机产品销售收入同比增长 10%，但售后服务收入缩减 3%。

年度主营利润为 4.32 亿英镑(5.48 亿美元)(利润率为 11.8%)，而上一年为 4.57 亿英镑(5.8 亿美元)(利润率为 13.6%)。年度利润和利润率均有所降低，因为罗罗公司为支持长期产品组合的全面增长，增加了公司自筹资金的研发和投资支出，以支持英国未来的战斗机计划以及北美的军备市场。罗罗公司 2022 年交易现金流为 4.26 亿英镑(5.4 亿美元)，高于 2021 年的 3.77 亿英镑(4.78 亿美元)，如图 5-4 所示。

本年度，英国、意大利和日本政府联合宣布启动新的全球空战计划(GCAP)，以期在暴风战斗机研制基础上研制第六代战斗机，计划于 2035 年投入使用。在 7 月的范堡罗航展上，英国政府的国防科技试验室和英国国家安全战略投资基金宣布了一项联合计划，通过开发创新的高超声速技术，以显著提升英国的国防能力。罗罗公司、反应发动机公司以及英国皇家空军快速能力办公室共同合作开展高超声速飞行器试验计划，旨在使英国成为可重复使用高超声速空战系统的领导者。在军用动力可持续发展方面，罗罗公司改型的 Trent700 发动机支撑英国皇家空军进行了世界上首架采用 100%可持续燃料飞行的军用飞机。

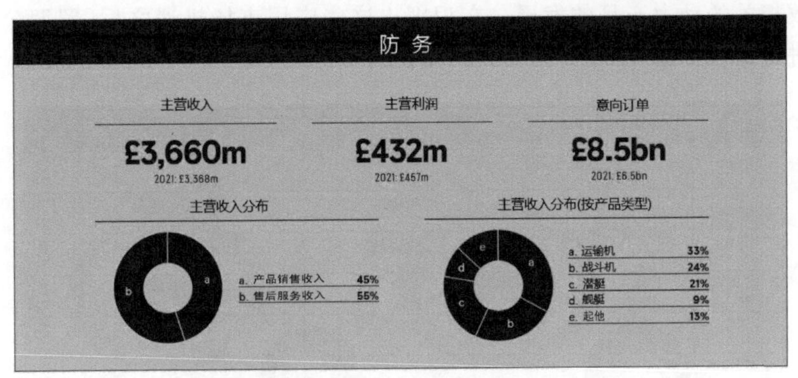

图 5-4　罗罗公司军用航空动力产业进展

(3) 电力系统

罗罗公司电力系统业务的订单量为 43 亿英镑(54 亿美元),比前一年高出 29%,在发电等终端市场需求强劲。电力系统年度财务情况如表 5-1 所列。

表 5-1　电力系统年度财务情况

财务总览						
百万英镑	2022 年	有机增长	FX	2021 年	增长率	有机增长率
主营收入	3347	626	−28	2749	22%	23%
产品销售收入	2187	462	−19	1744	25%	26%
售后服务收入	1160	164	−9	1005	15%	16%
主营毛利润/亏损	918	148	−8	778	18%	19%
毛利率	27.4%	—	—	28.3%	−0.9%	−0.9%
商务和管理成本	−441	−62	4	−383	15%	16%
研发成本	−204	−49	2	−157	30%	31%
合资企业和联营企业	8	4	—	4	—	—
经营利润	281	41	−2	242	16%	17%
经营利润率	8.4%			8.8%	−0.4%	−0.4%

电力系统年度主营收入为 33 亿英镑(42 亿美元),增长 23%,高于 2019 年的峰值。随着终端市场产品利用率的不断提高,售后服务收入增长了 16%,而产品销售收入增长了 26%。年度主营利润为 2.81 亿英镑(3.56 亿美元)(利润率 8.4%),而上一年为 2.42 亿英镑(3.07 亿美元)(利润率 8.8%),通货膨胀、供应链中断、隐形资产减值等不利影响导致年利润降低。交易现金流为 1.58 亿英镑(2 亿美元),转换率为 56%,而去年为 90%。同比较低的转化率反映了由于供应链中断和收入增长速度导致库存水平上升,部分被客户预付款增加所抵消,如图 5-5 所示。

(4) 新兴市场

罗罗公司的技术和工程专业知识使其在实现向低碳发动机产品转型方面发挥了至关重要的作用。罗罗公司持续关注全球经济与碳中和密切相关的三个关键领域——运输、电力和环境建设,并抓住这一转型所创造的经济增长机遇。罗罗公司根据零碳排放的政策要求,不断加快与零碳排放相关的动力产品的发展。在识别出这些应用市场机遇之后，罗罗公司正以当前掌握的技术进行组合创新，不断开拓新兴市场。

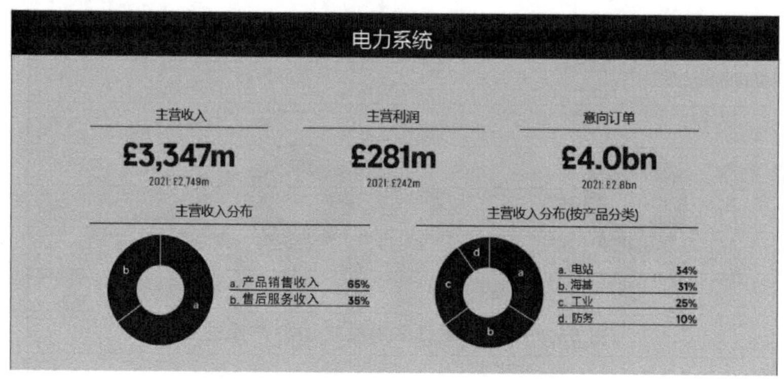

图 5-5　罗罗公司电力系统产业进展

无论是在电力网络上还是作为独立的能源系统，核能都是零碳排放的核心能源之一。罗罗公司的小型模块化反应堆(SMR)使这种能量能够在全世界范围内应用，与现有的传统核电站相比，SMR 具有更短的建设周期和更低的建设成本。小型核电产品的市场应用包括氢燃料和合成燃料生产中心、大型数据中心、海水淡化厂和电解厂等。

电气化将有助于航空零碳排放，电力技术和相关能力也可以用于民用、防务和海基应用。全电飞机将使能源的利用更有效率、飞行更安静并实现零碳排放；而混合动力系统可有效延长飞行航程，为大型支线客机提供了解决方案。罗罗公司正致力于为城市和郊区通勤提供一种新的航空技术——先进空中机动技术。该技术的应用市场包括垂直起降电动飞机(eVTOL)和电动通勤飞机等。

2022 年度，新兴市场的主营收入为 300 万英镑(380 万美元)，主要来自罗罗电气的海洋工程服务和与推进系统相关的产品销售，如图 5-6 所示。罗罗电气和罗罗 SMR 目前都处于业务初创期，预计在 2030 年代将具有巨大的创收潜力。相比去年，年度亏损额度(1.32 亿英镑即 1.67 亿美元)有所增加，因为罗罗 SMR 和罗罗电气增大了投资成本，其中包括 1.08 亿英镑(1.37 亿美元)的研发费用支出：4 100 万英镑(5 200 万美元)用于设计开发，为小型模块化核反应堆进入英国 GDA 评审流程做准备；6 700 万英镑(8 496 亿美元)则投资于电推进技术。新兴市场年度财年情况如表 5-2 所列。

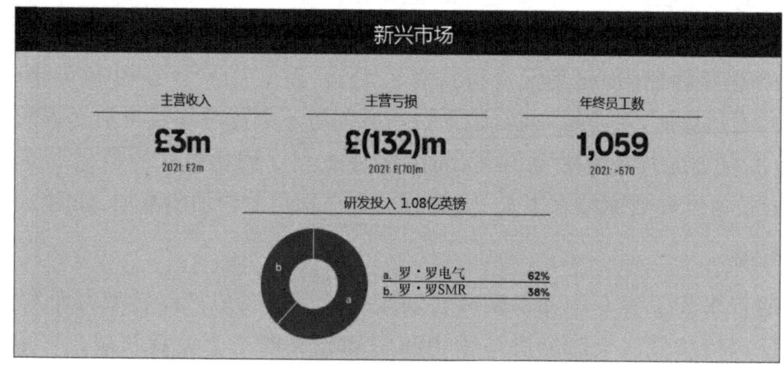

图 5-6　罗罗公司新兴市场产业进展

表 5-2 新兴市场年度财务情况

财务总览						
百万英镑	2022 年	有机增长	FX	2021 年	增长率	有机增长率
主营收入	3	1	—	2	50%	50%
产品销售收入	1	1	—	—	—	—
售后服务收入	2	—	—	2	—	—
主营毛利润/亏损	−1	−2	—	1	nm	nm
毛利率	−33.3%	—	—	50.0%	−83.3%	−83.3%
商务和管理成本	−23	−20	—	−3	667%	667%
研发成本	−108	−40	—	−68	59%	59%
合资企业和联营企业	—	—	—	—	—	—
经营利润/亏损	−132	−62	—	−70	89%	89%

罗罗公司加大与产业伙伴的合作，进一步推进航空动力先进技术，并积极探索净零排放航空旅行的不同技术途径。本年度，罗罗公司与 EVE 建立了合作伙伴关系，EVE 是由 Embraer S. A. 创建的先进空中交通（AAM）项目，旨在为其飞行平台开发推进系统。罗罗公司与 Vertical Aerospace 合作，旨在为 AAM 新兴市场提供差异化的推进系统解决方案。另外，罗罗公司与现代汽车集团达成协议，将全电推进和氢燃料电池技术引入 AAM 市场。罗罗公司在航空和推进系统领域的优势以及现代汽车集团的氢燃料电池技术和工业化能力形成强强联手的合作关系。在全电推进系统中使用氢燃料电池系统的好处是，氢燃料是一种零排放，静音和可靠的新能源。罗罗公司和现代汽车集团的合作将首先把这项技术应用到现代的 AAM 汽车产品上，并完善罗罗公司的全电动和混合动力产品。

5.1.4 近年运营情况

罗罗公司 2018—2022 年运营情况表单如表 5-3 所列，2018—2022 年合并利润如表 5-4 所列，2018—2021 年合并资产权益如表 5-5 所列。

表 5-3 2018—2022 年合并损益表

单位：百万英镑

项 目	年份/年				
	2018	2019	2020	2021	2022
收入	15 729	16 587	11 824	11 218	13 520
运营成本	−14 531	−15 645	−12 034	−9 082	−10 763
毛利润/亏损	1 198	942	−210	2 136	2 757
商务和管理成本	−1 595	−1 128	−808	−890	−1 077
研发成本	−768	−770	−1 254	−778	−891
联合经营收益	4	104	191	45	48
经营利润/亏损	−1 161	−852	−2 081	513	837

续表 5-3

项　目	年份/年				
	2018	2019	2020	2021	2022
企业处置收益	358	139	−14	56	81
融资和税前收益	−803	−713	−2 095	569	918
融资收益	271	252	67	229	355
融资成本	−2 415	−430	−882	−1 092	−2 775
净融资成本	−2 144	−178	−815	−863	−2 420
税前损失	−2 947	−891	−2 910	−294	−1 502
税前主营利润	466	583	−3 993	36	−966
纳税	554	−420	−259	418	308
年度利润/亏损	−2 393	−1 311	−3 169	124	−1 274
归　集					
普通股东	−2 401	−1 315	−3 170	120	−1 269
非控股权益	8	4	1	1	−5
年度损失	−2 393	−1 311	−3 169	121	−1 274
其他综合(费用)/收入	182	−1 013	−265	41	522
年度综合费用总额	−2 211	−2 324	−3 434	162	−752
普通股东每股收益/亏损					
基础	−129.15	−69.07	−51.81	1.48	−14.24
摊薄	−129.15	−69.07	−51.81	1.47	−14.24
年度股东权益					
每股	11.7p	11.7p	—	—	—
合计	220	224	—	—	—

表 5-4　2018—2022 年合并利润表

单位:百万英镑

项　目	年份/年				
	2018	2019	2020	2021	2022
年度利润/亏损	−2 393	−1 311	−3 169	121	−1 274
其他综合利润/费用					
非利润或损失的项目	24	−611	−396	174	−69
利润或损失的项目	158	−402	131	−133	591
其他综合利润/费用汇总	182	−1 013	−265	41	522
年度费用汇总	−2 211	−2 324	−3 434	162	−752
归集					
普通股东	−2 219	−2 328	−3 435	161	−748
非控股权益	8	4	1	1	−4
年度费用/收入汇总	−2 211	−2 324	−3 434	162	−752

表 5-5 2018—2022 年合并资产权益表

单位：百万英镑

项 目	年份/年				
	2018	2019	2020	2021	2022
总资产	31 857	32 266	29 517	28 674	29 450
总负债	−32 909	−35 620	−34 392	−33 310	−35 466
净负债	−1 052	−3 354	−4 875	−4 636	−6 016
普通股东权益	−1 074	−3 376	−4 897	−4 662	−6 016
非控股权益	22	22	22	26	34

5.2 GE 公司

5.2.1 公司概况

GE 公司是一家成立于 1892 年的业务多元化的全球化高科技综合性公司。该公司提供从飞机发动机、发电、石油和天然气生产设备到医学成像、金融和工业产品的相关产品和服务。GE 公司的客户遍布全球 170 多个国家，员工约 11.3 万人。公司旗下工厂中有 162 家位于美国的 34 个州和波多黎各，另有 297 家分布在其他 41 个国家。公司的主营业务包括航空动力、能源、石油和天然气、照明、可再生能源、医疗保健、运输等。

GE 公司生产多型涡扇发动机，其中老产品 CF34 涡扇发动机曾配装许多支线飞机及其衍生型公务机，但目前新研的支线飞机型号大多放弃了 CF34，转而采用“洁净动力”(PurePower)发动机，这使得 GE 公司在这一市场上曾占有的份额剧烈缩水。

推力 16 000 lb(71 kN)的“护照”发动机是庞巴迪公司的“远程全球 7500”和“全球 8000”公务机的动力装置。“护照”发动机与 CFM 国际公司的 LEAP 发动机技术共享，采用了大量陶瓷基复合材料，将有效取代 CF34 发动机。

GE 公司还为大型客机提供几型涡扇发动机作为其动力，其中 CF6-80 的推力范围为 40 000～72 000 lb(178～320 kN)，为波音 767 和空客 A330 提供动力；GEnX 的推力范围为 53 000～75 000 lb(235～333 kN)，应用于 747-8 型飞机；GE90 的推力范围为 76 000～115 000 lb(338～511 kN)，是波音 777 系列飞机中应用最广泛的发动机，也是 777-300ER 的独家动力；最新的 GE9X 则为 777X 系列飞机提供动力。

此外，GE 公司还有三型广受欢迎的战斗机涡扇发动机，即：配装洛克希德·马丁公司 F-16 战斗机的 F110 发动机；配装 KAI 公司 T-50/FA-50 和 T-X 喷气飞机的 F404 发动机，以及配装波音公司 F/A-18E/F“超级大黄蜂”战斗机和 EA-18G“咆哮者”战斗机的 F414 发动机。其中最后一型发动机(F414)还为萨博公司的“鹰狮”E/F 战斗机提供动力，并已被选为哈尔·特哈斯轻型战斗机换发后的新型动力。

通用-本田公司是一家合资企业，旨在为日本本田公司生产 HF120 涡扇发动机。Sapphire CiticuJet 飞机的升级/改装型是该发动机的唯一应用对象，预计未来几年的产量都很低。

GE 公司的涡轴发动机业务几乎完全是由 T700 和 CT7-8 系列军用发动机产品支撑的。其民用型仅限于大功率的 CT7-2 和 CT7-8，前者为超中型莱昂纳多 AW189 和贝尔 525 两型直升机提供动力，后者为西科斯基 S-92 直升机提供动力。

T700 用于多个军用飞机项目，包括贝尔 AH-1Z 和 UH-1Y 系列、西科斯基 H-60 黑鹰系列和波音 AH-64 攻击直升机系列。此外，GE 的子公司阿维奥(Avio)还为意大利 NH90 多用途直升机生产 T700 发动机。

GE 公司最新的涡轴发动机产品是 GE38，是一种超大功率涡轴发动机，为西科斯基 CH-53K 重型直升机提供动力(取代 CH-53 过去使用的 T64 发动机)，GE 公司典型航空发动机产品如图 5-7 所示。

图 5-7 GE 公司典型航空发动机产品

GE 公司还在为美国陆军先进经济可承受性涡轮发动机(AATE)项目开发 T901 涡轴发动机，该型发动机还有一个改型编号为 GE3000，在美国陆军"改进型涡轮发动机项目(ITEP)"中已经中标。AATE 项目的目标是提供一种更强大、更省油的发动机，可以直接装在 H-60"黑鹰"和 AH-64"阿帕奇"直升机的现有发动机舱中。当前 H-60 和 AH-64 机型使用的 T700 发动机就是 GE 及其转包生产商制造的，因此 GE 公司对这些直升机的换发项目也非常积极。

GE 公司在航空涡桨发动机领域仅占有很小的份额，其产品中功率较大的涡桨发动机型号 CT7-9 只配装空客的中型军用运输机 CN-235；功率较小的 H 系列由捷克的 Walter601 演变而来，用于 750～850 shp(559～634 kW)的 Thrush510 农用飞机和 Aircraft Industries 公司的 19 座支线客机 LET410。GE 公司还在研发新型涡桨动力"Catalyst(催化剂)"，设计功率 850～1 650 shp(634～1 230 kW)，介于 CT7-9 和 H 系列之间。其设计目标是总压比 16∶1，油耗比 PT6A 低 20%，巡航功率则比 PT6A 高 10%。该产品的第一个应用对象是比奇飞机公司的 Denali 单发涡桨飞机。

5.2.2　公司(集团)总体经营情况

2022 年 GE 公司持续在公司转型中发力。GE 公司于 2021 年 11 月制定战略规划，拟通过分拆重组形成三个行业领先的上市公司，即聚焦航空航天业务的 GE Aerospace，聚焦可再生能源、电力、数字业务和能源金融服务等业务合并而成的 GE Vernova，以及聚焦医疗保健业务的 GE Healthcare。2023 年 1 月 3 日，GE 公司通过 GE 医疗技术公司的分拆完成了医疗保健业务与 GE 公司的剥离。目前，GE 公司正努力实现其战略的最后一步——GE Vernova 的分拆。

如表 5－6 所列，2022 年 GE 公司经营总收入为 760 亿美元，相比 2021 年增长 24 亿美元，主要是航空航天和医疗保健的收入增长驱动。经营毛利润为 70 亿美元，调整后利润为 51 亿美元，利润率 1.8%。GE 公司努力缩减运营成本，其中债务清偿成本下降 61 亿美元、非运营收益成本下降 23 亿美元、利息和其他财务费用下降 30 亿美元等，但重组费用和其他费用增长了 50 亿美元，拉低整体利润增长率。2022 年经营现金流为 59 亿美元，相比 2021 年缩减了 31 亿美元。RPO 订单方面，本年度增长了 112 亿美元(5%)，达到 2 510 亿美元，订单增长主要来源于军用和民用发动机业务以及相关的长期售后服务协议。

表 5－6　GE 公司 2022 经营情况

(百万美元)

GAAP	FY22	FY21	同比变化(呈报)
总收入	76 555	74 195	3%
利润	1 412	－3 683	F
利润率	1.8%	－5.0%	680 bps
持续 EPS	0.53	－3.25	F
净 EPS	－0.05	－6.16	99%
经营活动现金流	5 864	888	F
订单	82 981	79 418	4%
意向订单	478 228	428 121	12%
非 GAAP	FY22	FY21	同比变化
整体收入	75 440	70 989	6%
调整后利润	5 835	4 608	27%
调整后利润率	7.9%	6.5%	140 个基点
调整后 EPS	2.62	1.71	53%
自由现金流	4 758	1 889	F

5.2.3 航空发动机产业经营进展

GE 公司的业务包括设计、生产和销售军民用飞机发动机，并提供发动机维修售后服务。在民用发动机产品和服务方面，GE 公司生产制造民用客机的各类型涡轮发动机，配装的民航客机类型包括：支线、窄体和宽体客机。同时，GE 公司分别与法国赛峰和美国雷神科技公司组成的合资企业，为民用航空发动机提供维修、部件修理和大修服务，以及可更换零部件的销售。在军用发动机产品和服务方面，GE 公司制造生产各类军用飞机的喷气发动机。GE 公司的军用发动机为各军种飞机提供动力，包括战斗机、轰炸机、加油机、直升机和侦察机等，以及海基作战装备。GE 公司也为这些发动机提供维护、部件维修和大修服务。在系统和其他方面，GE 公司为民用和军事部门提供航空电子系统、航空电力系统、涡轮螺旋桨、发动机齿轮传动组件等。此外，GE 公司还提供多种产品和服务，包括增材制造设备、增材制造材料（包括金属粉材）和增材制造工程服务。GE 公司重视国内市场和国际市场的开发，其喷气发动机产品、维护、部件维修和大修服务（包括零部件销售）等业务在全球具有高度的竞争力。

2022 年，航空旅行持续得以恢复，与 2021 年相比，2022 年增长了 21%，目前已恢复到 2019 年的 90%，驱动 GE 公司的民用发动机产品销售和售后服务业务向好发展。2022 年公司经营收入为 260 亿美元，同比增长 22%。其中，贡献最大的是民用设备维修保障服务收入，为 128 亿美元，同比增长 43%；民用发动机和军用发动机产品销售收入分别同比增长了 8%和 7%。GE 公司 2022 年实现利润 48 亿美元，同比增长 66%，恢复至 2019 年同期水平的 70%，利润率达 18.3%，如图 5 - 7 所示。

AEROSPACE

任务：为军用飞机、民用客机、商务机和通用飞机客户提供发动机、零部件、电子系统，并建立全球产品维护维修网络
业务：民用客机、军用飞机发动机、系统及其它产品销售和维修服务
产品安装：约40900台民用客机发动机、约26100台军用飞机发动机
CEO：H.Lawrence Culp,Jr.
员工：约45000人

	FY22	FY21	Y/Y REPORTED	Y/Y ORGANIC*
收入	$26,050	$21,310	22%	23%
利润/亏损	$4,775	$2,882	66%	62%
利润率/亏损率	18.3%	13.5%	480 b/s	440 b/s
自由现金流	$4,890	$4,315	13%	
订单	$31,106	$25,589	22%	22%
意向订单	$352,627	$303,441	16%	

图 5 - 8 GE 公司 2022 年航空发动机营收情况

预计在 2023 年底，民航业将恢复到 2019 年水平，GE 公司民机业务将走上正轨。在军用发动机方面，由于近年来美国国防部和其他国家的空中军事行动非常频繁，纷纷增加了作战机队升级预算，将驱动 GE 公司军机业务的增长。

本年度，虽然由于疫情造成的全球供应链中断，对 GE 公司发动机产品的生产和交付造成一定影响，但民用和军用发动机的销售相比去年增长了 13%，特别是下半年比上半年增长了 25%。2022 年，GE 公司共计交付民用发动机 1 663 台，军用发动机 632 台，如表 5 - 7 所列。目前，GE 公司在役的民用发动机达到约为 41 000 台，军用发动机约为 26 000 台。

表5-7　GE公司近三年交付发动机数量

项　目	年份/年		
	2022	2021	2020
民用发动机/台	1 663	1 487	1 720
LEAP发动机/台	1 136	845	815
军用发动机/台	632	553	683
备件费率	$26.9	$17.8	$18.0

为保持在民用航空发动机领域的领先地位以及实现2050年零碳排放的目标，GE公司正积极探索混合电推进、可持续航空燃料(SAF)等低碳技术，并成功完成多项试验，在可持续航空的道路上更进一步。2022年5月，完成了“护照”(Passport)发动机使用100%SAF的首次飞行试验。7月，完成了全球首个高海拔的兆瓦级混合电推进系统的试验，是民用客机混合电推进飞行领域的重要里程碑，该技术预计将于21世纪30年代中期投入使用。

在涡桨发动机方面，GE公司的“催化剂”(Catalyst)发动机在竞标中击败了赛峰集团的阿蒂丹(Ardiden)TP发动机，成功竞得“欧洲无人机”(Eurodrone)动力，主要得益于其较低的研制风险、更好的服役经济性和更大的性能提升潜力。与竞争对手相比，“催化剂”发动机的燃油消耗降低了20%。

在涡轴发动机方面，GE公司的T901发动机于2022年7月初完成第一阶段试验。T901发动机是GE公司的下一代旋翼机发动机，将为美国陆军的未来攻击侦察机(FARA)、“黑鹰”和“阿帕奇”直升机提供动力。与T700发动机相比，T901的功率提高了50%，油耗降低了25%。预计将于2023年年底前完成配装FARA直升机首飞，计划于2032年开始服役。

GE公司积极布局下一代战斗机动力，已经形成了一定的优势。美国空军于2022年8月在下一代自适应推进计划(NGAP)中授出5份合同，每份价值9.75亿美元，用于研发下一代空中优势战斗机发动机原型机，GE公司与普惠公司各自负责原型机的研制与试验。2022年9月，GE公司在美国空军阿诺德工程发展中心(AEDC)成功完成第二台XA100自适应发动机的试验，至此自适应发动机过渡计划(AETP)合同中的主要里程碑全部完成，XA100成为世界上第一台也是目前唯一一台通过美国空军试验的自适应发动机。

5.2.4　近年运营情况

GE公司近五年运营情况统计如表5-8所列，其合并资产权益如表5-9所列。

表5-8　2018—2022年合并损益表

单位：百万美元

项　目	年份/年				
	2022	2021	2020	2019	2018
产品销售收入	31 976	34 200	37 584	58 949	60 148
售后服务收入	41 626	36 890	35 385	28 538	28 792
资本收入	2 954	3 106	2 865	7 728	8 072

续表 5-8

项　目	年份/年				
	2022	2021	2020	2019	2018
收入汇总	76 555	74 196	75 833	95 214	97 012
产品成本	30 426	31 399	35 242	48 406	50 244
售后成本	25 109	22 497	22 629	21 622	22 574
分拆成本	973	—	—	—	—
销售、日常和管理费用	12 781	11 716	12 628	13 949	14 643
研发成本	2 813	2 497	2 565	3 115	3 414
成本和费用汇总	76 375	80 702	81 259	96 287	120 320
净利润/亏损	292	−6 591	5 546	−4 912	−22 443
归母公司净利润/亏损	225	−6 520	5 704	−4 979	−22 355
归普通股东净利润/亏损	−64	−6 757	5 230	−5 439	−22 802

表 5-9　2018—2022 合并资产权益表

单位:百万美元

项　目	年份/年				
	2022	2021	2020	2019	2018
流动资产	66 234	66 348	84 853	—	—
总资产	187 788	198 874	256 211	266 048	311 072
流动负债	56 947	51 953	54 613	—	—
总负债	150 206	157 262	219 138	236 187	259 591
总权益	37 582	41 612	37 073	29 861	51 481
负债和权益汇总	187 788	198 874	256 211	266 048	311 072

5.3　普惠公司

5.3.1　公司概况

美国普惠公司是全球民用、军用、公务机和通用飞机发动机的主要供应商之一。该公司也为全球机队提供发动机的售后维修、修理和大修服务(MRO)。普惠公司的主要业务包括民用市场的宽体、窄体飞机以及大型支线飞机发动机的研发,以及军用市场的战斗机、轰炸机、加油机和运输机等各类型发动机的研发。普惠加拿大公司(P&WC)为通用和民用航空市场供应发动机,该公司也是支线航空飞机、通用飞机、军用飞机和直升机的主要供应商之一。普惠公司和普惠加拿大公司同时也生产、销售和维修民用和军用飞机的辅助动力装置。

普惠公司原本是联合技术公司(UTC)旗下的子公司,该公司与 UTC 旗下的另一子公司柯林斯宇航公司于2020年与雷神公司完成对等合并，形成一家拥有众多先进技术的新的超大型系统集成供应商——雷神技术公司(Raytheon Technologies)。

该公司应用于宽体飞机的PW4000涡扇发动机推力范围为52 000～90 000 lbf，配装空客A330和波音767；其型别PW4062已被波音公司选用于KC-46A空中加油机。

普惠公司的PW1000G系列涡扇发动机已被选为支线航空飞机A320neo系列换发后的新动力，同时也是伊尔库特公司MC-21窄体客机的备选发动机之一。该系列发动机推力范围为15 000～33 000 lbf。

普惠公司还参与了国际航空发动机(IAE)公司的V2500项目，并与通用电气公司合作，为空客A380飞机生产GP7200涡扇发动机。

在军机市场，普惠公司的F135涡扇发动机为F-35战斗机的全部三个型别提供动力；F100发动机则是洛克希德·马丁公司F-16战斗机的两个备选动力之一(另一个备选动力是GE公司的F110)。

普惠加拿大公司是全世界航空涡桨发动机领域的领头羊，其两大系列涡桨发动机PT6A/E和PW100覆盖了低、中、高功率范围。其中PT6A主要占据小型涡桨发动机市场，功率覆盖500～2 000 shp(373～1 491 kW)，为6～19座支线航空和多用途飞机提供动力。PT6E是在PT6A基础上增加了发动机电子控制，未来可能逐步取代PT6A。PW100/150系列功率覆盖1 800～5 000 shp(1 342～3 729 kW)，用于支线客机和轻型/中型军用运输机，现有应用对象包括：德哈维兰公司的Q400/Dash-8、ATR公司的42/72系列、中国西飞的MA600/700系列等支线客机，以及空客的C-295军用运输机。

此外，普惠加拿大公司在小型涡扇发动机市场也有相当大的影响力。其产品PW800涡扇发动机可提供15 000 lbf推力；而PW500和PW300系列涡扇发动机推力范围为3 000～8 000 lbf，应用于多种轻型、中型和大型公务机；轻型涡扇发动机PW600则用于Embraer Phenom 100飞机。普惠加拿大公司还为现已停产的航空Eclipse 550和塞斯纳“野马”超轻型喷气机生产涡扇发动机作为其动力。

普惠加拿大公司现在也是雷神技术公司的子公司。在航空涡轴发动机市场上，普惠加拿大公司与赛峰集团一样，其业务也集中在民用领域，在军机市场上几乎很少。

普惠加拿大公司的涡轴发动机产品包括PW200、PW210、PT6B、PT6C和PT6T系列；其中PW200和PW210系列配装轻型单座和双座直升机，功率更大的PT6改型则为中型直升机提供动力。

虽然该公司的涡轴发动机有时也为军方购买的轻型和中型直升机(主要是用于训练、联络、搜索和救援的轻型/中型通用直升机)提供动力，但这些直升机通常都是民用型号的改型。

目前没有攻击直升机或军用运输直升机使用普惠加拿大公司的涡轴发动机作为动力。如果美国陆军为其“改进型涡轮发动机项目”(ITEP，目的是为UH-60黑鹰运输直升机和AH-64阿帕奇攻击直升机提供3 000 shp(2 237 kW)的升级发动机)选择霍尼韦尔和普惠公司的合资企业ATEC公司研发的HPW3000涡轴发动机，还有可能改变这种状况，但2019年2月ATEC在竞争中输给了竞争对手GE公司。

在航空涡喷发动机领域，普惠公司的TJ-150小型涡轮喷气发动机为雷神技术公司的无人机 ADM-160B“微型空射诱饵(MALD)”提供动力。这种被称为“诱饵”的无人机被美国军方大量使用,且有配装电子干扰装置的版本。TJ-150 还将被欧洲导弹集团(MBDA)用于英国皇家空军“矛”式(SPEAR 3)导弹,预计新型导弹将于 2023 年投入使用。

此外,普惠(含普惠加拿大)公司还是辅助动力装置(APU)的主要生产商之一。预计雷神集团的这两家子公司在未来十年共将生产 7 586 台辅助动力装置,约占全球 APU 总产量的 24.4%。

5.3.2 公司(集团)经营总体情况

普惠公司的母公司——雷神技术公司是一家主要从事航空航天以及防务产品的公司。该公司为全球民用和军用客户提供先进的装备产品,并提供售后服务。2022 年,受民航业反弹的推动,雷神技术公司的净销售额为 671 亿美元(见表 5-10);年度研发和投资支出为 90 亿美元,为产品开发和技术创新以及未来的市场机会提供资金补充;公司运营产生 72 亿美元的现金流,并在年底获得 49 亿美元的自由现金流。

表 5-10 2022 年度雷神技术公司运营情况

(百万美元)	2022 年	2021 年	2020 年
总净收入	67 074	64 388	56 587
经营利润/亏损	5 414	4 958	−1 889
经营利润率/亏损率	8.1%	7.7%	−3.3%
持续经营现金流	7168	7142	4 334

本年度,雷神技术公司旗下的普惠公司获得了美国国防部的 1.15 亿美元 F135 发动机升级合同;此外,年内又有三个国家加入 F-35 项目,为 F135 发动机带来了更多的订单。12 月,经过多次推迟,美国空军的新型轰炸机 B-21 Raider 揭幕,该机被誉为全球第一型六代机,由普惠公司提供发动机。在新能源动力技术方面,雷神技术公司旗下的 Collins 航空公司和普惠公司联合推动的支线飞机混电动力项目取得了新的里程碑,实现了兆瓦级电动机的试制交付。

5.3.3 航空发动机产业经营进展

普惠公司的主要业务是向飞机制造商、航空公司和其他飞机运营商、飞机租赁公司提供发动机产品和售后维修服务。如表 5-11 所列,2022 年度,普惠公司实现销售收入为 205 亿美元,同比增长 13%:销售给美国政府的产品为 52.7 亿美元,占比 25.7%,该部分比例已经连续两年呈下降趋势;对外军事销售(FMS)收入为 11.2 亿美元,直接商业销售收入(DCS)为 4.7 亿美元,同比均略有下降;民用航空及其他产品收入为 136.7 亿美元,同比增长 22%。经营利润为 10.8 亿美元,同比增加 137%,利润率为 5.2%。普惠公司年度营收数据虽然大幅改善,但仍低于雷神技术公司的其他子公司。2022 年,普惠公司共交付民用发动机 712 台,同比略有增加;交付军用发动机 219 台。普惠加拿大公司共交付发动机 1 965 台,与去年基本持平。

表 5-11 普惠公司 2022 年营收情况

单位：百万美元

项　目	年份/年			变化率	
	2022	2021	2020	2022 年相对 2021 年	2021 年相对 2020 年
净收入	20 530	18 150	16 799	13%	8%
利润/亏损	1 075	454	−564	137%	180%
利润率/亏损率	5.2%	2.5%	−3.4%	—	—

在民用发动机方面，普惠公司的拳头产品是齿轮传动涡扇(GTF)发动机 PW1000G 系列，其中第一台 PW1000G-JM 已于 2016 年 1 月投入使用。与传统发动机相比，PW1000G 发动机显著降低了燃油消耗和噪声水平，降低了环境污染物的排放。本年度，普惠公司的发动机项目达到了重要的里程碑，自该系列发动机投入使用以来，已经为全球客户节省了超过 10 亿加仑(379 万立方米)的燃油并减少了 1 000 万吨的碳排放。而该系列新型发动机 GTF Advantage(配装 A320neo)启动了联邦航空法规第 33 部(FAR33)认证，并配装 A320neo 进行了 100%可持续航空燃料(SAF)的飞行试验(见图 5-9)。GTF Advantage 发动机进一步提高了经济效益，它的耗油率比现有的 GTF 发动机降低了 1%，从而巩固了该系列发动机作为 A320neo 客机最高效动力装置的领先地位。目前，GTF 系列发动机为 64 家航空公司的三种飞机平台，共计 1 400 多架飞机提供动力，包括空客 A320neo 系列、A220 系列和 Embraer E-Jets E2。在小型民机业务方面，普惠加拿大公司的 PT6A-67F 涡桨发动机被选中为双发两栖飞机 G-111T 提供动力，该飞机是目前市场唯一一款用于客运、货运和公用事业的大型运输类两栖飞机；PW127XT-S 发动机已被选中为德国飞机公司的 D328eco 支线航空飞机提供动力。此外，普惠加拿大公司于 2022 年 4 月推出新型涡桨发动机 PT6E-66XT，该系列发动机是通用航空涡桨发动机市场上第一个具有双通道集成电子螺旋桨和发动机控制系统的发动机系列，将为大合(Daher)公司的单发涡桨飞机 TBM 960 提供动力。

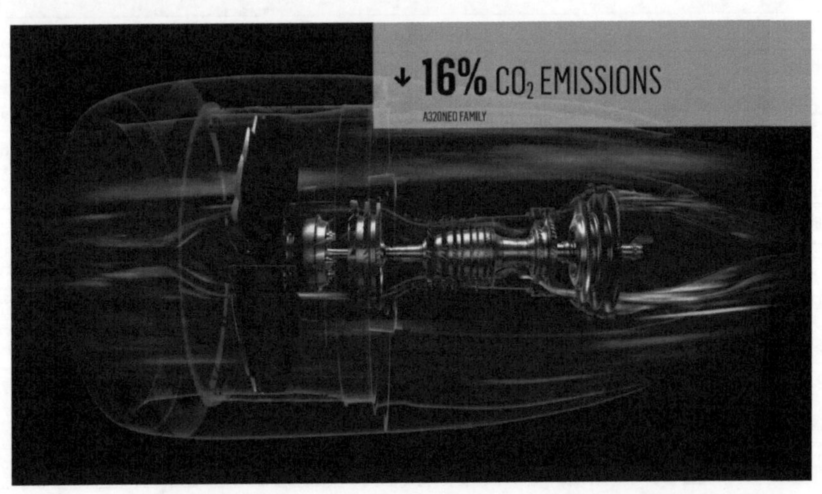

图 5-9 新型发动机 GTF Advantage(配装 A320neo)

在军用发动机方面，普惠公司的拳头产品是 F135 系列发动机。本年度，普惠公司获得了大量 F135 项目合同，合同金额超过 50 亿美元。其中包括 F-35 战斗机 15～17 批次的发动机合同以及 F135 发动机核心机升级项目(ECU)，拟通过改进高压压气机、高压涡轮、低压涡轮和加力燃烧室，从而提高发动机性能、燃烧效率和推力，并能兼容 F-35A、F-35B 和 F-35C 型。同时，F135 在年内实现了重要的里程碑，即完成了第 1 000 台生产型发动机的交付。随着F-35 战斗机项目在国际上的进一步扩张，普惠公司 F135 项目新增三个客户，即瑞士、加拿大和德国。在军用发动机产品的研发上，普惠公司的自适应发动机的试验验证在年内持续开展。为美国空军 B-21 隐身轰炸机(袭击者)开发的发动机仍在持续推进。

在技术发展方面，普惠公司持续加大对可持续航空动力技术的投入。本年度，在美国能源部预先研究计划局的支持下进行氢蒸汽喷射间冷涡轮发动机(HySIITE)项目的研究，该发动机将使用液态氢燃烧和水蒸气回收来实现零碳排放，同时减少 80% 的氮氧化物排放，并将新一代单通道飞机的燃油消耗最高降低 35%，该发动机的概念方案部分细节已经公布，预计将于 2035 年投入使用。7 月，普惠公司与柯林斯宇航公司合作推出可扩展涡轮电力传动系统技术(STEP-Tech)验证机，该项目专注于开发 150～500 kW 级的分布式涡轮混合电推进技术，功率可拓展到 1 MW 甚至更高，目前已经完成概念验证。11 月，普惠公司获得美国国家航空航天局(NASA)授予的合同，在混合热效率核心机(HyTEC)项目的支持下进行新型燃烧室与 SAF 的兼容性试验，该项目促进未来燃烧室的设计向着更清洁、更高效和可持续的方向发展。

5.3.4 近年运营情况

普惠公司近三年营收情况如表 5 - 12 和表 5 - 13 所列。

表 5 - 12 2020—2022 年合并损益表

单位：百万美元

项 目	年 份		
	2022	2021	2020
净收入			
产品销售收入	50 773	49 270	43 319
售后服务收入	16 301	15 118	13 268
净收入汇总	67 074	64 388	56 587
成本和费用			
产品成本	41 927	41 095	38 137
服务成本	11 479	10 802	9 919
研发成本	2 711	2 732	2 582
销售、日常和管理成本	5 663	5 224	5 540
成本和费用汇总	61 780	59 853	56 178
税前利润/亏损	6 027	4 931	−2 353
所得税	700	786	575
经营利润/亏损	5 414	4 958	−1 889
归普通股东净利润/亏损	3.52	2.57	−2,59

表5-13 2020—2022年合并资产权益表

单位:百万美元

项目	年份		
	2022	2021	2020
流动资产			
现金和现金等价物	6 220	7 832	8 802
应收款项	9 108	9 661	9 254
合同资产	11 534	11 361	9 931
库存	10 617	9 178	9 411
其他流动资产	4 964	4 018	5 978
流动资产汇总	42 443	42 050	43 376
客户融资资产	2 603	2 848	3 144
固定资产	15 170	14 972	14 962
经营性租赁产权资产	1 829	1 958	1 880
商誉	53 840	54 436	54 285
无形资产	36 823	38 516	40 539
其他资产	6 156	6 624	3 967
资产总额	158 864	161 404	162 153
负债			
流动负债汇总	39 114	35 449	35 848
总负债	84 650	86 705	88 269
总权益	74 178	74 664	73 852

5.4 赛峰集团

5.4.1 集团概况

法国赛峰集团(SAFRAN)是航空航天制造市场的重要制造商。该集团是全球航空航天和武器装备一级供应商,是高技术含量和高标准要求的原始设备供应商和售后维修服务供应商。其产品在全球业务市场中占有较大的份额。其中,航空航天业务域涉及到了航空发动机以及飞机各子系统(见图5-10)。

赛峰集团为民用飞机、军用飞机、支线运输机、公务喷气机和直升机提供发动机产品。为了提高成本效率和分担风险,全球领先的发动机制造商共同抱团发展,自20世纪70年代以来,赛峰集团主要与GE航空合作,成立了股权比为50/50的合资企业CFM国际公司,合作研发了CFM56发动机和LEAP发动机,取得了巨大的商业成功。目前,这一战略伙伴关系计划延长至2040年。

该集团仅独立生产两型涡扇发动机:其一是M88,这是一型配装达索公司双发战斗机“阵风”的高性能战斗机发动机；其二是“银冠”，这是一款为公务机市场设计的中型发动机，但因为取证困难，“银冠”先后失去了两次配装飞机的机会(即达索公司的“猎鹰”5X 和塞斯纳公司的“经度”飞机)，“银冠”发动机的未来应用尚未确定。赛峰集团可能会放弃该项目，也可能会继续投资开发，以便在取证后得到新的应用。

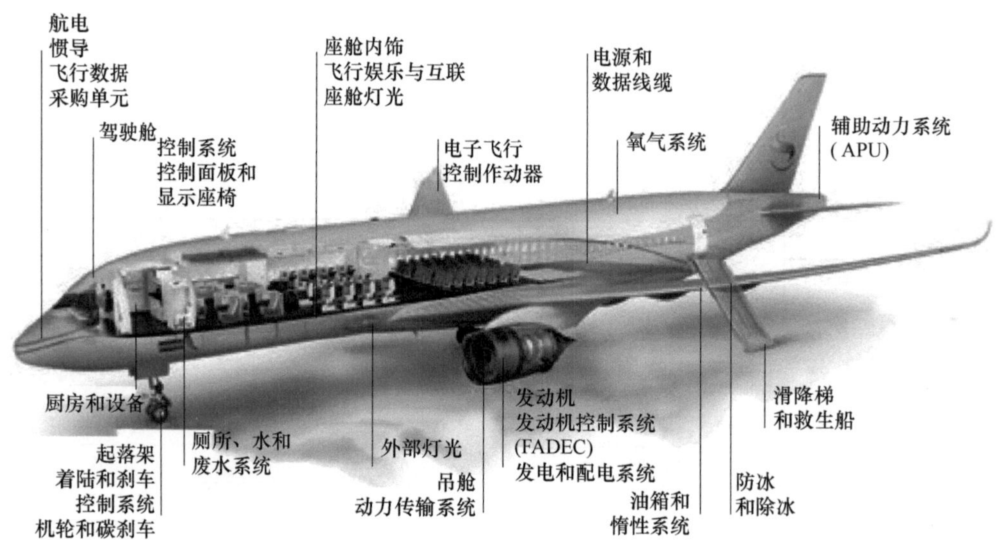

图 5-10　赛峰集团业务领域

赛峰集团直升机发动机部的主要优势在于民用直升机动力市场。赛峰集团的涡轴发动机产品覆盖了广泛的发动机功率范围，从 450 轴马力(336 kW)到 3 000 轴马力(2 237 kW)不等。除了“阿赫尤”型之外，赛峰集团还与其他制造商合作生产了“阿赫耶”、TM333、“阿蒂丹”和“马基拉”等系列涡轴发动机，以及 MTR390 和 RTM322 两型国际合作的涡轴发动机。该公司近年来新研的“阿拉诺”(1 100 轴马力即 820 kW)型涡轴发动机已于 2019 年 6 月获得欧洲适航证，为空客公司的 H160 中型直升机提供动力。

预计未来十年(2022—2031 年)，赛峰集团将占民用涡轴发动机市场份额的 39%以上，这主要是由于其拥有空客直升机的主场优势。尽管贝尔公司在 2013 年选择了“阿赫尤”(Arrius-2R)作为新飞机 505Jet Ranger X 的动力，使赛峰集团在其竞争对手普惠加拿大公司的地盘上取得了重大进展，但在渗透美国市场方面，赛峰集团的成功率比普惠加拿大公司还是要低得多。

贝尔公司 505 型飞机计划将在未来十年内配装数百台“阿赫尤”2R 发动机，但由于这种小型涡轴发动机成本较低，给赛峰集团提供的利益并不多，赛峰集团涡轴发动机业务的核心仍然是大功率涡轴。

另一方面，赛峰集团同时也是军用涡轴发动机市场的重要参与者，但其在该市场的渗透率远低于民机市场，只占军机市场单位产量的 15%左右。另外两家制造商——美国的 GE 公司和俄罗斯的克里莫夫公司——在军用涡轴发动机市场占有更大的份额(分别为 35%和 21%)。

在涡喷发动机领域，赛峰集团也是卓越的小型涡轮机械制造商之一：其 TR40、TR50 和

TR60 涡喷发动机为数款大型导弹和无人机提供动力。目前这些涡喷发动机产品在法国的应用包括：Exocet 反舰导弹、SCALP/风暴阴影巡航导弹、RBS15 打击导弹、Kongsberg 联合打击导弹和 MdCN 导弹(missile de Croisière Naval)，法国海军采购这些导弹用于舰船和潜艇。此外，欧洲生产的大多数导弹(如意大利制造的 OTOMAT Mk 4 巡航导弹)都配装了赛峰集团的发动机作为动力装置。

在辅助动力装置(APU)方面，预计 2022—2031 年，法国赛峰集团动力分部的 APU 产量为 1281 台，市值约为 4.39 亿美元(约 31.43 亿元人民币)。辅助动力装置只是赛峰集团动力分部业务中的一小部分，该部门的重点一直是生产用于无人机和导弹的小型涡扇和涡喷发动机。

赛峰集团和飞机制造商美国波音公司成立了一家名为 Initium Aerospace 的新合资公司，负责设计、制造和维修辅助动力装置。2018 年 11 月，这两家制造商获得了新合资企业所需的监管批准。然而，由于疫情期间经济环境的变化，合作伙伴于 2020 年将该项目冻结；目前尚不清楚未来是否会重启。

赛峰集团目前为波音飞机项目提供广泛的部件，包括通过 CFM 国际公司为波音 737 MAX 飞机提供 LEAP-1B 发动机。如果波音公司在近期推出新的中端飞机项目，则新的合资企业(Initium Aerospace)可以扩大赛峰集团在辅助动力装置市场的份额；还可能替代目前波音 737 MAX 系列配装的霍尼韦尔 131-9 型 APU，使赛峰集团在窄体客机辅助动力装置市场中占有更大份额。

5.4.2 集团总体经营情况

赛峰集团是航空制造产业变革的主要推动者，在包括航空发动机、能源系统以及飞机子系统的多个领域具有全球领导地位。2022 年，赛峰集团受新冠疫情的肆虐和俄乌冲突爆发的影响，供应商数量大幅减少、成本进一步上升，由此导致的零件短缺使赛峰集团的产量低于预期。2022 年赛峰集团在波音公司的支持下，采用收购整合供应商、材料来源对冲等措施，以增强供应链的稳健性。2022 年赛峰集团销售收入为 190.4 亿欧元，同比增长 24.8%；经营利润为 24.1 亿欧元，同比增长 33.4%；自由现金流为 26.7 亿欧元，同比增长 60%。目前，共有航空航天推进、装备与防务、飞机内饰 3 块主营业务，其中航空航天推进板块是赛峰集团的支柱业务，2022 年实现收入为 95.1 亿欧元，同比增长 27.8%，其中贡献最大的民用市场售后服务收入，同比增长 29.3%；经营利润为 17.1 亿欧元，同比增长 27.4%，利润率为 18%。2022 年，赛峰集团与 GE 公司平股合资的 CFM 国际公司共交付 LEAP 系列发动机 1 136 台，同比增加 34.3%，达到 2019 年的 65%；CFM56 发动机、大推力发动机、直升机发动机和 M88 发动机交付量同比均有所减少。

2022 年度，赛峰集团加大研发预算用于改善航空运输对环境的影响。主要涉及推进系统、电气化、轻质零部件以及可持续燃料系统。赛峰集团的远期技术发展目标是：到 2035 年，其发动机产品将减少 30%的燃料消耗，为 2050 年全球实现碳中和奠定坚实的基础。为此，赛峰集团公司联合 GE 公司在 2021 年启动了雄心勃勃的 CFM RISE(可持续燃料发动机的革命性创新)技术发展计划。RISE 计划开发的技术为下一代 CFM 发动机奠定了基础,该发动机预计在 21 世纪 30 年代中期服役。RISE 计划的目标包括:与当今最高效的发动机相比,减少燃料消耗 20%以上并减少二氧化碳排放 20%以上,同时,未来产品将确保与可持续航空燃料和氢燃料等新燃料 100%兼容。2022 年,赛峰集团还启动了探索 H2 计划,以发现和支持初创企业,并为其与氢相关的研发和创新项目建立合作关系。首批选定的初创企业将专注于四个领域:推进系统中的氢气流量控制,氢气状态和温度控制,实时系统监控和航空燃料电池。

赛峰集团未来的飞机推进系统发展路线图包括三个技术阶段:

第一阶段是超大涵道比的 LEAP 涡扇发动机。赛峰集团公司负责该发动机的部分研制工作,采用了大量先进技术,如复合材料制造的先进轻质风扇部件和高效率低压涡轮部件。LEAP 发动机于 2016 年即投入商业运营,该发动机响应了欧洲航空研究咨询委员会(ACARE)的倡议目标,特别是在燃料消耗方面作出较大贡献。空客公司的 A320neo,波音公司的 B737 MAX,中国商飞的 C919 都选择了 LEAP 发动机,赛峰集团正不断开展研究与开发,持续改善发动机性能。

第二阶段是更具跨越性的创新,通过探索诸如开式转子发动机概念以及超大涵道比发动机结构,以推动新的发动机构型取得突破。这些技术概念在清洁天空联合技术倡议下由多国共同推动。开式转子发动机已成功进行了演示验证,并获得第 62 届航空周刊评出的推进类项目的优胜奖。

第三阶段寻求引入低碳能源相关技术。已经开展了发动机燃烧混合燃料(生物燃料与普通航空燃料的混合物)的试验验证。其他正在研究的方案涉及直接使用液氢燃料,或是脱碳氢与其他燃料的合成燃料。2021 年,赛峰集团和 TotalEnergies 公司结成了战略伙伴关系,目标是在飞机发动机中使用 100%的可持续航空燃料。

直升机涡轮发动机也具有减少燃料消耗和对环境影响的需求。赛峰集团公司通过其子公司——直升机发动机公司,已经开始了雄心勃勃的技术发展计划,以满足未来市场的需求。通过 TECH800 计划开发出的一些技术已经在 Arrano 发动机上进行了应用,该发动机是空中客车直升机公司的新型直升机 H160 的唯一选型动力。赛峰集团的技术进步战略得到所有客户的支持,以开展新发动机创新集成开发计划,如混合动力架构概念等。针对小型飞机、"通勤飞机"或垂直起降飞机(VTOL)在短距离和城市及郊区的航空新需求,赛峰集团正研究发展混合动力技术方案,甚至是全电力推进方案。该公司也正在进行评估和模拟仿真,以推进混合动力技术研究,不断探索短程和中程飞机的突破性推进系统架构。

赛峰集团长期关注复合材料在发动机部件上的应用,通过赛峰复合材料中心部署的有机基复合材料的硬件资源和专业知识,开发其复合材料解决方案。赛峰陶瓷(Safran Ceramics)是该集团的陶瓷基复合材料能力中心,为飞机发动机提供复合材料热端部件结构的核心专业知识。赛峰集团利用数据分析和数字化物理机理加强对材料技术的研究,同时加强与高校合作开展相关研究,将学术和工业相结合以获得最大收益。

赛峰集团在航空电力电源技术方面持续加强研究,研究方向包括各类发电装置到混合动力方案中的辅助动力装置(APU),混合方案结合了涡轮发动机、燃料电池和储能技术。这项工作涉及到几个子公司:赛峰电气电力、赛峰电力单元、赛峰飞机发动机和赛峰直升机发动机公司等。赛峰集团科技创新中心的一个部门正致力于开发用于评估能源和推进系统架构的先进仿真系统。

赛峰集团积极顺应工业 4.0 的发展变革，大力推进数字技术和数字化转型。赛峰集团在增强现实、机器人、数字成像技术、人工智能和数据利用等数字解决方案上投资，使设计、生产、维护和服务工具等业务受益匪浅。用户方希望更好地开展协同设计并优化供应链和运营维护，数字解决方案的实施满足了客户、合作伙伴和供应商提出的协同和优化需求。赛峰集团开发的用于检测复杂部件的自动成像解决方案（基于机器学习技术）已经在该集团的各个工厂中应用。

数字处理技术在产品维护阶段用于诊断和预测飞机和直升机设备和系统的情况，为使用赛峰集团产品的用户带来了价值，包括运营规划（维修的优化）和辅助机队管理（产品残值评估）。为了满足这一需要，赛峰集团正在开发监控服务系统来管理机队设备的运行数据。

利用大数据抽取技术，赛峰集团 Analytics 团队将推出更敏捷的服务，更好地响应飞机运营商的机队运营增值需求。Analytics 团队设计并推出了自己的大型数据平台，为团队实现数据分析、确定解决方案赋能。在分析场景中最先实现的服务之一是绘制飞机航迹数据，这使得集团能够更好地了解该公司的产品是如何被客户使用的，从而提高发动机全生命周期的性能。

增材制造技术为航空制造产业提供了一个机会，以降低制造成本和周期，提高发动机和飞机零部件的性能，减少零件和部件的数量，并引入新的优化设计方法。赛峰集团通过选择性激光熔融增材制造技术生产的直升机发动机的燃油喷嘴和燃烧室旋流器等部件已获得认证。过去需要 15 个零件组装的部件，目前可以用单一增材制造部件代替。赛峰集团增材制造技术可以为金属原材料选择不同的工艺制程，以满足不同零部件的性能要求。赛峰集团已经决定将所有的增材制造能力集中在一个新的制造园区。该园区位于法国波尔多附近的海兰，是该集团新建立的研究、工业化运营并利用增材制造技术生产零部件的基地，未来将在公司所有相关产品中有效地推广增材制造技术，该工业园区已于 2021 年开始运营。

5.4.3　航空发动机产业经营进展

如表 5－14 所列，2022 年，赛峰集团航空航天推进系统板块实现收入为 95.06 亿欧元，同比增长 28%，其中贡献最大的是民用市场售后服务收入，同比增长 29.3%；经营利润为 17.1 亿欧元，同比增长 27.4%，利润率为 18%。2022 年，赛峰集团与 GE 公司平股合资的 CFM 国际公司共交付 LEAP 系列发动机 1 136 台，同比增加 34.3%，达到 2019 年的 65%；CFM56 发动机、高推力发动机、直升机发动机和 M88 发动机交付量同比均有所减少。

表 5－14　赛峰集团航空航天推进系统板块 2021—2022 年经营情况

单位：百万欧元

项　目	2021 年	2022 年	同比变化
总收入	7 439	9 506	+28%
经常性营业收入	1 342	1 710	+27%
经营利润	1 032	1 566	+52%
自由现金流	1 331	2 448	+84%
收购不动产、厂房和设备	175	239	+37%

续表 5-14

项　目	2021 年	2022 年	同比变化
研　发			
自筹资金	−397	−457	+15%
收入占比	5.3%	4.8%	−0.5%
研发税收抵免	61	57	−7%
研发税收抵免后的自筹资金	−336	−400	+19%
资本化支出	105	92	−12%
研发支出的摊销和减值	−119	−117	−2%
对经营利润的影响	−350	−425	+21%
收入占比	4.7%	4.5%	−0.2%
员工数	23 865	25 260	+6%

1. 民用航空

(1) 支线飞机和公务机发动机

Silvercrest(9 000～12 000 lb)

本年度，赛峰集团持续推进 Silvercrest 发动机的研发，继 2021 年完成高空模拟试验之后，赛峰集团成功地完成了在飞行台的飞行试验，验证了新型高压压气机的可操作性。本年度，包含新型压气机在内的核心机新一轮试验验证已经开始。Silvercrest 发动机将采用前沿技术，以获得较好的耗油率、可靠性和排放性能指标。该发动机还将作为混合动力技术的开发平台，并将于 2023 年与赛峰集团研制的发电机集成验证。

SaM146(13 500～17 800 lb)

自 2022 年 2 月俄乌冲突以来，为了遵守国际制裁，赛峰集团已暂停向俄罗斯的所有出口和服务。其中包括与 SaM146 民用发动机相关的出口和服务，该发动机是 Sukhoi 超级喷气式飞机的唯一动力选型。2022 年 7 月，SaM146 发动机的型号合格证被欧洲航空安全局(EASA)暂停。

Passport(13 000～18 000 lb)

Passport 发动机是 GE 航空的发动机项目，是庞巴迪 Global 7500 公务机的动力选型，赛峰集团拥有该发动机项目 7.4%的份额。本年度，赛峰集团为 Passport 发动机交付了 59 个零部件(2021 年为 74 个)。2022 年，使用 100%SAF 的 Passport 发动机完成了试验验证。

(2) 中短程民用客机发动机

CFM56/LEAP

目前，LEAP-1A 正在与普惠公司的 PW1100G 竞争空客 A320neo 项目；LEAP-1B 已被选为波音 737 MAX 的唯一动力；而 LEAP-1C 是中国商飞 C919 飞机的动力选型，该飞机于 2022 年获得了中国民航局(CAAC)的型号合格证。

本年度，尽管经济下行和地缘政治环境扰乱了供应链，但赛峰集团民用中等推力发动机的交付量不降反升，全年共计交付 1 196 台 CFM56/LEAP 发动机(2021 年量为 952 台)。其中，全年共交付 60 台 CFM56 发动机(2021 年交付 107 台发动机)。自项目启动以来，CFM 国际公司已经为全球客户交付了超过 33 800 台 CFM56 发动机。未来几年仍要交付一批 CFM56 发动机，为波音 737 的军用版本 P8 反潜机提供动力，也为海军现役机队提供所需的备用发动机。今年 LEAP 发动机的产量进一步增加，共交付了 1 136 台 LEAP 发动机(2021 年交付 845 台)。截至 2022 年 12 月 31 日，三种型号的民用客机 A320neo、波音 737MAX 和 C919 的意向订单达到约 1 万个(见表 5－15)。2023 年 2 月 14 日，印度航空和 CFM 国际公司签署了一项历史上最大的 LEAP 发动机采购协议，协议包括 800 台 LEAP 发动机，含 420 台 LEAP-1A 发动机和 380 台 LEAP-1B 发动机及相应的备件售后服务协议。

表 5－15　LEAP 发动机交付数据

LEAP 发动机	2021 年	2022 年	同比变化/%
发动机交付/台	845	1 136	+34
获得订单/台	1 457	1 515	+4
取消订单/台	512	152	−70
意向订单/台	9 714	9 941	+2

(3) 远程民用飞机大推力发动机

本年度由于飞机的生产率下降，特别是波音 787 和波音 747 的生产放缓，相应的交付量有所下降。

GE90

随着波音 777x 的服役计划推迟到 2025 年，GE90 的产量急剧增加。本年度，赛峰集团交付 49 个压气机单元体(2021 年为 37 个)。赛峰集团占有 GE90 项目 23.7%的股份。

GE9X

GE 的大推力发动机 GE9x 是波音公司远程飞机波音 777x 的唯一动力选型，该飞机计划于 2025 年投入使用。本年度，赛峰集团致力于改进发动机风扇机匣以及排气机匣结构。赛峰集团占有 GE9X 项目 11.2%的股份，主要负责设计和生产发动机的几个关键部件：复合材料风扇叶片、风扇机匣和排气机匣、低压压气机和风扇叶盘。

GEnX

由于波音 747-8 和波音 787 的生产放缓，赛峰集团在 2022 年仅交付了 66 个单元体，比 2021 年减少了 55 个。赛峰集团是两型 GEnX 发动机计划的合作伙伴，其中 GEnx-1b 配装对象为波音 787，GEnx-2b 配装对象为波音 747-8。随着最后一架波音 747 飞机于 2022 年底下线，GEnx-2b 的生产计划也宣告结束，后续赛峰集团将在该发动机备件生产中创造收入。

CF6 系列

2021 年，赛峰集团在本土工厂完成了最后一台 CF6 发动机(用于配装空客 A330)的生产，A330 的发动机生产任务宣告结束。但该发动机在美国的工厂至今仍在继续生产，出厂产品为波音 767 提供动力。2022 年度，共计交付 50 台发动机(2021 年为 60 台)。

LM6000(CF6 航改燃机)/LM9000(GE90 航改燃机)

2022 年共计交付 16 台 LM6000/LM9000(2021 年为 17 台)。赛峰集团参与了 LM6000 项目,包括部件的生产和售后维修,所占股份为 4.4%～15.9%。赛峰集团参与 LM9000 项目,提供高压压气机和相关备件。

2. 军用航空动力

(1) 下一代战斗机(NGF)发动机

FCAS 是欧洲各国联合开展的新一代空中作战系统的研究项目,其目标是到 2040 年下一代战斗机(NGF)以人工智能为基础,将与大量的可互操作的作战单元(如无人机)开展联合作战。本年度,赛峰集团、MTU 公司和 ITP Aero 公司签署了一份合作协议,为这款未来战斗机开发和制造发动机。由赛峰集团和 MTU 公司组建的新的 50/50 合资公司——EUMET(欧洲军用发动机团队)将成为该项目的主要承包商,ITP Aero 公司将成为 EUMET 的主要合作伙伴。赛峰集团将全面负责发动机燃烧室、高压涡轮和加力燃烧室的设计和整机集成。MTU 公司将主要负责发动机的维护、服务保障技术的开发,以及低压和高压压气机的开发。ITP Aero 将主要参与低压涡轮和排气系统的开发。2022 年 12 月,该计划达到了一个重要的里程碑,法国,德国和西班牙政府提供了下一个研发阶段(1B 阶段)的资金,本阶段任务包括对开发的先进技术进行试验验证和成熟度提升,飞行试验计划于 2028—2029 年进行。

(2) M88

2022 年,赛峰集团为阵风战斗机交付了 51 台 M88 发动机(2021 年为 64 台)。全球在役的 M88 发动机本年度运转时数超过 100 万小时,达成新的服役运行时数里程碑。由赛峰集团提出并由法国政府批准的产品改进包含 M88 发动机控制单元升级,新的控制单元具备更强的处理能力和更完善的维护保障功能(监控、记录、故障定位和预测维修)。此外。阿联酋订购的 80 架阵风战斗机订单在本年度生效,本年度新增订单还包括印度尼西亚的 6 架阵风战斗机,希腊在 18 架阵风战斗机订单的基础上增加了 6 架订单。作为阵风战斗机的唯一选型动力,M88 未来将持续为赛峰集团产生稳定的收入和利润。

(3) M53

卡塔尔表现出购买更具现代化的阵风战斗机的意愿,其 12 架幻影 2000 战斗机将被淘汰。已有几个国家表现出愿意接受二手幻影战斗机的意愿,赛峰集团已为这些战斗机的二次服役做好了准备。

(4) TP400

本年度赛峰集团共交付 37 台 TP400 发动机(2021 年为 30 台)。截至年底,空客 A400M 飞机的 TP400 意向订单已达 215 台。2022 年,在役机队的发动机取得 116 000 h 运转时数。

(5) 泰(Tyne)

2022 年,法国空天军退役了最后一架配装 Tyne Mk22 发动机的 C-160 运输机,但 20 架法国海军部署的 Atlantique 2 飞机以及其他配装 Tyne Mk21 发动机的飞机将服役到 2035—2040 年。

3. 直升机动力

由于全球经济下滑和地缘政治环境的不稳定，对供应链影响较大，产品交付下降，赛峰集团在本年度共交付了 508 台直升机发动机，而 2021 年为 574 台。

(1) 轻型直升机动力

2022 年，赛峰集团的轻型直升机动力系统在商业上取得了进一步的成功，年度出货量进一步提高，达到新的里程碑——本年度赛峰集团完成第 15 000 架 Arriel 发动机和第 505 架 Arrius 2R 发动机的生产。

赛峰集团 Arrius 系列发动机主要配装 Bell 505 等单发轻型直升机。本年度，韩国确定选择 Bell 505 直升机作为其军用直升机教练机，该合同为赛峰集团带来 40 台发动机订单；另外，约旦也采购了 10 架 Bell 505 作为其军用直升机教练机。摩洛哥皇家空军订购了双发直升机 H135 作为其执行搜救任务的高级教练机，该机采用赛峰集团的 Arrius 2B2 发动机。

(2) 中型直升机动力

2022 年，第一架配装赛峰集团 Arrano 1A 发动机的 H160 直升机在日本投入使用，而 H160 的高级版本 ACH160 则交付给了巴西。法国海军也采购了 H160 直升机，第一批采购包括 30 架直升机。

2022 年，中国民航局(CAAC)为哈尔滨飞机工业集团 AC352 直升机颁发了型号合格证。AC352 由两台 Ardiden 3C(WZ16)发动机提供动力，由赛峰集团、哈尔滨东安发动机公司和湖南航空动力机械研究所合作开发。Ardiden 3C 于 2018 年获得了欧洲航空安全局(EASA)的认证，并于 2019 年在中国获得了中国民航局的认证。这一里程碑为飞行鉴定铺平了道路，预计 2024 年第一批产品将投入使用。

(3) 重型直升机

2022 年，直升机制造商 Leonardo 签署了第一份 AW189K 直升机合同，该机由赛峰集团 Aneto-1K 发动机提供动力。Aneto-1K 发动机不仅在高温条件下具备很好的性能，还可以为直升机提供 25%的额外推力，预计投入使用时间为 2023 年。

5.4.4 近年运营情况

赛峰集团近年运营情况统计如表 5 - 16 和表 5 - 17 所列。

表 5 - 16　2018—2022 年合并损益表

单位：百万欧元

项　目	年　份				
	2022	2021	2020	2019	2018
主营收入	19 523	15 133	16 631	25 098	21 025
其他收入	440	373	267	297	321
经营收入汇总	19 963	15 506	16 898	25 395	21 346

续表 5-16

项　目	年　份				
	2022	2021	2020	2019	2018
经常性经营收入	2 493	1 269	1 393	3 824	2 280
经营利润	2 043	864	927	3 837	2 165
财务性收入/损失	−5 163	−596	−357	−363	−476
税前利润	−3 120	268	570	3 474	1 689
归属于母公司的每股收益(欧元)					
每股基础收益	−5.76	0.10	0.83	5.69	2.98
每股收益(摊薄)	−5.76	0.10	0.80	5.63	2.94

表 5-17　2018—2022 年合并资产权益表

单位:百万欧元

项　目	年　份				
	2021	2020	2019	2018	
固定资产	21 831	21 133	21 345	22 736	22 461
流动资产	24 785	20 583	18 188	20 072	18 159
资产汇总	46 828	41 716	39 533	42 808	40 620
归属于母公司的权益	10 411	12 841	12 389	12 371	11 955
非控股权益	429	429	401	377	346
权益总额	10 866	13 270	12 790	12 748	12 301
非流动负债	8 486	8 618	7 717	7 184	7 228
流动负债	27 427	19 828	19 026	22 876	21 091
权益和负债汇总	46 828	41 716	39 533	42 808	40 620

5.5　MTU 公司

5.5.1　公司概况

德国 MTU 公司是世界领先的发动机制造商,其产品涵盖了民用飞机和军用飞机的发动机产品以及航改工业燃气轮机的全生命周期,业务范围涉及发动机设计、制造、销售到维护的各个阶段。MTU 公司拥有低压涡轮、高压压气机和高压涡轮研发的技术专长,以及相应的制造工艺和维修技术。MTU 公司参与了重要的国家级和国际联合项目,并与行业内的顶级公司(GE 公司、普惠公司和罗罗公司)广泛开展合作。在军事领域,几十年来,MTU 公司一直是德国军方的主要工业合作伙伴。MTU 公司的业务主要分为两个部分:OEM 业务(原始设备制造)和 MRO 业务(维护、维修和大修)。近年来,随着数字技术在工业领域的不断深入,

MTU 公司积极响应第四次产业革命的倡议,通过技术创新来推动军用、民用发动机产业的更新,同时加速新概念航空发动机技术的不断成熟,如图 5-11 所示。

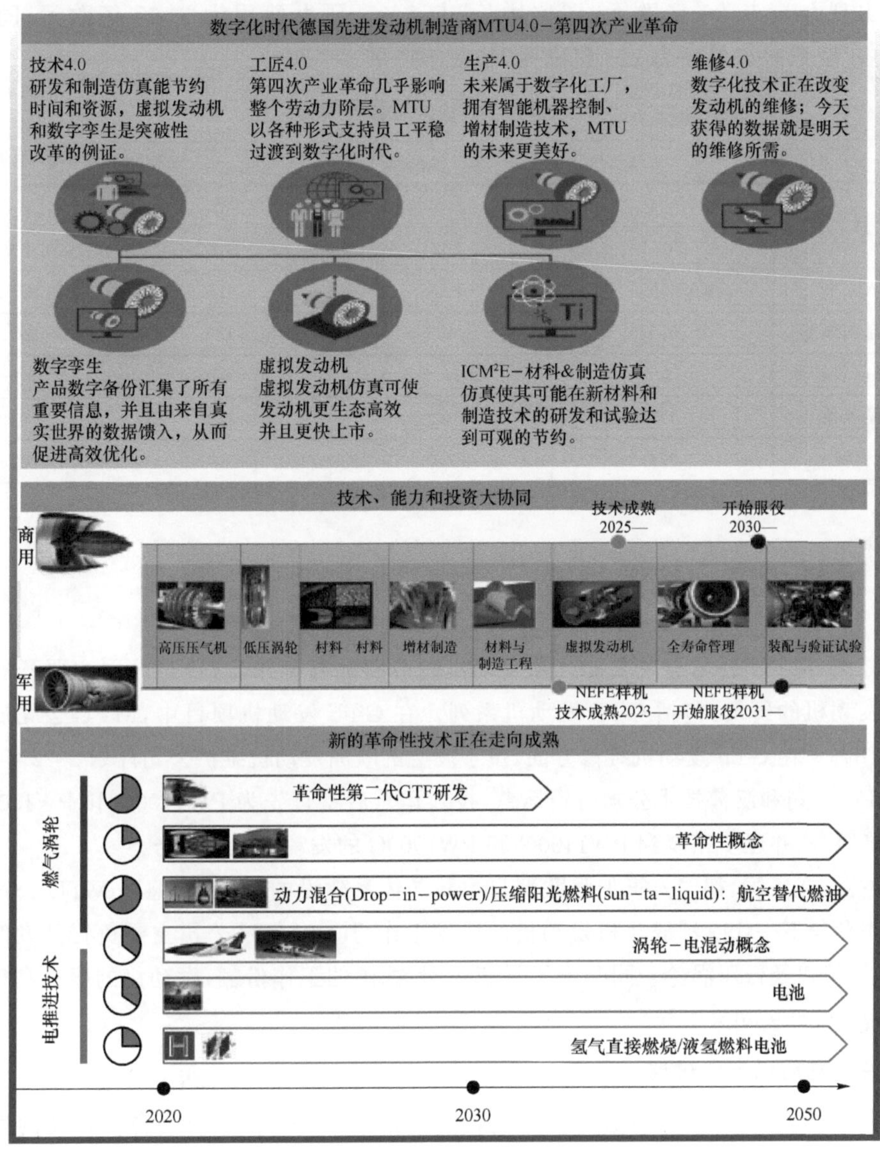

图 5-11　德国 MTU 公司战略规划

5.5.2　公司总体经营情况

如图 5-18 所列,2022 年度,MTU 主营收入为 53.30 亿欧元,相比 2021 年(41.88 亿欧元)收入大幅增长(27.3%)。收入增长主要是由民用航空发动机售后维修业务(MRO)的增长带动,V2500、CF34 和 PW1000G-JM 等发动机的售后维修收入不同程度的上涨,年度收入达 36.61 亿欧元,增长 32%。军机产品和民机产品(OEM)销售势头良好,年度收入达到 18.31 亿欧元,同比增长18%。新发动机产品和GTF、V2500(V2500)、PW2000、GEnx(GE)和CF6-80的售后零部件销售促进了收入的增长。年度毛利润达8.55亿欧元,相比去年增长45.9%。年度产生自由现金流3.26亿欧元,同比增长35.8%。研发费用为2.65亿欧元,同比增长15.4%。本年度意向订单额为223亿欧元,与去年持平。

表5-18　MTU公司营收情况

单位:百万欧元

项　目	年　份			
	2022	2021	变化	同比变化率
收入	5 330	4 188	1 143	27.3%
调整后税息前收益	655	468	187	39.9%
调整后税息前收益率	12.3	11.2	—	—
调整后净收益	476	342	134	39.2%
自由现金流	326	240	86	35.8%

5.5.3　发动机产业经营进展

民机方面,MTU公司与主要的几家发动机制造商都有合作,与普惠公司主要开展窄体和支线客机发动机的研发,包括GTF发动机系列。在GTF发动机项目中,MTU公司所占份额为15%~18%。在GTF发动机维修方面,位于波兰的欧洲发动机维护公司计划2022年开业,该公司由MTU公司和汉莎技术公司合资运营,投入运营后将首先为PW1100G和PW1500G发动机提供维修服务,并逐步拓展到PW1400G和PW1900G的发动机维修业务。

军机方面,在法国、德国打算加强欧洲自主防务体系建设的背景下,德国MTU公司将与赛峰集团合作参与下一代欧洲战斗机发动机的研发工作,其中MTU公司主要负责开发低压压气机、高压压气机以及低压涡轮。同时为了平衡法国、德国的工作份额,发动机的服役和售后阶段的工作将由MTU公司来主导。

(1) 民用发动机产业进展

几十年来,航空发动机领域最重要的创新之一是MTU与普惠公司合作开发的齿轮传动涡扇发动机。在GTF项目中,MTU负责低压涡轮、高压压气机前半部分及4个刷封的研发制造。MTU也是GTF发动机MRO服务网络的合作伙伴。截至2023年1月,GTF系列发动机累计飞行时数已超过1 800万小时,减少碳排放1 000万吨。PW1100G-JM发动机将提高客机的航程和有效载荷能力。该发动机效率的提高是由MTU负责的发动机组件的改进促成的。GTF发动机的下一个开发阶段已经开始,预计到2024年,普惠公司和MTU公司将为A320neo提供GTF Advantage发动机,这是一款更高效、推力更大的新型发动机。下一代齿轮传动涡扇发动机的目标是进一步提高零部件的全生命周期,并进一步降低燃油消耗。MTU公司认为燃油消耗的减少应该主要通过进一步提高部件效率,并结合更高的总增压比来实现。为了实现这一点,高度复杂的叶片3D设计需要在非常狭小的空间内实现。此外,MTU正在参与 GE 公司为波音 777X 新型客机开发和制造的 GE9X 发动机项目，MTU 负责涡轮支承框架的研制工作，波音 777X 的第一批交付时间定于 2023 年。

MTU 公司积极响应《巴黎协定》提出的目标，开启了航空发动机研制范式的转变。为实现这一目标，MTU 积极探索发动机新技术，该公司在低压涡轮、高压压气机、高压涡轮以及制造工艺和维修技术等核心竞争力方面确立了技术领先的地位。这是燃气涡轮发动机持续性、系统性发展的基础，也是革命性的新型推进系统发展的基础。MTU 的燃气涡轮发动机主要研发活动瞄准发动机的效率提升，以及最大限度地减少污染物的排放。一方面通过进一步降低风扇压比来实现推进效率的提高；另一方面，通过提高部件效率和更高的温度和总增压比来提高发动机的热效率；另外发动机重量和尺寸对能源消耗也有重大影响，这也是 MTU 持续研究改进的方向。MTU 发展新型民用发动机的中长期目标与“绿色欧洲协议”一致，该协议是巴黎协定总体目标的中间步骤。MTU 技术议程 Claire（洁净空气发动机）将这些需求转化为驱动推进系统发展目标，并作为技术和创新的指南。为实现目标，MTU 公司分三个阶段开展开发工作，第一阶段是齿轮传动涡轮风扇，该系统是 MTU 与普惠公司合作开发的，并于 2016 年初为配装空客 A320neo 投入批量生产。GTF 降低了大约 16％的燃料消耗和同等的二氧化碳排放量。最近推出的改进型产品 GTF Advantage 进一步降低了二氧化碳的排放，并兼容可持续航空燃料，对环境的影响可减少 35％。第二阶段旨在通过革命性的基于燃气涡轮发动机概念和基于燃料电池技术的混电推进系统，该发动机可大幅改善航空运输的气体排放对环境的影响。而最具发展前景的推进系统概念之一是 WET 发动机，这是 MTU 公司开发的一种新系统，可以大大减少所有与环境相关的污染物排放。2023 年，MTU 公司将与普惠公司、空客公司和 GKN 等行业合作伙伴共同开发水增强型涡扇发动机技术（见图 5 - 12）。而另一个具备发展前景的系统是飞行器燃料电池，这是一种基于氢燃料电池的全电动推进系统。该系统几乎完全没有污染物排放，预计初代产品将在 2035 年后推出，可用于小型飞机。第三阶段集中在两个领域：将发动机革新概念尽可能推广应用并优化燃料消耗，虽然这些新概念在很大程度上看似与环境无关，但实际能最大限度地减少能源消耗，减轻资源消耗压力并降低经济活动成本。

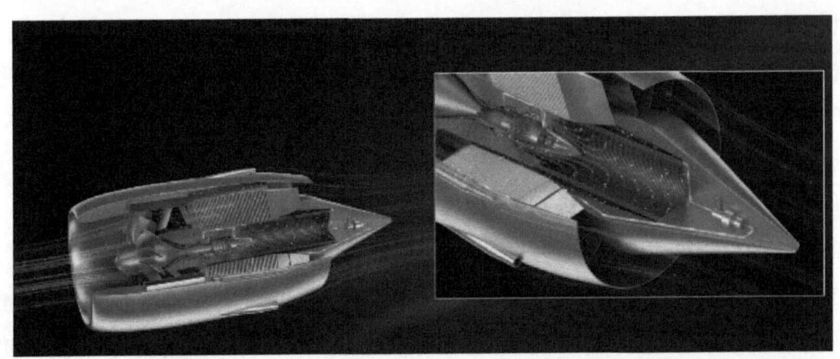

图 5 - 12　MTU 的水增强涡轮风扇（Water-Enhanced Turbo-fan）发动机概念

(2) 军用发动机产业发展

在军用发动机方面，MTU 参与研制的 EJ200 发动机为欧洲国家的台风战斗机提供动力，并在众多其他国家空军中服役。德国、法国和西班牙计划从2040年开始引进新的“未来空中作战系统”(FCAS)。该系统的核心是计划于2040年开始服役的下一代战斗机。MTU公司和赛峰集团将共同主导FCAS战斗机发动机的研发、生产和维护保障。MTU公司对变循环发动机(VCE)的概念进行了相应的研究。

2022年,MTU成功研制出一型新的数字发动机控制和状态监视单元(DECMU),并完成了产品首件标准定义和相关的规范制定。硬件的采购和集成以及适航标准的试验验证将于2023年启动。2023年年初,军方客户和行业各方签署了协议,旨在进一步推进研究与设计工作,发动机项目进入到密集的技术准备阶段。

(3) 创新与发展

在数字化方面,MTU公司认为供应链的数字化和网络化是继蒸汽机、自动化生产线和计算机之后的第4次工业革命。在此背景下,人员、机器、工厂、物流和产品可相互沟通与协作,因此,生产制造过程在很大程度上可实现自组织、自管理。MTU正在梳理产品从开发、制造到使用维护全生命周期的整个价值链。MTU公司内部组建的一个规则工作组负责收集并定义公司的各项需求和要求,并将其转化为顶层路线图。根据路线图定义出各个部门、团队需开展的各业务域的具体工作,而路线图的时间轴一般分为3年、5年和10年。MTU建立的公司内部组织架构以高效管理并推进项目,“数字看板”(Digi Board)是其中一个最好的示例,组建的核心团队的作用是在跨功能需求定义的基础上,根据“数字看板”从系统的角度、战略的角度遴选出正确的项目。在数字化转型背景下,MTU公司上马大量的技术项目,其最终目的是实现所谓的“虚拟发动机”(virtual engine)。“虚拟发动机”其中的一个子项目就是数字孪生——物理实体发动机的数字化映射。该项目实施的重点是数据的网络化、跨学科协同和自动化设计优化,从而为产品开发提供更稳健的预测信息,同时降低生产和维护成本,并提高零部件质量。近年来,革命性的推进系统概念层出不穷,传统的设计方法已不能适用,为此,MTU开发了新的设计方法。在新的设计方法指导下,可对这些新颖的、高度跨学科的概念,如飞机和发动机之间的相互作用进行更详细的理解。通过以上工作,MTU获得了新的见解和能力,特别是在系统工程领域方面。

在先进材料方面,为推进下一代GTF发动机技术,MTU持续研究和开发坚固、耐温基体材料及涂层材料。为支撑欧洲下一代战斗机发动机计划(NEFE),MTU研究和开发轻质、高强材料,未来将专注于纤维增强复合材料和粉末冶金材料。为支持革命性推进技术——水增强涡扇发动机(WET)和飞行燃料电池(FFC),MTU正在开发全新的材料和涂层,新材料将在新的工作条件(如高浓度水蒸气环境(WET)以及氢燃料条件(FFC))下稳定运行。

在增材制造技术方面,MTU专注于激光粉末熔融增材技术,已利用该技术生产制造用于PW1000G-JM发动机的孔探目镜。未来该项技术将用于制造更复杂的零部件,如轴承座等。未来需要进一步提高增材制造技术的自动化水平,以降低生产成本和周期。2022年,包括MTU在内的14个研究所/工业企业参与了数字工程和增材制造产业化(IDEA)计划,计划从增材制造顶层视图出发,未来研究和增强的方面包括硬件和软件耦合、数字孪生技术应用、端到端的数据统一格式、生产过程建模仿真以及生产过程控制系统等。

5.5.4 近年运营情况

MTU 近五年营收情况如表 5-19 和表 5-20 所列。

表 5-19 2018—2022 年合并损益表

单位:百万欧元

项 目	年 份				
	2022	2021	2020	2019	2018
收入	5 330	4 188	3 977	4 628	4 567
产品成本	−4 475	−3 601	−3 484	−3 697	−3 716
研发成本	−106	−83	−61	−66	−61
毛利润	855	586	492	931	851
息税前利润	508	355	262	706	620
财务净收入/费用	−45	−39	−67	−39	−12.9
所得税前利润	463	315	195	667	607
所得税	−130	−84	−48	−178	−154
净利润	333	231	147	488	453
每股收益(欧元)					
基本	6.21	4.17	2.63	9.23	8.67
摊薄	6.06	4.09	2.59	8.46	8.10

表 5-20 2018—2022 年合并资产权益表

单位:百万欧元

项 目	年 份				
	2022	2021	2020	2019	2018
固定资产					
无形资产	1 151	1 128	1 135	1 163	1 072
不动产、厂房和设备	1 384	1 251	1 161	1 101	799
使用权益方法核算的金融资产	628	611	556	538	427
其他金融资产	100	72	137	77	104
获得的项目资产、开发工作和其他资产	800	898	973	1 221	1 252
递延税款	84	83	67	56	61
固定资产总额	4 146	4 043	4 030	4 155	3 716
流动资产					
库存	1 514	1 380	1 278	1 279	996

续表 5-20

项 目	年 份				
	2022	2021	2020	2019	2018
应收贸易款项	1 110	946	969	923	1 051
合同资产	1 137	897	870	1 047	864
应收所得税	34	89	42	116	43
其他金融资产	410	177	101	62	41
其他资产	56	50	40	45	41
现金和现金等价物	823	722	773	140	99
流动资产汇总	5 085	4 260	4 074	3 610	3 135
总资产	9 230	8 304	8 104	7 765	6 851
权益总额	3 107	2 635	2 760	2 421	2 144

5.6 其他制造商

5.6.1 霍尼韦尔国际公司

美国霍尼韦尔国际公司是航空用涡扇、涡桨和涡轴发动机市场的重要参与者。

在涡扇发动机方面,霍尼韦尔公司的 TFE731 系列涡扇发动机已生产多年,推力范围为 3 000～5 000 lb(13～22 kN),目前的应用主要是喷气式商务机和军用教练机,包括阿根廷制造的 IA-63“潘帕”喷气式教练机。HTF7000 涡扇发动机推力范围为 6 000～7 000 lb,为几款公务机提供动力。此外,霍尼韦尔公司还为台湾的莱昂纳多 M-346 喷气式双发教练机和汉翔航空公司(AIDC)AT-5 喷气式教练机生产 F124 涡扇发动机。

霍尼韦尔公司在涡轴发动机市场的份额低于赛峰集团。

在涡轴发动机市场,霍尼韦尔公司为中国的 AC311 民用直升机生产 LTS101 发动机;为美国卡曼公司 K-MAX 货运直升机提供 T53 发动机,还为波音公司 CH-47 系列重型直升机生产 T55 涡轴发动机。

此外,霍尼韦尔公司与罗罗公司就 CTS800 发动机达成了合作协议,由合资企业“联合轻型直升机涡轮发动机公司”(LHTEC)负责研制。

在涡桨发动机领域,霍尼韦尔公司目前仅有一款产品,即 TPE331。该产品既配装于军用的 MQ-9 捕食者/收割者系列无人机,也配装于民用的 NC212i 和 19 座的 Do228-212 支线客机/多用途飞机,还将用于印度正在研发的 HTT-40 教练机。

霍尼韦尔公司是全球最大的辅助动力装置(APU)制造商。预计未来十年(2022—2031 年)将生产 22 171 台辅助动力装置,约占全球 APU 总产量的 71%。霍尼韦尔公司的辅助动力装置产品应用广泛,包括商用飞机、军用直升机、战斗机和航空货运飞机等。

5.6.2 克里莫夫公司

俄罗斯航空发动机制造商克里莫夫公司是俄罗斯联合发动机集团的下属公司，生产涡扇、涡桨和涡轴发动机。在涡扇发动机领域，克里莫夫公司为 RAC 米格-29 战斗机生产 RD-33 涡扇发动机；为斐济太平洋航空公司的 FC-1/JF-17 飞机生产改型的 RD-93 涡扇发动机。

克里莫夫公司的涡轴发动机产品有 TV3-117、VK-2500 和 TV7-117V 等，功率最高可达 4 000 shp（2 983 kW），应用对象主要是军机。此外还有应用于轻型和中型直升机的 VK-800 小功率涡轴发动机，但其产量不明。

克里莫夫公司最大的市场仍然在俄罗斯，还有少量在历史上从俄罗斯购买军事装备的东欧和中东国家。

5.6.3 威廉姆斯国际公司

美国威廉姆斯国际公司主要生产小型涡扇发动机，也生产用于靶机和导弹的小型涡轮喷气发动机。其产品 FJ44 发动机多年来一直是轻型涡扇发动机的基石，目前该型发动机的应用包括塞斯纳公司的“奖状”CJ 系列轻型公务机和皮拉图斯公司全新研制的 PC-24 轻型喷气机，以及两款军机——莱昂纳多公司的 M-345 单发中级教练机和沃多霍迪公司的 L-39NG 教练机。

威廉姆斯公司的另一型小推力涡扇发动机 FJ33 则为西锐公司的 SF50“愿景”单发喷气飞机提供动力。

此外，威廉姆斯公司还为美国军方的“战斧”战术巡航导弹生产 F415 涡扇发动机，为“金牛”KEPD 巡航导弹生产 F122 涡扇发动机。

在涡喷发动机方面，该公司的 WR24 涡喷发动机为诺斯罗普·格鲁曼公司的 BQM-74 Chukar 无人机提供动力。为美军生产 BQM-74 无人机的合同已经结束，后续是否继续生产将视订单而定，但目前还没有相关预测。

5.6.4 马达·西奇/进步集团

马达西奇（Motor Sich）是一家乌克兰制造商，曾与俄罗斯的伊芙琴柯-进步设计局合作生产航空发动机，其产品包括用于雅科夫列夫 Yak-130 双发教练机的 AI-222 涡扇发动机等。由于乌克兰与俄罗斯目前的战争关系，俄罗斯已开始在俄罗斯本土生产 AI-222 发动机。

此外，马达西奇公司还生产 AI-25 涡扇发动机，作为中国 K-8 中级喷气教练机的备选动力。

在民用方面，马达西奇公司生产的 D-436 涡扇发动机配装安东诺夫 An-148 系列支线飞机，但该型飞机销售量很低，预计将很快停产。

除涡扇发动机之外，马达西奇公司仍在为“米”式（Mi-26）直升机生产少量 D-136 涡轴发动机。

5.6.5 CFM 国际公司

CFM 国际公司是美国通用航空公司和法国赛峰集团的合资企业,生产商用客机及其衍生型军用飞机的发动机。

该合资企业曾经的主要产品是 CFM56 涡扇发动机。该发动机是波音 737NG 的唯一动力装置,也是空客 A320 系列的备选动力之一,还曾为波音 737 衍生的海上巡逻机 P-8A 提供动力。

该公司的新产品 LEAP 系列发动机是当前主打产品。除了为波音 737MAX 和空客 A320neo 两型飞机提供动力外,还被中国商飞选中作为其正在开发的全新窄体飞机 C919 的动力。与 CFM56 相比,LEAP-1 系列的燃油效率更好。

5.6.6 其余公司

俄罗斯 NPO 土星(Saturn)公司:该公司生产的 AL-31F 涡扇发动机配装苏霍伊公司的苏-27 系列重型双发战斗机,其改型 AL-31FN 涡扇发动机向中国出口,配装成飞生产的歼-10 单发战斗机。此外,该公司的 AL-55 涡扇发动机配装印度 HAL 公司的 HJT-36 喷气教练机。NPO 土星公司还通过合资企业“喷气动力公司”参与民用航空动力市场,生产 SaM146 涡扇发动机(见下条)。

喷气动力(PowerJet)公司:该公司是法国赛峰集团与俄罗斯土星公司的合资企业,生产 SaM146 大涵道涡扇发动机,配装苏霍伊公司的“超级喷气 100”支线客机,这也是 SaM146 发动机的唯一装机对象。

俄罗斯联合发动机公司(UEC)/彼尔姆(PERM)公司:该公司生产的 PS-90 涡扇发动机配装伊留申公司的伊尔-76 军用运输机、伊尔-96 客机,以及图波列夫公司的图-204 客机。此外,该公司还在研发可配装伊尔库特公司 MC-21 飞机的 PD-14 涡扇发动机。

MTR 公司:该公司是德国摩天宇(MTU)航空发动机公司、法国赛峰(Safran)集团直升机发动机部(原透博梅卡 Turbomeca 公司)和英国罗罗公司三家航空动力企业共同成立的合资公司。其产品 MTR390 涡轴发动机是 NH90 军用直升机的两个备选动力之一。

欧洲涡桨国际(EPI)公司:该公司的 TP400-D6 发动机是世界上批产涡桨发动机中额定功率最大的型号。该发动机仅配装空客公司的四发 A400M 运输机。目前 A400M 年产八九架,预计其生产至少将持续到 2030 年。因此未来十年(2022—2031 年)该发动机的产量将保持稳定。

美国特里达茵(Teledyne)技术公司:该公司的 J402 涡喷发动机应用于洛克西德·马丁公司“联合空面防区外导弹”(JASSM)的基本型和波音公司的反舰型导弹“鱼雷”(Harpoon)。J402 涡喷发动机的生产已经结束,未来几年的新型鱼叉导弹将通过重复使用现有库存的 J402 发动机来提供动力。

德国捷凯(JetCat)公司：该公司生产数种小型燃气涡轮发动机，用于无线电操控的飞机模型和小型靶机/无人机。其中C81涡喷发动机配装奎托斯(Kratos)公司的MQM-178 Firejet无人机(长度仅3.3 m，翼展仅1.9 m)，该型号是奎托斯公司最小的空中靶机产品。

欧洲喷气(Eurojet)公司：该公司生产EJ200涡扇发动机，为欧洲双发战斗机"台风"提供动力。

日本石川岛播磨重工(IHI)集团：该公司为日本生产的川崎P-1海上巡逻机提供XF7-10涡扇发动机；同时为在日本制造的H-60黑鹰直升机转包生产GE公司的T700发动机。

国际航空发动机(IAE)公司：该公司为美国普惠公司(PW，61%)、德国摩天宇公司(MTU，16%)和日本航空发动机公司(JAEC，23%)共同成立的合资企业，其产品V2500涡扇发动机是空客A320系列窄体客机的动力装置。随着空客A320系列飞机改选PW1100G发动机为动力，V2500的产量已大幅下降；但预计不久之后巴西航空工业公司的C-390军用运输机将选用该型发动机为动力。

印度斯坦航空有限公司(HAL)：该公司为印度靶机11PTA-11 Lakshya生产PTAE-7涡喷发动机，该型发动机目前只有这一个装机对象。

日本三菱(Mitsubishi)重工：每年该公司生产少量涡喷发动机，配装日本本土生产的导弹(XSSM-2)和靶机/无人机(J/AQM-1，AGM-6)。

参考文献

[1] LI Jia, DONG Xu, SUN Dakun, et al. Response and stabilization of a two-stage axial flow compressor restricted by rotating inlet distortion. Chinese Journal of Aeronautics, DOI:10.1016/j. cja. 2021,02. 005.

[2] Zakaria Mansouri. Aerodynamic and heat transfer performances of a highly loaded transonic turbine rotor with upstream generic rim seal cavity. Propulsion and Power Research, 2021,10(4):317-331.

[3] WANG Yuqi, LIU Tianyuan, ZHANG Di, et al. Dual-convolutional neural network based aerodynamic prediction and multi-objective optimization of a compact turbine rotor. Aerospace Science and Technology, 2021,116: 106869.

[4] ILARIA D D, SEBASTIAN R, WOLFRUM N, et al. Interacting Effects in a Multistage Axial Compressor Using Shrouded and Cantilevered Stators. Journal of Propulsion And Power, 2021, 37(4).

[5] MANSOUR I Z, BELAMADI R. The influence of inlet swirl intensity and hot-streak on aerodynamics and thermal characteristics of a high pressure turbine vane. Chinese Journal of Aeronautics, 2021, 34(11): 66-78.

[6] MENG Tongtong, YANG Guang, ZHOU Ling,et al. Full blended blade and endwall design of a compressor cascade. Chinese Journal of Aeronautics, 2021, 34(11): 79-93.

[7] ZHANG Qian, XU Shenren, YU Xianjun, et al. Nonlinear uncertainty quantification of the impact of geometric variability on compressor performance using an adjoint method. Chinese Journal of Aeronautics, 2022, 35(2): 17-21.

[8] YANG Xing, HAO Zihan, FENG Zhenping. Particle deposition patterns on high-pressure turbine vanes with aggressive inlet swirl. Chinese Journal of Aeronautics, 2022, 35(3): 75-89.

[9] XU Dengke, DONG Xu, ZHOU Chenghua,et al. Effect of rotor axial blade loading distribution on compressor stability. Aerospace Science and Technology, 2021, 119: 107230.

[10] PATRICK K D, LANDRY C, THIBAULT D, et al. Mathieu Picard and Benoît Picard, Benefits and Challenges of the Inside-Out Ceramic Turbine: An Experimental Assessment. Journal of Propulsion and Power, 2022,38(2).

[11] CANEPA E, LENGANI D, NILBERTO A, et al. simone rosa taddei, flow coefficient and reduced frequency effects on low pressure turbine unsteady losses.

Journal of Propulsion and Power, 2022,38(1).

[12] GREGORY D B, STEVEN E G, JOHN L S. Dimensionality-reduction-based surrogate models for real-time design space exploration of a jet engine compressor blade. Aerospace Science and Technology, 2021,118:107077.

[13] LIU Baojie, ZHANG Chuanhai, AN Guangfeng, et al. Using tandem blades to break loading limit of highly loaded axial compressors. Chinese Journal of Aeronautics, 2022, 35(4): 165-175.

[14] ZHANG Qian, WANG Hongwei. Flow Pattern of Rotating Stall Cell in Axial Compressor. Journal of Propulsion and Power, 2022,38(2).

[15] SANGJO K, KUISOON K, CHANGMIN S. Equivalent model for an axial compressor used for aero engines based on 1D and 3D analytical models and performance data. Aerospace Science and Technology, 2022,121: 107369.

[16] SHINE W N, MAHDI E N, MOHAMMAD R. Prediction of flutter effects on transient flow structure and aeroelasticity of low-pressure turbine cascade using direct numerical simulations. Aerospace Science and Technology, 2021, 119:107151.

[17] LU Bingxiao, ZHU Mingmin, TENT Jinfang, et al. Design strategy of axial slot casing treatment for a transonic compressor rotor based on parametric analysis. Aerospace Science and Technology, 2021, 119:107142.

[18] YEDIDIA N, ABHISHEK M. Modeling and Simulation of Unsteady Flow in Multistage Compressors Using Interdomain Boundaries. Journal of Propulsion and Power, 2022,38(4).

[19] PHAN H M. Modeling of a turbine bladerow with stagger angle variation using the multi-fidelity influence superposition method. Aerospace Science and Technology. 2022, 121:107318.

[20] ZHANG Jiguo, CHEN Yong, JIN Lu, et al. Performance and flow evolution of windmilling utilizing a combination of semi-empirical speed and CFD models during mode transition of the wide-chord fan. Aerospace Science and Technology, 2022, 123:107468.

[21] ZHOU Yang, HUANG Guoping, XIA Chen, et al. Characteristics of gas-driven fan propulsion system for fixed-wing vertical take-off and landing aircraft, Proceedings of the Institution of Mechanical Engineers. Journal of Aerospace Engineering, 236(5).

[22] FRANCISCO V V, EDUARDO L C, PATRICIA Z R, et al. Experimental Evaluation of Different Microturbojet EGT Modeling Approaches. Journal of Aerospace Engineering, 2020,34(1).

[23] YAN Zhiqi,ZHONG Shisheng,LIN Lin, et al. A step parameters prediction model based on transfer process neural network for exhaust gas temperature estimation after washing aero-engines. Chinese Journal of Aeronautics, 2022, 35(3): 98-111.

[24] THIBAULT L, KAZIM K, Lionel Meillard, et al. Evaluation of the aerodynamic performance of the counter rotating turbo fan COBRA by means of experimental and

numerical data. CEAS Aeronautical Journal, 2022,13:401

[25] ZHAO Yongping, CHEN YaoBin,LI Zhiqiang. A proposed algorithm based on long short-term memory network and gradient boosting for aeroengine thrust estimation on transition state. Proceedings of the Institution of Mechanical Engineers. Journal of Aerospace Engineering, 2021,235(15).

[26] JONATHAN P R, JOSEPH A S, KEVIN T L. Computational Analysis of Unstart in Variable-Geometry Inlet. Journal of Propulsion and Power. 2021,37(4).

[27] CHEN Keting, YUE Lianjie, ZHANG Xinyu. Parameters for evaluating the efficiency of inlet compression. Chinese Journal of Aeronautics, 2021, 34(12): 51-56.

[28] JIN Yi, SUN Shu, TAN Huijun, et al. Flow response hysteresis of throat regulation process of a two-dimensional mixed-compression supersonic. Chinese Journal of Aeronautics, 2018,236,17-20.

[29] YUAN Huacheng, LIU Fuzhou, WANG Xin, et al. Design and analysis of a supersonic axisymmetric inlet based on controllable bleed slots. Aerospace Science and Technology, 2021, 118:107008.

[30] Andrea Magrini, Denis Buosi, Ernesto Benini. Maximisation of installed net resulting force through multi-level optimisation of an ultra-high bypass ratio engine nacelle. Aerospace Science and Technology, 2021,119: 107169.

[31] Eiman B. Saheby, Xing Shen, Guoping Huang, et al. Flow structure of the ridge integrated submerged inlet. Aerospace Science and Technology, 2021,119: 107136.

[32] Vinícius T Silva, Anders Lundbladh, Olivier Petit, et al. Multipoint Aerodynamic Design of Ultrashort Nacelles for Ultrahigh-Bypass-Ratio Engines. Journal of Propulsion and Power, 2022,38(4).

[33] WANG Yilin, HAN Zongchang, ZHAO Yongping, et al. Establishment of supersonic inlet flow pattern monitoring system: A workflow. Aerospace Science and Technology, 2022, 120:107297.

[34] ZUO Fengyuan, Sannu Mölder. Flow quality in an M-Busemann wavecatcher intake. Aerospace Science and Technology, 2022,121: 107376.

[35] WU Huan, ZHAO Yongping, TAN Huijun. Joint discriminative learning and classification for monitoring flow patterns of supersonic inlet. Aerospace Science and Technology, 2022, 123:107500.

[36] GONG Wenbin, LIU Gaowen, WANG Jiayou, et al. Aerodynamic and thermodynamic analysis of an aero-engine pre-swirl system based on structure design and performance improvement. Aerospace Science and Technology, 2022, 123:107466.

[37] WU Kexin, S M ASCE, Taeho Kim, et al. Sensitivity Analysis of Counterflow Thrust Vector Control with a Three-Dimensional Rectangular Nozzle. Journal of Aerospace Engineering, 2020,34(1). 1943-5525.

[38] HUI Zhonghao, SHI Jingwei, ZHOU Li, et al. Experimental investigation of serpentine nozzles for turbofan. Aerospace Science and Technology, 2021, 117: 106892.

[39] HIRSCHBERG L, BAKE F, KNOBLOCH K, et al. Experimental investigations of indirect noise due to modulation of axial vorticity and entropy upstream of a choked nozzle. Journal of Sound and Vibration, 2022, 532(18):116989.

[40] ZHAO Yongping, CHEN Yaobin. Extreme learning machine based transfer learning for aero engine fault diagnosis. Aerospace Science and Technology, 2022, 121: 107311.

[41] ZHU Ye, DU Chenglie, LIU Zhiqiang, et al. A Turboshaft Aeroengine Fault Detection Method Based on One-Class Support Vector Machine and Transfer Learning. Journal of Aerospace Engineering, 2022,35(6).

[42] LU Feng,JIN Peng, HUANG Jinquan, et al. Aircraft engine hot-section virtual sensor creation and gas path performance monitoring, Proceedings of the Institution of Mechanical Engineers. Journal of Aerospace Engineering, 2021,236(5).

[43] ALEXIS J. H, STEPHEN D H, JOSEPH H R. Computational and Experimental Study of Nozzle Performance for Rotating Detonation Rocket Engines. Journal of Propulsion and Power, 2021,37(5),9-10.

[44] SATORU S, KEISUKE G, KAZUKI I, et al. Torque Around Axial Direction on Rotating Detonation Engines. Journal of Propulsion and Power, 2022,38(1).

[45] LIU Xiangyang, Cheng MIAO, ZHANG Yunzhen, et al. Design and optimization of aerospike nozzle for rotating detonation engine. Aerospace Science, 2022, 120: 107300.

[46] PUJA U, KHAIRUL B M Q Z. Effect of Incoming Boundary-Layer Characteristics on Performance of a Distributed Propulsion System. Journal of Propulsion and Power. 2021,37(5).

[47] WEINTRAUB D,KOPPELBERG J,KÖHLER J,et al Ducted fans for hybrid electric propulsion of small aircraft. CEAS Aeronautical Journal, 2022,13:471-485.

[48] LANCE W T. Propeller Characterization for Distributed Propulsion. Journal of Aerospace Engineering, 2021,34(3):1943-5525.

[49] JI Zhixing,QIN Jiang, CHENG Kunlin,et al. Performance assessment of a solid oxide fuel cell turbine-less jet hybrid engine integrated with a fan and afterburners. Aerospace Science and Technology, 2021,116: 106800.

[50] MOSAB A, THEOKLIS N, PERICLES P, et al. Utilisation of turboelectric distribution propulsion in commercial aviation: A review on NASA's TeDP concept. Chinese Journal of Aeronautics, 2021, 34(11): 48-65.

[51] LI Nan, ZHAO Yun, WANG Hao, et al. Thermal and hydraulic performance of a compact precooler with mini-tube bundles for aero-engine. Applied Thermal Engineering,2022,200:117656.

[52] CHRISTOS S, ALAN C F COCKS. Designing against severe stresses at compound cooling holes of double wall transpiration cooled engine components. Aerospace Science and Technology, 2021,116: 106856.

[53] LIU Cunliang, ZHANG Fan, ZHANG Shuaiqi, et al. Experimental investigation of the full coverage film cooling effectiveness of a turbine blade with shaped holes. Chinese Journal of Aeronautics, 2022, 35(3): 297-308.

[54] ZHU Rui, TERRENCE Simon, LI Shulei, et al. Film cooling performance and flow structure of single-hole and double-holes with swirling jet. Chinese Journal of Aeronautics, 2022, 35(3): 201-213.

[55] CHEN Yiming, ZOU Zhengping, LIU Huoxing, et al. Verification at Mach 4 heat conditions of an annular microtube-typed precooler for hypersonic precooled engines. Applied Thermal Engineering, 2022,201:117742.

[56] FAN Xiaojun. Numerical research of a new vortex double wall cooling configuration for gas turbine blade leading edge. International Journal of Heat and Mass Transfer, 2022,183:122048.

[57] Khanh-Duy Cong Do, Duy-Hung Chung, Dang-Quoc Tran, et al. Numerical Investigation of Heat Transfer Characteristics of Pin-Fins with Roughed Endwalls in Gas Turbine Blade Internal Cooling Channels. International Journal of Heat and Mass Transfer, 2022,195:123125.

[58] TIAN Jia, WANG Yuanshuai, ZHANG Jingzhou, et al. Numerical investigation on flow and film cooling characteristics of coolant injection in rotating detonation combustor. Aerospace Science and Technology, 2022,122:107379.

[59] SANTANU K S, HRISHIKESH G. Dynamics of Self-Pulsation in Gas-Centered Swirl Coaxial Injector: An Experimental Study. Journal of Propulsion and Power, 2021, 37(3).

[60] SANGHYEOK K, JAEHONG C, MIN C L, et al. Predicting instability frequency and amplitude using artificial neural network in a partially premixed combustor. Energy, 2021,230: 120854.

[61] MOHAMMED K H, ABBAS A, YASSEEN A, et al. Flame behaviour and flame location in large-eddy simulation of the turbulent premixed combustion. Energy, 2021,232:121067.

[62] BELAL Y B, LI GESHENG, ZHANG Zunhua, et al. The effect of swirl burner design configuration on combustion and emission characteristics of lean pre-vaporized premixed flames. Energy, 2021,228: 120622.

[63] WANG Fang, WENG Chunsheng. Numerical research on two-phase kerosene/air rotating detonation engines. Acta Astronautica, 2022, 192: 199-209.

[64] SHEN Dawen, CHENG Miao, WU Kevin, et al. Effects of supersonic nozzle guide vanes on the performance and flow structures of a rotating detonation combustor. Acta Astronautica, 2022, 01, 002

[65] XU Liangliang, ZHENG Jianyi, WANG Guoqing, et al. Effects of swirler position on flame response and combustion instabilities. Chinese Journal of Aeronautics, 2022, 35(3): 345-355.

[66] XU Liangliang, ZHANG Guangyu, WANG Guoqing, et al. Effects of acoustic liner on thermoacoustic instabilities in a premixed swirl combustor. Aerospace Science and Technology, 2021, 107070.

[67] LU Xiaoyi, CAROLYN R K, ELAINE S O. A chemical-diffusive model for simulating detonative combustion with constrained detonation cell sizes. Combustion and Flame, 2021,230: 111417.

[68] YAO Longchao, YU Libin, LIN Xiaodan et al. High-speed digital off-axis holography to study atomization and evaporation of burning droplets. Combustion and Flame, 2021:111443.

[69] STEFANO P, DENIS V, RONAN V. Impact of dynamic modelling of the flame subgrid scale wrinkling in large-Eddy simulation of light-round in an annular combustor. Combustion and Flame, 2021:111416.

[70] VENKAT A, ARAFAT R K, DANIEL K. Lauriola, et al. Femtosecond/picosecond rotational coherent anti-Stokes Raman scattering thermometry in the exhaust of a rotating detonation combustor. Combustion and Flame, 2021:111504.

[71] XU Zhewen, LI Ming, TANG Hailong, et al. A multi-fidelity simulation method research on front variable area bypass injector of an adaptive cycle engine. Chinese Journal of Aeronautics, 2022, 35(4): 202-219.

[72] SHIN Junsu, GE Yipeng, Arne Lampmann, et al. A data-driven subgrid scale model in Large Eddy Simulation of turbulent premixed combustion. Combustion and Flame, 2021:111486.

[73] IVAN L, JISU Y, CARRIE N, et al. Time-resolved study of mixing and reaction in an aero-engine model combustor at increased pressure. Combustion and Flame, 2021: 111474.

[74] WALTERS I V, ROHAN M G, STEPHEN D H, et al. Flow and performance analysis of a natural gas-air rotating detonation engine with high-speed velocimetry. Combustion and Flame, 2021. 111549.

[75] HÅKON T N, GIULIO G, NICHOLAS A W. Azimuthal flame response and symmetry breaking in a forced annular combustor. Combustion and Flame, 2021:111565.

[76] JOSÉ G A, DAWSON J R, SCHULLER T, et al. Locking of azimuthal modes by breaking the symmetry in annular combustors. Combustion and Flame, 2021:111639.

[77] JIA Xiangzhong, SHAN Yong, TAN Xiaoming, et al. Numerical investigation of effects of cooling structure parameters on performance of flameholder in an integrated afterburner. Aerospace Science and Technology, 2022. 107378

[78] KANG Sangguk, JE I R, AUSTEN H M, et al. Thermomechanical Characterization

of Hot Surface Ignition Device Using Phenomenological Heat Flux Model. Journal of Propulsion and Power, 2022,38(4).

[79] TOMMY G J, MICHELLE O, ANTHONY M, et al. Preheating and premixing effects on NOx emissions in a high pressure axially staged combustor. Combustion and Flame, 2021:111710.

[80] HU Xuehuan, YU Zhenhong, CHEN Longfei, et al. Morphological and nanostructure characteristics of soot particles emitted from a jet-stirred reactor burning aviation fuel. Combustion and Flame, 2021:111760.

[81] YAN Xianfei, DU Dongxu, XU Kunpeng, et al. Finite element modeling and analysis of dynamic characteristics of rotating coated blisks. Aerospace Science and Technology, 2022, 123:107497.

[82] LENG Yujun, Nicole L. Key. Effects of Nonuniform Blade Spacing on Compressor Rotor Flutter Stability. Journal of Propulsion and Power, 2021,37(5).

[83] CAO Zhenzhong, ZHANG Fan, ZHANG Dingguo, et al. Failure mechanisms of bolted flanges in aero-engine casings subjected to impact loading. Chinese Journal of Aeronautics, 2021, 34(12): 125-144.

[84] YI Haiming, HOU Lei, GAO Peng, et al. Nonlinear resonance characteristics of a dual-rotor system with a local defect on the inner ring of the inter-shaft bearing. Chinese Journal of Aeronautics, 2021, 34(12): 110-124.

[85] YU Pingchao, CHEN Guo, LI Lunxu. Modal analysis strategy and nonlinear dynamic characteristics of complicated aero-engine dual-rotor system with rub-impact. Chinese Journal of Aeronautics, 2022, 35(1): 184-203.

[86] YU Haibing, CHEN Tiefeng, QIU Yanjie. Optimal location and shape definition of elliptical ventilation openings on aero engine turbine rotors with stress concentration effect. Chinese Journal of Aeronautics, 2022, 35(1): 388-397.

[87] YU Jingyu, LI Bingjin, LIU Jun, et al. Numerical simulation of a UAV impacting engine fan blades. Chinese Journal of Aeronautics, 2021, 34(10): 177-190.

[88] SUNIL K S. Transient Vibratory Response of Turbofan Engine Rotor Impacted by Bird Strike. Journal of Aerospace Engineering, 2021,34(4):1943-5525.

[89] FLORENCE N, YANN C, ALAIN B. Numerical investigation of a mistuned industrial bladed disk dynamics with structural contacts using time and frequency methods. Journal of Sound and Vibration, 2022, 535:117077.

[90] SAEED L, BEKIR B. Free vibrations of rotating pre-twisted blades including geometrically nonlinear pre-stressed analysis. Journal of Sound and Vibration, 2022, 535: 117109.

[91] WANG Shuai, YANG Geng, JI Li, et al. Multi-mode vibration attenuation of mistuned bladed disks by frictional tuned mass dampers array. Journal of Sound and Vibration, 2022,536: 117176.

[92] LUCIE R, OLIVIER D S, FRANCOIS J D. Vibration prediction of rotating

composite fan blades comprising viscoelastic damping treatments. Journal of Sound and Vibration, 2022, 536:117135.

[93] TONG Hang, LI Lin, WANG Liangfeng, et al. Investigation of rotor-stator interaction broadband noise using a RANS-informed analytical method. Chinese Journal of Aeronautics, 2021, 34(10): 53-66.

[94] XIA Runze, SHI Yongjie, LI Teng, et al. Numerical study of the rotor thickness noise reduction based on the concept of sound field cancellation. Chinese Journal of Aeronautics, 2022, 35(3): 214-233.

[95] JAVAD S Y. Effects of boundary-layer bleed parameters on supersonic intake buzz. Aerospace Science and Technology, 2022,120:107246.

[96] RAINER S, FREY C. Acoustic Feedback and Its Impact on Fan Flutter in Short Aeroengine Intakes. Journal of Propulsion and Power, 2022,38(4).

[97] PEREIRA A, MARC C J. Modal analysis of in-duct fan broadband noise via an iterative Bayesian inverse approach. Journal of Sound and Vibration, 2022, 520 (3):116633.

[98] SAIKUMAR R Y, RENAUD G, AIMEE S M. Acoustic absorption and generation in ducts of smoothly varying area sustaining a mean flow and a mean temperature gradient. Journal of Sound and Vibration, 2021,515: 116437.

[99] MAIERHOFER G, PEAKE N. Acoustic and hydrodynamic power of wave scattering by an infinite cascade of plates in meanflow. Journal of Sound and Vibration, 2022, 520:116564.

[100] LORENZO P, MARCONCINI M, PACCIANI R, et al. Effect of clocking on entropy noise generation within an aeronautical high pressure turbine stage. Journal of Sound and Vibration, 2022, 529:116900.

[101] RICARDO B N, ROQUE C. Impact of three-dimensional turbulence modelling on rotor/stator interaction broad band noise. Journal of Sound and Vibration, 2022, 531:116946.

[102] JEAN A A, VINCENT C, ALEXIS G, et al. On the effects of a separation bubble on fan noise. Journal of Sound and Vibration, 2022, 537:117180.

[103] HIRSCHBERG L, HULSHOFF S J, BAKE F. Sound Production due to Swirl-Nozzle Interaction: Model-Based Analysis of Experiments. AIAA JOURNAL, 2021 59(4).

[104] DONG Bin, YANG Dangguo, WANG Chunqi, et al. Analyzing Interaction Noise from a Small Contra-Rotating Fan Enclosed with Lined and Unlined Casings. Journal of Aerospace Engineering, 2021,34(4):1943-5525.

[105] PANG Shuwei, JAFARI Soheil, NIKOLAIDIS Theoklis, et al. A novel model-based multivariable framework for aircraft gas turbine engine limit protection control. Chinese Journal of Aeronautics, 2021, 34(12): 57-72.

[106] GUO Jiachen, ZUO Hongfu, JIANG Heng, et al. Numerical analysis and

experimental verification of the induced waveform characteristics for aeroengine gas path debris electrostatic sensor, Proceedings of the Institution of Mechanical Engineers. Journal of Aerospace Engineering, 2020,235(13): 1854-1867.

[107] XU Yihao, TANG Hailong, CHEN Min. Design method of optimal control schedule for the adaptive cycle engine steady-state performance. Chinese Journal of Aeronautics, 2022, 35(4): 148-164.

[108] PANG Shuwei, LI Qiuhong, NI Bo. Improved nonlinear MPC for aircraft gas turbine engine based on semi-alternative optimization strategy. Aerospace Science and Technology, 2021, 118: 106983.

[109] MA Pingping, ZHAI Jingyu, WANG Zihuimin. et al. Unbalance Vibration Characteristics and Sensitivity Analysis of the Dual-Rotor System in Aeroengines. Journal of Aerospace Engineering, 2021,34(1).

[110] ZHANG Xiantao, YANG Yongfeng, SHI Mingming, et al. An energy track method for early-stage rub-impact fault investigation of rotor system. Journal of Sound and Vibration, 2022,516: 116545.

[111] Maxime Farin, Claire Prada, Tony Lhommeau, et al. Towards a remote inspection of jet engine blades using time reversal. Journal of Sound and Vibration, 2022, 525: 116781.

[112] CHENG Yao, WANG Shengbo, CHEN Bingyan, et al. An improved envelope spectrum via candidate fault frequency optimization-gram for bearing fault diagnosis. Journal of Sound and Vibration, 2022, 523:116746.

[113] IBRAHIM G, PHILIP B. Nonlinear and linearised analyses of a generic rotor on single-pad foil-air bearings using Galerkin Reduction with different applied air film conditions. Journal of Sound and Vibration, 2022, 525:116774.

[114] LI Lei, LUO Zhong, HE Fengxia, et al. Experimental and numerical investigations on an unbalance identification method for full-size rotor system based on scaled model. Journal of Sound and Vibration, 2022, 527:116868.

[115] ZHAO Yulai, ZHU Yunpeng, LIN Junzhe, et al. Analysis of nonlinear vibrations and health assessment of a bearing-rotor with rub-impact based on a data-driven approach. Journal of Sound and Vibration, 2022,534: 117068.

[116] CHRISTOPH B, LEISTER T, SEEMANN W. Stability and bifurcation analysis of a rotor in rigid and foil air bearings utilized for the identification of the air whirl effect. Journal of Sound and Vibration, 2022, 536:117067.

[117] YANG Xiaomin, JIANG Bingzhen, LI Yan, et al. Dynamic characteristics of elastic ring squeeze film damper coupled high-speed ball bearings. Journal of Sound and Vibration, 2022,537: 117186.

[118] ARTHUR M, DIOGO S A, KATIA L C. Continuous model applied to multi-disk and multi-bearing rotors. Journal of Sound and Vibration, 2022,537: 117203.

[119] CHRIS K. GE Aviation's future fighter engine technology XA100. AIR

International, 2019,96(4).

[120] DONALD L S. System-Level Control Concepts for Electrified Aircraft Propulsion Systems, NASA/TM-20210026284.

[121] THANAKORN K, MEHRDAD P, LU G, et al. Hardware-in-the-Loop Simulation Testbed Development for Distributed Turbine Engine Control Systems. AIAA SciTech Forum, 2022.

[122] MEHRDAD P, THANAKORN K, ALIREZA R. Behbahani, et al. Applying Zero Trust Principles to DistributedEmbedded Engine Control Systems. AIAA AVIATION Forum, 2022.

[123] KAVINDU R, ROBERTO S, ALESSANDRO G, et al. Advances in Integrated System Health Management for mission-essential and safety-critical aerospace applications. Progress in Aerospace, 2022,128:100758.

[124] 付玉. 2022 主要航空发动机制造商态势分析. 航空动力,2023.

[125] F135 Space Charts(pdf)[EB/OL]. [2018-05-21]. http://www. pratt-whinety. com/products/F135.

[126] F135 Engine[EB/OL]. [2018-05-21]. http://www. pratt-whitney. com/F135_Engine.

[127] Pratt Whiney's F135 Engine Cold Section Demonstrates Full-Life Capability[EB/OL]. (2017-10-25). [2018-05-21]. http://newsroom. pw. utc. com/2017-10-25-Pratt-Whineys-F135-Engine-Cold-Section-Demonstrates-Full-Life-Capability.

[128] F135 Growth Option 1. 0[EB/OL]. http://www. f-16. net/forum/viewtopic. php?t=53143.

[129] Growth Option 2. 0 For F135 Engine Announced[EB/OL]. http://aero-news. net/index. cfm? do=main. textpost&id=62134107-a40c-4a4e-8623-841fe05c1102.

[130] 李东海. GE9X 发动机将于 2018 年取证. 推进技术. 2018(2):65-66.

[131] Guy Norris. GE9X 性能对 777X 至关重要. 推进技术. 2018(4):38-39.

[132] Aviation Gas Turbine Forecast. 4th Quarter, 2020.

[133] http://www. deagel. com/Production%20Systems/GE90/a001376#004[EB/OL].

[134] 陈光. GE9X 的发展与设计特点. 航空动力. 2019(3):37-40.

[135] STEPHEN. GE9X Enters Flight Test Phase[EB/OL]. (2018-3-15) https://www. flightglobal. com/systems-and-interiors/ge9x-enters-flight-test-phase-/127405. article.

[136] HEMMERDINGER J. GE Begins Second Round of GE9X Flight Testing[EB/OL]. (2018-12-11) http://www. flightblobal. com/engines/ge-begins-second-round-of-ge9x-flight-testing/130631. artical.

[137] GUY N. 777X Flight Testing Delayed As GE Boosts GE9X Durability[EB/OL]. (2019-6-10) https://aviationweek. com/air-transport/777x-flight-testing-delayed-ge-boosts-ge9x-durability.

[138] GUBISH M. GE Redesigns GE9X Compressor Part For 777X Engine [EB/OL]. (2019-6-17) https://www. flightglobal. com/paris-air-show-2019/ge-redesigns-ge9x-

compressor-part-for-777x-engine/133135. article.

[139] GE recalls 777X turbofans[EB/OL].（2019-8-20）http://www. flightglobal. com/airframes/ge-recalls-777x-turbofans-to-address-compressor-issue-amid-scramble-to-minimise-777x-delays-/133985. article.

[140] Boeing 777X：GE9X engines with 300 3D printed components powers largest twin-engine jetliner in first flight[EB/OL].（2020-3-29）. https://3dprintingindustry.com/news/boeing-777x-ge9x-engines-with-300-3d-printed-parts-powers-largest-twin-engine-jetliner-in-first-flight-167793/.

[141] Tomas Kellner Second Boeing 777X Makes First Flight Powered by GE9X[EB/OL].（2020-5-15）https://blog. geaviation. com/technology/second-boeing-777x-makes-first-flight-powered-by-ge9x/#:~:text=Second%20Boeing%20777X%20Makes%20First%20Flight%20Powered%20by,Washington%20State%20and%20landing%20at%20Seattle%E2%80%99s%20Boeing%20Field.

[142] HEMMERDINGER J. Boeing halts 777-9 flight testing following ge9x engine issue[EB/OL]. https://www. flightblobal. com/ airframes/being-halts-777-9-flight-testing-following-ge9x-engine-issue/51175. article

[143] 陈光. 普惠 1000G 齿轮传动风扇发动机设计特点. 国际航空，2009(12)：71-74.

[144] ALFRED C. First Japan made PW1200G engine completes maiden sortie[EB/OL].[2020-2-27]. www. flightglobal. com.

[145] Sean Broderick India mandates more PW1000G checks[EB/OL]. [2019-1-18]. www. flightglobal. com.

[146] HEMMERDINGER J. FAA proposes checks of Pratt geared turbofans after oil leaks[EB/OL]. [2019-9-9]. www. flightglobal. com.

[147] WOLFSTELLER P. FAA Proposes New Airworthiness Directive for PW1100G Engines[EB/OL]. [2019-10-4]. www. flightglobal. com.

[148] AVIATION W. NTSB probes second swiss PW1500G failure [EB/OL]. [2019-9-20]. www. aviation. com.

[149] DAVID K M. Redesign to cure acoustic engine phenomenon linked to A220 failures[EB/OL]. [2021-3-7]. www. flightglobal. com.

[150] DAVID K M. A220 uncontained engine failures links to resonance phenomenon[EB/OL]. [2020-4-1]www. flightglobal. com.

[151] 王锦申，夏奥汉. PW1100 发动机低压涡轮三级叶片断裂技术分析. 航空维修与工程，2020，9(28).